Maßstab 8

Mathematik

Hauptschule

Herausgegeben von

Max Schröder

Bernd Wurl

Alexander Wynands

Schroedel

Maßstab 8
Mathematik
Hauptschule

Herausgegeben und bearbeitet von

Kerstin Cohrs-Streloke, Klaus Frankenberg, Karl-Heinz Hasemann, Dr. Martina Lenze, Anette Lessmann, Hartmut Lunze, Ludwig Mayer, Jürgen Ruschitz, Dr. Max Schröder, Prof. Bernd Wurl, Prof. Dr. Alexander Wynands

in Zusammenarbeit mit der Verlagsredaktion

Zum Schülerband erscheinen:	Lösungen:	Best.-Nr. 84539
	Materialien:	Best.-Nr. 84545
	CD Rund um ... :	Best.-Nr. 84551
	Arbeitsheft:	Best.-Nr. 84558

Druck A [5] / Jahr 2014
Alle Drucke der Serie A sind im Unterricht parallel verwendbar.

Illustration: Hans-Jürgen Feldhaus
Zeichnungen: Michael Wojczak
Satz-Repro: More*Media* GmbH, Dortmund
Druck und Bindung: westermann druck GmbH, Braunschweig

ISBN 978-3-507-**84533**-6

Hinweise zum Umgang mit dem Buch

Merksätze
Merksätze stehen auf einem grauen Hintergrund und sind durch rote Balken gekennzeichnet.

Beispiele
Musterbeispiele als Lösungshilfen stehen auf einem grauen Hintergrund und sind durch einen gelben Balken gekennzeichnet.

Tipp
Nützliche Tipps und Hilfen sind besonders gekennzeichnet.

TIPP

Testen, Üben, Vergleichen (TÜV)
Jedes Kapitel endet mit einer TÜV-Seite, bestehend aus den wichtigsten Ergebnissen und typischen Aufgaben dazu. Die Lösungen dieser Aufgaben sind zur Selbstkontrolle für die Schülerinnen und Schüler am Ende des Buches angegeben.

TESTEN · ÜBEN · VERGLEICHEN

Diagnosetest, Diagnosearbeit
Zur Vorbereitung auf Klassenarbeiten gibt es nach der TÜV-Seite eine Seite mit Grund- und Erweiterungsaufgaben zu Inhalten des jeweiligen Kapitels. Die Grundaufgaben sollten dabei ohne Hilfsmittel, insbesondere ohne Taschenrechner, bearbeitet werden. Am Ende des Schülerbandes findet sich eine umfangreiche Diagnosearbeit zu den Inhalten des gesamten Schuljahres. Die Lösungen dieser Aufgaben sind zur Selbstkontrolle am Ende des Buches angegeben.

DIAGNOSETEST

Lesen, Verstehen, Lösen
Bei den mit diesem Logo versehenen Seiten oder Aufgaben steht die Schulung der allgemeinen Kompetenzen Argumentieren, Problemlösen, Modellieren, Verwenden von Werkzeugen sowie Kommunizieren besonders im Vordergrund. Auch bei der Bearbeitung nicht gekennzeichneter Aufgaben, bei denen das Augenmerk vorwiegend auf inhaltlichen Kompetenzen liegt, werden diese Kompetenzen benötigt und gefestigt.

LVL

Bleib fit
Zum Wiederholen gibt es regelmäßig Aufgabenseiten zu Inhalten aus früheren Kapiteln. Die Aufgaben sollten möglichst ohne Hilfsmittel, insbesondere ohne Taschenrechner, bearbeitet werden.

Bleib FIT!

Differenzierung
Bei besonders schwierigen Aufgaben ist die Aufgabennummer mit einem gelben Quadrat unterlegt.

4.

INHALTSVERZEICHNIS

1 Zahlen und Größen

Yvonne und Maik sind auf dem Radwanderweg an der Donau entlang gefahren.
Wo sind sie gestartet, welcher Ort war ihr Ziel und welche Städte haben sie außerdem gesehen?

①
5 174 + 12 618
17 269 + 8 143
23 416 + 19 583
47 641 + 19 118
81,96 + 94,72
53,496 + 1,268

②
16 348 − 5 172
4 851 − 976
11 243 − 7 144
469,48 − 374,16

③
25 · 368
172 · 31
68,1 · 29
14,38 · 1,7
0,33 · 4,48

Zusatzfrage für Internet-Fans:
Wie viel Kilometer sind Yvonne und Maik ungefähr insgesamt geradelt?

④
166,88 : 7
7 392 : 11
128,416 : 16
18 469 : 23
17 280 : 45

⑤
53 · 37 − 468
294,18 − 16 · 5,31
4 296 : 8 + 579
14,29 − 49,56 : 12

1,4784 N | 8,026 E | 10,16 N | 23,84 K | 24,446 I | 54,764 U | 95,32 Z

176,68 A | 209,22 I | 384 S | 672 R | 803 M | 1 116 E | 1 493 W

1 974,9 E | 3 875 I | 4 099 N | 5 332 R | 9 200 G | 11 176 L

17 792 P | 25 412 A | 42 999 S | 66 759 S

Längen, Flächeninhalt, Volumen

mm | m^3 | a | dm^3 | cm^2 | dm | cm^3 | dm^2 | m | hl
m^2 | mm^3 | cm | ml | ha | l | mm^2 | km | cl | km^3

LVL **1.** *Gruppenarbeit:* Sortiert nach Längenmaßen, Flächenmaßen, Volumenmaßen. Erarbeitet je ein Lernplakat für diese Maße. Mindestens zwei Gruppen müssen dieselben Maße bearbeiten. Ordnet die Maße vom Kleinsten bis zum Größten und gebt Beispiele an. Stellt die Ergebnisse der Gruppenarbeit der Klasse vor und entscheidet, welche Plakate ausgehängt werden sollen.

2. Rechne in die angegebene Einheit um.

a) 3 km = ■ m b) 12 km = ■ m c) 4700 mm = ■ cm d) 0,4 dm = ■ m
e) 0,06 m = ■ mm f) 4,3 dm = ■ cm g) 80 m = ■ km h) 71 600 mm = ■ m

3. Schreibe die angegebene Länge in Dezimeter, Zentimeter und Millimeter.

a) 3 m b) 4,7 m c) 14 m d) 0,63 m e) 0,08 m f) 12,75 m

LVL **4.** Abgebildet ist ein Häuserblock, der am Anfang des vorigen Jahrhunderts gebaut wurde.

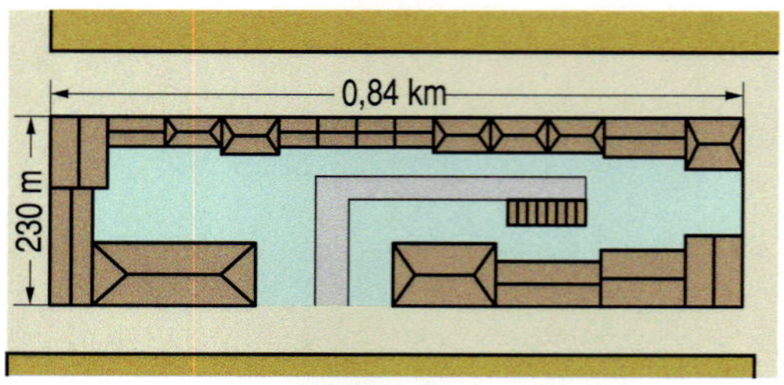

a) Wie lange würdest du für die Umrundung des Häuserblocks brauchen? Bestimme dazu die Strecke, die man zurücklegt, und überlege, wie viel Kilometer du in einer Stunde schaffst.
b) Erläutere dein Ergebnis deinen Mitschülerinnen und Mitschülern.

LVL **5.** Von der Schule bis zur Kirche ist es genau 1,2 km weit. Andreas und Tim veranstalten ein Wettrennen. Gemeinsam starten sie an der Schule. Zu demselben Zeitpunkt, als Andreas 788 m zurückgelegt hat, ist Tim noch die Hälfte dieser Strecke vom Ziel entfernt.
Stelle zwei Fragen und beantworte sie.

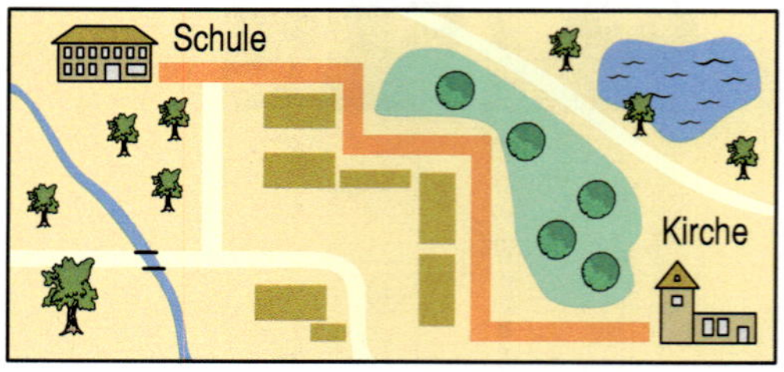

6. a) Was bedeuten die Abkürzungen ha und a? Wie viel a sind 4,5 ha?
b) Welche Seitenlänge hat ein Quadrat mit dem Flächeninhalt A = 1 ha?
c) Welche Seitenlänge hat ein Quadrat mit dem Flächeninhalt A = 1 a?

7. a) Wie viel Quadratzentimeter passen in einen Quadratmeter? Wie viel cm^2 sind 3,1 m^2?
b) Wie viel Quadratmillimeter passen in einen Quadratmeter? Wie viel mm^2 sind 0,5 m^2?
c) Wie viel Quadratmeter passen in einen Quadratkilometer? Wie viel m^2 sind 8,7 km^2?

8. Gib Flächen an, die in den Maßeinheiten mm^2, cm^2, dm^2, m^2, a, ha, km^2 gemessen werden.

9. Rechne in die angegebene Einheit um.

a) 712 ha = ■ km^2 b) 0,7 a = ■ m^2 c) 45 000 a = ■ ha d) 0,04 km^2 = ■ ha
e) 0,3 m^2 = ■ cm^2 f) 4 200 dm^2 = ■ m^2 g) 1,7 cm^2 = ■ mm^2 h) 5 000 mm^2 = ■ cm^2

10. Welche Volumen sind gleich? Schreibe sie mit Gleichheitszeichen ins Heft.

a) $8{,}3\ m^3$ | $83\,000\,000\ cm^3$ | $830\ cm^3$ | $830\,000\ mm^3$ | $8\,300\ dm^3$ | $83\ dm^3$ | $0{,}83\ m^3$ | $83\ m^3$ | $830\ dm^3$ | $83\,000\ cm^3$

b) 250 ml | 2,5 hl | 250 cl | $\frac{1}{4}$ hl | 2,5 *l* | 25 *l* | 2,5 cl | 250 *l* | $\frac{1}{4}$ *l* | 25 ml

11. a) Wie viel Kubikzentimeter passen in einen Liter? b) Wie viel Liter hat ein halber Kubikmeter?

12. Rechne in die angegebene Einheit um.

a) $2\,100\ dm^3$ = ■ m^3 b) $3{,}8\ cm^3$ = ■ mm^3 c) $430\ cm^3$ = ■ dm^3 d) $0{,}06\ m^3$ = ■ dm^3
e) 3,8 hl = ■ *l* f) 0,7 *l* = ■ ml g) 370 dl = ■ *l* h) 0,6 cl = ■ ml

13. Berechne den Flächeninhalt der Figur.

a)
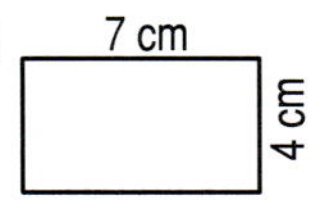

b)
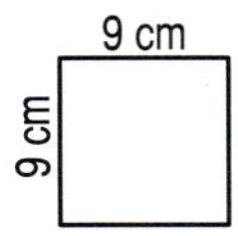

c)
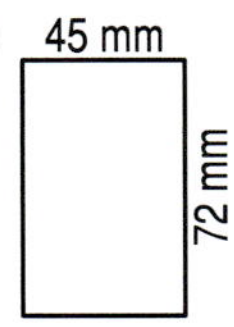

TIPP

Flächeninhalt von Rechteck und Quadrat

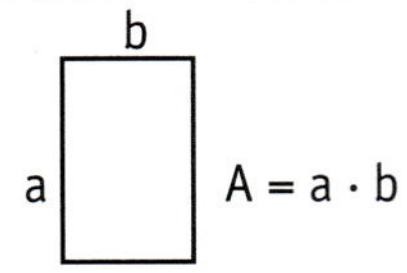

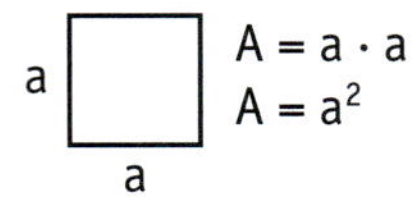

Volumen von Quader und Würfel

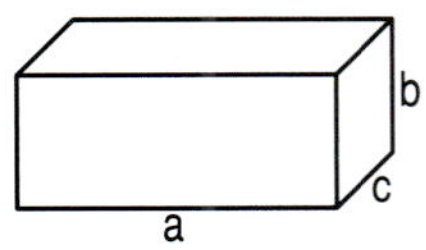

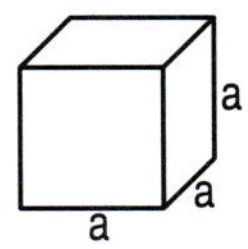

14. Berechne das Volumen des Körpers.

a)
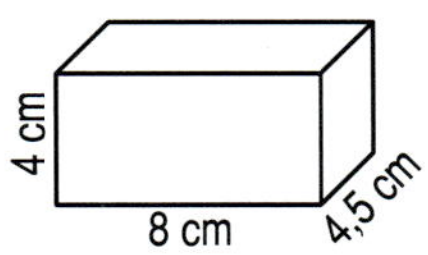

b)
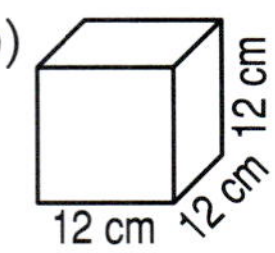

15. Die Schülerinnen und Schüler der Klasse 8a betreuen in der Schule ein Aquarium. Es ist 180 cm lang, 60 cm breit und 50 cm hoch, aber nur zur Hälfte mit Wasser gefüllt. Wie viel Liter Wasser sind es?

16. Pia hat zu Hause auch ein Aquarium. Es ist 1,10 m lang, 40 cm breit und 60 cm hoch. Das Becken ist zu dreiviertel gefüllt. Berechne die Wassermenge in cm^3, in *l* und in hl.

17. Familie Bergner „produziert" täglich im Durchschnitt $14\frac{1}{2}$ *l* Müll. Bergners haben eine Mülltonne, die 240 *l* fasst und alle 14 Tage geleert wird. Reicht die Mülltonne?

18. Ein Müllauto kann etwa $16\ m^3$ Müll aufnehmen.

a) Wie viel 80-*l*-Mülltonnen haben zusammen das gleiche Volumen?

b) Durch Anpressen kann das Müllauto den Inhalt von etwa 1 000 vollen 80-*l*-Tonnen aufnehmen. Auf welches Volumen wird der Inhalt einer Mülltonne gepresst?

Flächeninhalt von Dreieck, Parallelogramm und Trapez

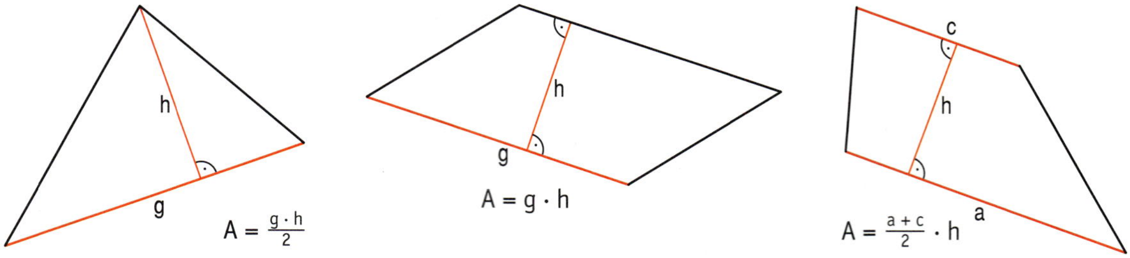

Aufgaben

1. Berechne den Flächeninhalt des Dreiecks.

a)
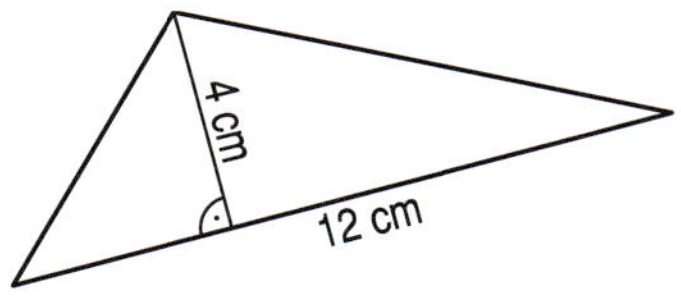

b)
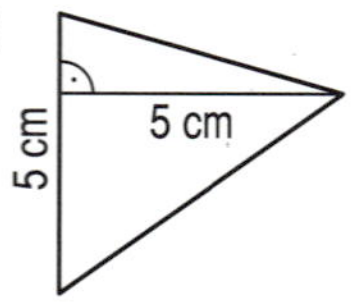

c)
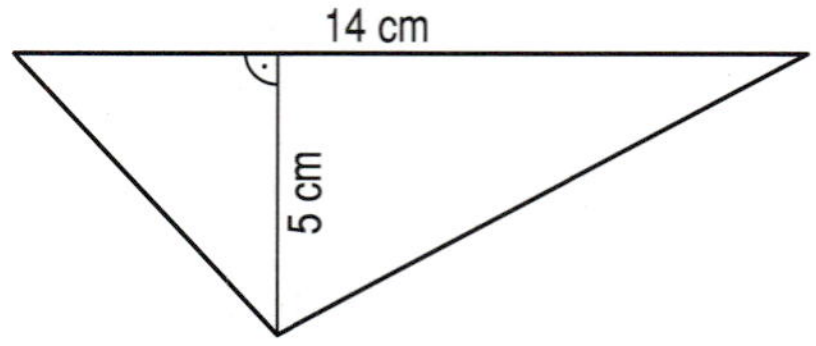

2. Zeichne die Figur in ein Koordinatensystem (Einheit 1 cm), miss benötigte Längen und berechne den Flächeninhalt.

a) A(0|0) B(3|1) C(3|8) D(0|7)
b) A(1|4) B(11|4) C(14|9) D(4|9)
c) A(0|3) B(12|3) C(17|10) D(5|10)
d) A(2|1) B(2|9) C(5|11) D(5|3)

3. Berechne den Flächeninhalt des Trapezes.

a)
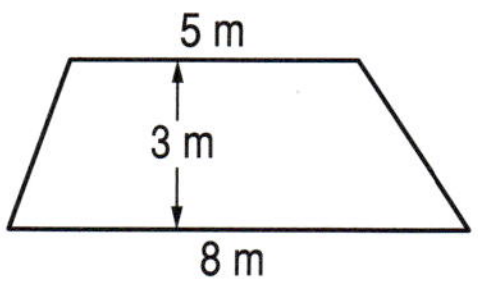

b)
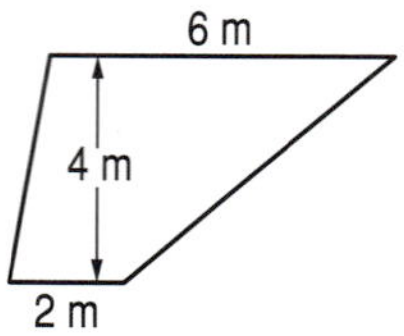

c)
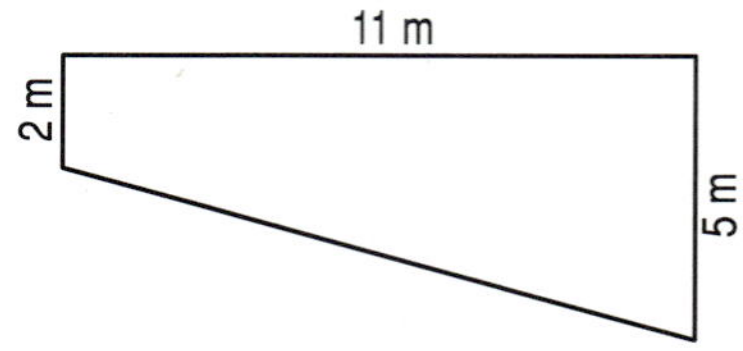

LVL **4.** Ein Rechteck ist 7 cm lang und 2 cm breit. Sprich mit anderen über die folgenden Äußerungen: Katrin sagt: „Wenn ich die Formel für den Flächeninhalt von Rechtecken vergessen habe, nehme ich einfach die oben stehende Formel für Trapeze." Michael erwidert: „Ich würde lieber die Formel für Parallelogramme nehmen, die ist einfacher."

LVL **5.** Im Komponistenviertel einer deutschen Stadt hat die Baugesellschaft „Schwarzbau" das abgebildete Grundstück erworben. Der Quadratmeter kostet 87 €.
Warum heißt die Gegend, in der das Grundstück liegt, „Komponistenviertel"? Wie lang muss der Bauzaun sein, der das Grundstück einschließt?
Stelle zwei weitere Fragen und beantworte sie.

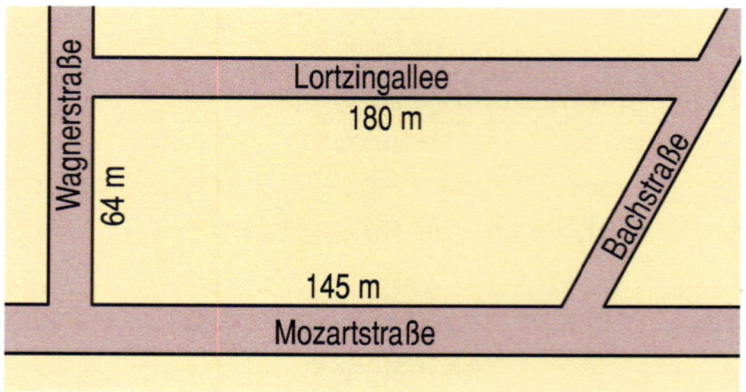

LVL **6.** Bei einem Trapez mit dem Flächeninhalt A = 25 cm^2 ist die kürzere der beiden parallelen Seiten 5 cm lang. Die beiden parallelen Seiten sind 4 cm voneinander entfernt. Berechne die längere von ihnen und stelle deinen Lösungsweg in der Klasse vor. Diskutiere mit Mitschülerinnen und Mitschülern die Vor- und Nachteile verschiedener Lösungswege.

Die Klassen 8 gestalten den Schulgarten

LVL

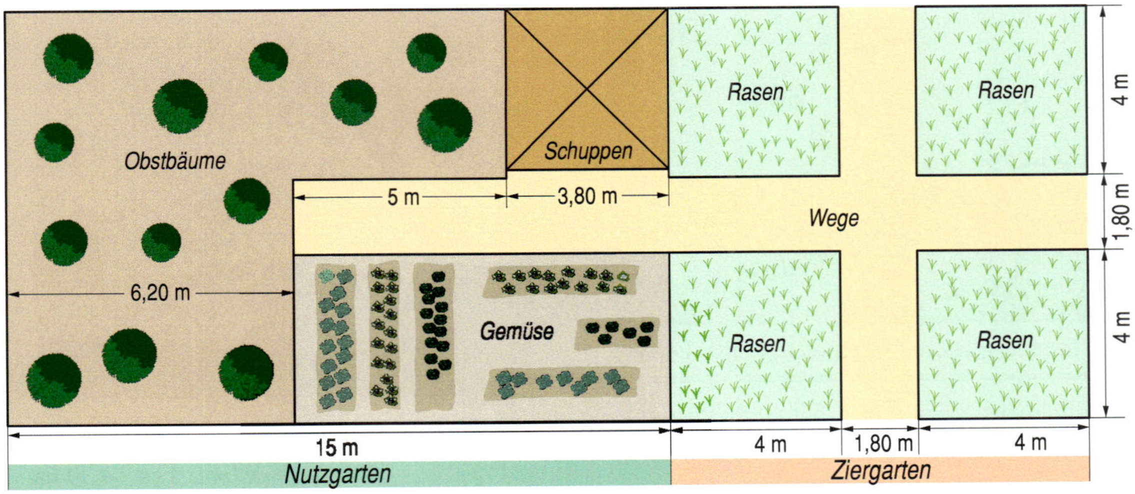

1. Die Klassen 8 haben es übernommen, den Schulgarten neu zu gestalten. Fertige eine Skizze der Gartenanlage im Maßstab 1:100 an.

2. a) Der Nutzgarten soll aufgeteilt werden in einen Obstgarten und einen Gemüsegarten. Wie groß sind die einzelnen Flächen?

b) Sabine behauptet: „Der Obstgarten ist ungefähr ein Ar groß." Was sagst du dazu?

c) Der Nutzgarten soll eingezäunt werden. Wie lang wird der Zaun?

3. a) Wie groß ist die Rasenfläche? Überschlage zunächst, ob sie größer oder kleiner als ein Ar ist.

b) Die Rasenfläche soll gedüngt werden. Den Düngewagen haben die Schüler auf 40 Gramm Dünger pro Quadratmeter eingestellt. Wie viel Kilogramm Rasendünger müssen die Schüler kaufen? Im Gartencenter wird das 3-kg-Paket für 8,99 € und das 5-kg-Paket für 12,75 € angeboten.

4. a) Die Wege des Gartens werden mit weißem Kies angefüllt. Die Kiesschicht soll 5 cm dick sein. Wie viele Schubkarren voll Kies müssen beschafft werden, wenn eine Schubkarre 75 *l* Kies fasst?

b) Wie viel Prozent des Schulgartens entfallen auf Wegeflächen?

5. Der alte Geräteschuppen soll renoviert werden.

a) Wie viel Quadratmeter Fläche nimmt der Geräteschuppen ein?

b) Das neue Dach des Geräteschuppens wird mit Holzschindeln bedeckt. Je Quadratmeter sind etwa 80 Schindeln erforderlich. Wie viele Schindeln werden mindestens benötigt?

c) Die Wände des Schuppens werden außen neu gestrichen. Für wie viel Quadratmeter muss Farbe gekauft werden, wenn auch die Tür gestrichen wird?

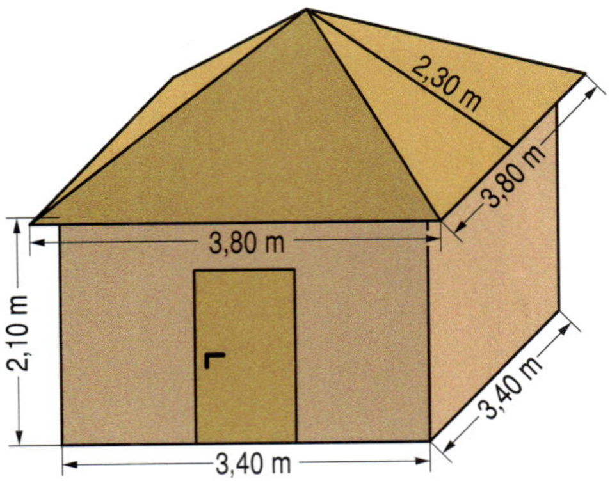

6. a) Im Gemüsegarten soll eine Kompostkiste aufgestellt werden, die eine rechteckige Grundfläche hat (1,40 m lang, 80 cm breit) und 0,90 m hoch ist. Wie viel Liter fasst die Kompostkiste?

b) Welche Maße hat eine Kompostkiste in Form eines Würfels, die genau 1 000 Liter fasst?

LVL

Slalom durch Bruchteile und Größen

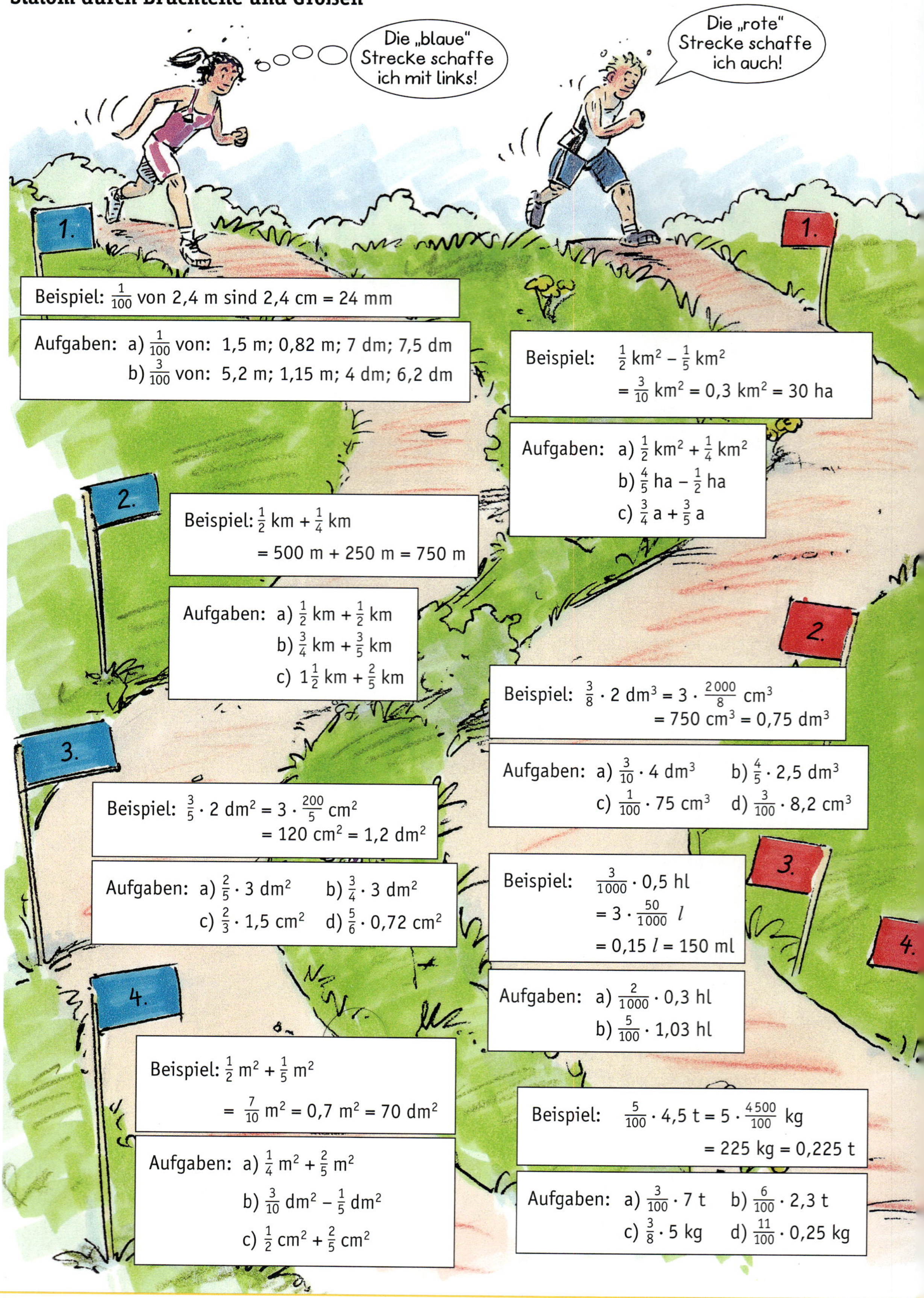

1. (blau)

Beispiel: $\frac{1}{100}$ von 2,4 m sind 2,4 cm = 24 mm

Aufgaben: a) $\frac{1}{100}$ von: 1,5 m; 0,82 m; 7 dm; 7,5 dm
b) $\frac{3}{100}$ von: 5,2 m; 1,15 m; 4 dm; 6,2 dm

2. (blau)

Beispiel: $\frac{1}{2}$ km + $\frac{1}{4}$ km
= 500 m + 250 m = 750 m

Aufgaben: a) $\frac{1}{2}$ km + $\frac{1}{2}$ km
b) $\frac{3}{4}$ km + $\frac{3}{5}$ km
c) $1\frac{1}{2}$ km + $\frac{2}{5}$ km

3. (blau)

Beispiel: $\frac{3}{5} \cdot 2\ \text{dm}^2 = 3 \cdot \frac{200}{5}\ \text{cm}^2$
$= 120\ \text{cm}^2 = 1{,}2\ \text{dm}^2$

Aufgaben: a) $\frac{2}{5} \cdot 3\ \text{dm}^2$ b) $\frac{3}{4} \cdot 3\ \text{dm}^2$
c) $\frac{2}{3} \cdot 1{,}5\ \text{cm}^2$ d) $\frac{5}{6} \cdot 0{,}72\ \text{cm}^2$

4. (blau)

Beispiel: $\frac{1}{2}\ \text{m}^2 + \frac{1}{5}\ \text{m}^2$
$= \frac{7}{10}\ \text{m}^2 = 0{,}7\ \text{m}^2 = 70\ \text{dm}^2$

Aufgaben: a) $\frac{1}{4}\ \text{m}^2 + \frac{2}{5}\ \text{m}^2$
b) $\frac{3}{10}\ \text{dm}^2 - \frac{1}{5}\ \text{dm}^2$
c) $\frac{1}{2}\ \text{cm}^2 + \frac{2}{5}\ \text{cm}^2$

1. (rot)

Beispiel: $\frac{1}{2}\ \text{km}^2 - \frac{1}{5}\ \text{km}^2$
$= \frac{3}{10}\ \text{km}^2 = 0{,}3\ \text{km}^2 = 30$ ha

Aufgaben: a) $\frac{1}{2}\ \text{km}^2 + \frac{1}{4}\ \text{km}^2$
b) $\frac{4}{5}$ ha − $\frac{1}{2}$ ha
c) $\frac{3}{4}$ a + $\frac{3}{5}$ a

2. (rot)

Beispiel: $\frac{3}{8} \cdot 2\ \text{dm}^3 = 3 \cdot \frac{2000}{8}\ \text{cm}^3$
$= 750\ \text{cm}^3 = 0{,}75\ \text{dm}^3$

Aufgaben: a) $\frac{3}{10} \cdot 4\ \text{dm}^3$ b) $\frac{4}{5} \cdot 2{,}5\ \text{dm}^3$
c) $\frac{1}{100} \cdot 75\ \text{cm}^3$ d) $\frac{3}{100} \cdot 8{,}2\ \text{cm}^3$

3. (rot)

Beispiel: $\frac{3}{1000} \cdot 0{,}5$ hl
$= 3 \cdot \frac{50}{1000}\ l$
$= 0{,}15\ l = 150$ ml

Aufgaben: a) $\frac{2}{1000} \cdot 0{,}3$ hl
b) $\frac{5}{100} \cdot 1{,}03$ hl

4. (rot)

Beispiel: $\frac{5}{100} \cdot 4{,}5\ \text{t} = 5 \cdot \frac{4500}{100}$ kg
= 225 kg = 0,225 t

Aufgaben: a) $\frac{3}{100} \cdot 7$ t b) $\frac{6}{100} \cdot 2{,}3$ t
c) $\frac{3}{8} \cdot 5$ kg d) $\frac{11}{100} \cdot 0{,}25$ kg

Addition und Subtraktion von Brüchen und Dezimalbrüchen

Bei *gleichem* Nenner:
Man addiert oder subtrahiert die Zähler und lässt den Nenner unverändert.

$\frac{4}{9} + \frac{7}{9} =$ ■ $\quad 5\frac{5}{6} - 3\frac{1}{6} =$ ■

Bei *verschiedenen* Nennern:
Vor dem Addieren oder Subtrahieren wird auf einen gemeinsamen Nenner erweitert.

$\frac{3}{4} - \frac{2}{3} =$ ■ $\quad 2\frac{2}{5} + 1\frac{1}{4} =$ ■

LVL **1.** Löst die obigen Aufgaben und stellt euch gegenseitig ähnliche Aufgaben.

2. a) $\frac{9}{10} - \frac{2}{10}$ b) $\frac{10}{11} + \frac{4}{11}$ c) $4 - \frac{4}{7}$ d) $5\frac{5}{9} + 4\frac{3}{9}$ e) $2\frac{3}{5} + 4\frac{4}{5}$ f) $7\frac{1}{4} - 3\frac{3}{4}$

3. Notiere den erweiterten bzw. gekürzten Bruch im Heft.

a) 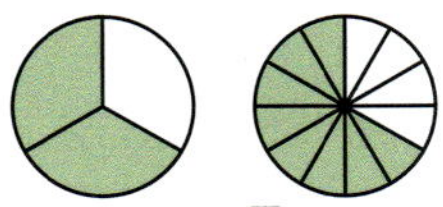

$\frac{2}{3} = \frac{■}{■}$

b) 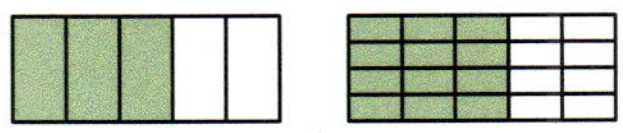

$\frac{3}{5} = \frac{■}{■}$

c) 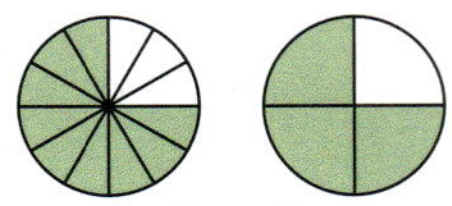

$\frac{9}{12} = \frac{■}{■}$

4. Erweitere oder kürze auf den angegebenen Nenner.
a) $\frac{3}{7} = \frac{■}{14}$ b) $\frac{6}{15} = \frac{■}{5}$ c) $\frac{6}{12} = \frac{■}{2}$ d) $\frac{2}{5} = \frac{■}{20}$ e) $\frac{15}{25} = \frac{■}{5}$ f) $\frac{2}{3} = \frac{■}{27}$

5. a) $\frac{1}{3} + \frac{1}{2}$ b) $\frac{3}{4} - \frac{1}{3}$ c) $\frac{2}{5} + \frac{1}{4}$ d) $3\frac{2}{3} - 1\frac{4}{5}$ e) $2\frac{1}{2} + 1\frac{1}{4}$ f) $4\frac{7}{10} - 2\frac{3}{5}$

LVL **6.** *Partnerarbeit:* Formuliert eine Regel für die Addition und Subtraktion von Dezimalbrüchen und verdeutlicht sie mit weiteren Beispielen. Vergleicht die Regel mit den Ergebnissen eurer Mitschülerinnen und Mitschüler.

Aufgabe:
14,68 − 9,7

```
  14,68
 - 9,70
   1 1
 ------
   4,98
```

7. a) 27,45 + 16,28 b) 49,7 − 13,8 c) 453,6 − 89,47 d) 217,2 + 99,77

8. a) 576,41 € + 493,58 € b) 4,689 kg − 2,147 kg c) 50,8 *l* + 19,42 *l*
d) 43,6 m − 28,78 m e) 8,019 t + 1,957 t f) 5,1 km − 3,256 km

LVL **9.** Sabine hat sich von den abgebildeten Sachen vier verschiedene Bekleidungsstücke gekauft und an der Kasse mit einem 200-€-Schein bezahlt. Von der Kassiererin bekam sie zurück:

Überlege und berechne gemeinsam mit anderen: Was hat sich Sabine im Bekleidungsgeschäft gekauft?

Multiplikation und Division mit Brüchen und Dezimalbrüchen

Beim Multiplizieren eines Bruches mit einer natürlichen Zahl wird der *Zähler* multipliziert. $\frac{3}{4} \cdot 5 = ■$	Beim Dividieren eines Bruches durch eine natürliche Zahl wird der *Nenner* multipliziert. $\frac{2}{7} : 3 = ■$	Man multipliziert zwei Brüche miteinander, indem man Zähler mit Zähler und Nenner mit Nenner multipliziert. $\frac{3}{4} \cdot \frac{2}{7} = ■$	Man dividiert durch einen Bruch, indem man mit dem Kehrbruch multipliziert. $\frac{3}{5} : \frac{2}{3} = ■$

1. Löse obige Aufgaben und vergleiche die Ergebnisse mit Mitschülerinnen und Mitschülern.

2. a) $\frac{3}{4} \cdot 3$ b) $5 \cdot \frac{2}{7}$ c) $1\frac{1}{2} \cdot 4$ d) $1\frac{3}{4} \cdot 5$

3. a) $\frac{2}{3} : 3$ b) $\frac{4}{5} : 2$ c) $1\frac{2}{3} : 2$ d) $1\frac{1}{5} : 3$

4. a) $\frac{4}{7} \cdot \frac{2}{3}$ b) $\frac{3}{4} \cdot \frac{2}{5}$ c) $\frac{3}{5} \cdot \frac{2}{7}$ d) $\frac{5}{8} \cdot \frac{4}{9}$

5. a) $\frac{4}{5} : \frac{2}{5}$ b) $\frac{9}{10} : \frac{1}{2}$ c) $\frac{3}{2} : \frac{2}{5}$ d) $\frac{1}{2} : \frac{1}{5}$

6. a) Multipliziere 6 mit $1\frac{2}{5}$. b) Multipliziere $3\frac{1}{8}$ mit $\frac{4}{5}$.

Lösungsmauer		
6	$\frac{2}{9}$	$\frac{3}{10}$
$2\frac{1}{2}$	$\frac{5}{6}$	$\frac{8}{21}$
$\frac{2}{5}$	$3\frac{3}{4}$	$1\frac{4}{5}$
$2\frac{1}{4}$	$8\frac{2}{5}$	$8\frac{3}{4}$
$1\frac{3}{7}$	2	$\frac{2}{5}$
$2\frac{1}{2}$	$\frac{6}{35}$	$\frac{5}{18}$

LVL **7.** *Gruppenarbeit:* Erklärt euch gegenseitig, wie die beiden Schülerinnen gerechnet haben, und formuliert eine Regel.

8. Rechne schriftlich. Mache vor der Rechnung einen Überschlag.

a) 47,68 · 32
b) 33 316,6 : 41
c) 5,28 · 3,95
d) 3 510,08 : 28
e) 61,7 · 4,52
f) 274,95 : 39
g) 5,008 · 6,35
h) 27,566 : 22

9. Rechne nur die erste Aufgabe aus und führe die übrigen Ergebnisse auf das berechnete zurück.

a) 972 : 81
972 : 8,1
9,72 : 0,81
97,2 : 0,81

b) 837 : 27
8,37 : 2,7
83,7 : 0,27
8,37 : 0,27

c) 936 : 52
0,936 : 5,2
9,36 : 0,52
0,0936 : 5,2

TIPP
Beim Dividieren von Dezimalbrüchen multipliziert man beide Zahlen so mit 10, 100, 1000, ..., dass bei der zweiten Zahl kein Komma mehr steht.

10. a) 24 : 0,8 b) 4,9 : 0,7 c) 81 : 0,09 d) 0,06 : 0,2 e) 5,4 : 0,09 f) 0,85 : 0,17

11. 24 *l* Wasser sollen in die abgebildeten Gefäße abgefüllt werden.
a) Wie oft geht das jeweils?
LVL b) Setze fort und erkläre.

Rechnen mit Größen

1. Ein Rundkurs ist $2\frac{1}{4}$ km lang. Es sind 60 Runden zu fahren. Wie lang ist die Strecke?

2. In einem Flussfreibad gibt es ein Langstreckenschwimmen in einer Rundbahn von $\frac{1}{4}$ km Länge. Berechne die Schwimmstrecke (Dezimalbruch) in km.

a) Frau B. schwimmt 3 Runden. b) Herr X. schwimmt 5 Runden. c) Maria D. schwimmt 7 Runden.

3. Bei einer 180 km langen Radtour platzt einem Teilnehmer nach drei Viertel der Strecke ein Reifen. Wie viel Kilometer ist er noch vom Ziel entfernt?

4. Welche Längen sind gleich? Schreibe sie mit Gleichheitszeichen ins Heft.

a) 0,250 km; $\frac{3}{4}$ km; 250 mm; 750 m; $\frac{1}{4}$ dm; 2,5 cm; 25 cm; $\frac{1}{4}$ km

b) 2,4 km; 24 m; 24 dm; 240 m; 240 000 mm; 2 400 mm; 2 400 cm; 2 400 m

5. Vergleiche. Setze <, > oder = ein.

a) $\frac{1}{5}$ km ■ 250 m b) $\frac{2}{3}$ m ■ 60 cm c) $\frac{3}{8}$ km ■ 375 m d) $\frac{3}{4}$ dm ■ 70 mm

6. Frau Erhard möchte im Wohnzimmer den Vorhang erneuern. Das Fenster ist 2,80 m breit. Der Vorhang soll in Falten hängen.

a) Wie breit muss der Vorhangstoff sein?

b) Für ein anderes Fenster kaufte Frau Erhard einen 8 m breiten Vorhangstoff. Wie breit ist dieses Fenster?

7. Herr Herzog hat für ein 3,50 m breites Fenster 9 m breiten Vorhangstoff gekauft. Welche Stoffbreite ist das für 1 m Fensterbreite? Runde.

8. Herr Weiß liefert für einen Verlag Zeitschriften aus. Jede Zeitschrift wiegt ein Fünftel Kilogramm. Immer 60 Zeitschriften werden gebündelt. Wie viel wiegt jedes Zeitschriftenbündel?

LVL **9.** Ein Paket mit 500 Blatt Kopierpapier wiegt etwa $2\frac{1}{4}$ kg. Die Schulverwaltung bestellt 600 000 Blätter. Der abgebildete Kleinlaster kann 2,8 t laden. Stelle drei Fragen, beantworte sie und erkläre Mitschülern deine Lösungswege.

10. Ein Lieferwagen hat eine Nutzlast von $1\frac{3}{4}$ t. Die Fahrerin soll 64 Pakete, die jeweils 20 kg wiegen, einladen. Können dann noch weitere Pakete zugeladen werden?

11. Familie Neumann zieht um nach Karlsruhe. Eine Umzugsfirma verpackt den Hausrat der Familie in 24 Kartons zu je 25 kg. Die Möbel wiegen 1,8 t. Wie viel wiegt das gesamte Umzugsgut?

12. Jugendliche deines Alters benötigen täglich 75 mg Vitamin C. Womit kannst du deinen Vitamin-C-Bedarf decken? Gib vier Beispiele an.

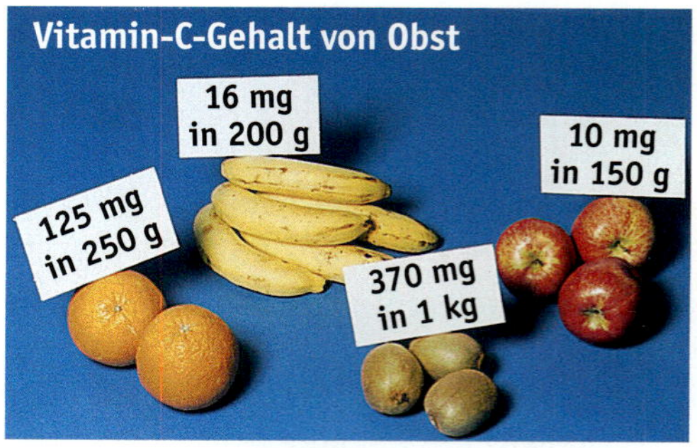

13. Eisen ist in deiner Ernährung ebenfalls lebenswichtig. Davon solltest du täglich etwa 20 mg essen oder trinken. In 0,1 kg Roggenbrot sind 3 mg und in 0,1 kg Schinken 2 mg Eisen enthalten. Wie könntest du damit deinen täglichen Eisenbedarf decken? Schreibe drei Möglichkeiten auf.

14. In der Obst- und Gemüseabteilung wurden 0,24 t Tomaten angeliefert. Nach einer Woche ist ein Sechstel der Ware verdorben. Wie viel Kilogramm sind das?

15. Nadja hat nach ihrer Ausbildung die Verantwortung für den Gemüseeinkauf. Sie bestellt 24 Kisten mit Gurken. Jede Kiste wiegt 20 kg. Kann sie alle Gurken auf einen Rollwagen mit $\frac{1}{2}$ t Nutzlast laden?

16. Welches ist die längste Zeitdauer? Schätze zuerst, vergleiche dann durch Umrechnen in Sekunden.

a) 18 000 Sekunden	1 800 Minuten	18 Stunden	1 Tag
b) 50 000 Sekunden	500 Minuten	15 Stunden	$\frac{1}{2}$ Tag

17. In Deutschland wird ein Mensch durchschnittlich 77 Jahre alt. Eine Elefantenschildkröte kann viermal so alt werden. Ein Hund kann etwa 15 Jahre alt werden. Wer wird etwa so alt?

① 473 Mio. Sekunden ② 110 000 Tage ③ 4 000 Wochen

18. Ungefähr ein Drittel unseres Lebens verbringen wir Menschen mit Schlafen. Wie viele Stunden sind das bei einem 40-Jährigen; einem 55-Jährigen; einem 80-Jährigen?

19. Die Klasse 8a plant mit ihrer Lehrerin einen Wandertag. Die Gruppe möchte um 8.20 Uhr starten und muss die Strecke in $5\frac{3}{4}$ Stunden schaffen. Wie spät ist es dann?

20. Nasia fährt um 7.35 Uhr zu Hause mit dem Schulbus ab. Die Fahrt dauert $\frac{3}{4}$ Stunde. Kommt sie noch vor dem Klingeln um 8.20 Uhr in der Schule an?

21. Veronika und Martin sind mit dem Fahrrad um 9.45 Uhr gestartet. Nach $1\frac{1}{4}$ Stunden haben sie ein Drittel der Strecke zurückgelegt.

a) Wie lange dauert die gesamte Fahrzeit? b) Wann sind sie bei einer Pause von 45 min am Ziel?

LVL **22.** Daniela, Jens und Achim wiegen zusammen 126 kg. Achim wiegt 2 kg mehr als Jens und Jens wiegt 2 kg mehr als Daniela. Wie viel wiegt Daniela, wie viel Jens und Achim?

LVL **23.** Ein Ball fällt aus 18 m Höhe senkrecht nach unten. Nach jedem Aufprall springt er nur noch halb so hoch. Wie lang ist der Weg, den der Ball insgesamt bis zum dritten Aufprall zurücklegt?

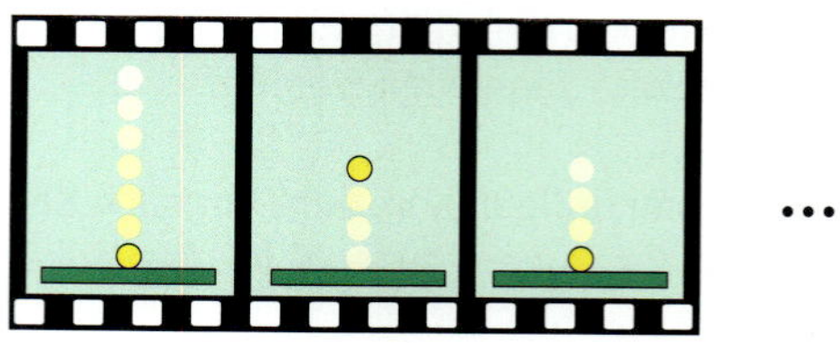

Positive und negative Zahlen

LVL **1.** Überlege und diskutiere mit anderen: Wie ist die Leistung von Frank beim Mathetest für Schnelldenker zu beurteilen?

2. Übertrage die Zahlengerade in dein Heft und markiere die Punkte auf der Zahlengeraden, die zu a = −5, b = 4, c = −8, d = −5,5 und e = 7,5 gehören.

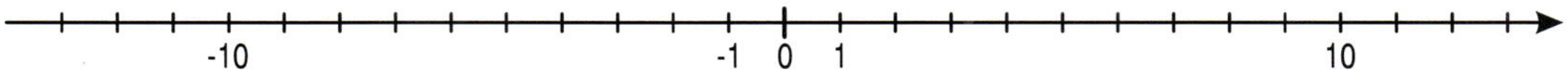

3. Ordne die Zahlen. Schreibe eine Kette mit dem Kleinerzeichen (<).

a) −9 11 8 7 0 −6 14 −1 −5

b) 4,2 0,584 −0,9 −0,07 6,5 −2,1 −3 0,91

c) $-\frac{1}{2}$ 0,23 −0,7 5,5 $-1\frac{1}{3}$ −1,5

4. Wie groß ist der Abstand zwischen a) A und B b) A und C c) B und D d) C und D?

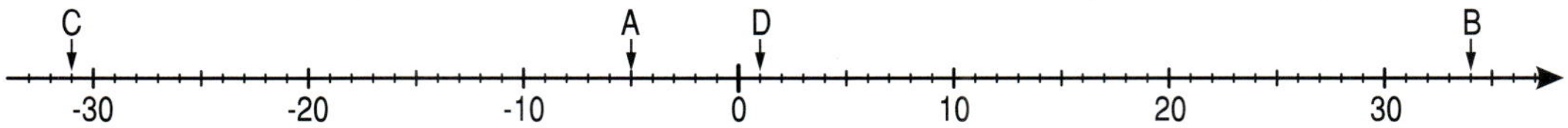

5. Von drei ganzen Zahlen weiß man:
① Zwei sind negativ, eine ist positiv.
② Der Abstand zwischen der kleinsten und der größten Zahl ist 24.
③ Die mittlere Zahl ist −1 und doppelt so weit von der kleinsten Zahl wie von der größten Zahl entfernt.

a) Wie heißen die drei Zahlen?

b) Gibt es bei den Informationen ①, ② und ③ solche, die für die Beantwortung der Frage a) überflüssig waren?

LVL **6.** *Partnerarbeit:* Erfindet selbst eine Aufgabe ähnlich wie Aufgabe 5 und stellt sie in der Klasse.

7. Auf dem Fußboden ist eine Zahlengerade geklebt. Daniel und Gundi stehen auf dem Nullpunkt Rücken an Rücken, Gundi mit Blick auf die negativen Zahlen. Daniel läuft 11 Einheiten vorwärts, dann 4 Einheiten rückwärts und noch einmal 7 Einheiten vorwärts. Dann geht Gundi 8 Einheiten zurück, 21 Einheiten vorwärts und noch einmal 5 Einheiten zurück. Wie viele Einheiten stehen Daniel und Gundi jetzt voneinander entfernt?

8. Notiere Aufgabe und Lösung.

a)
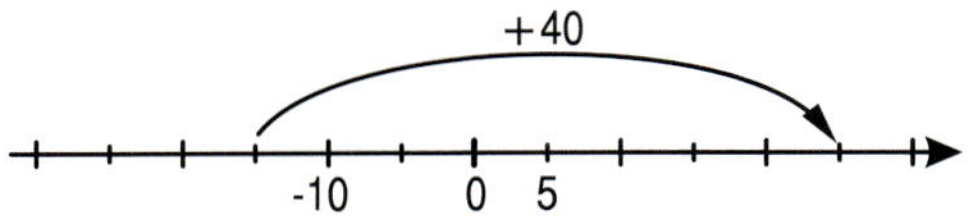

b)
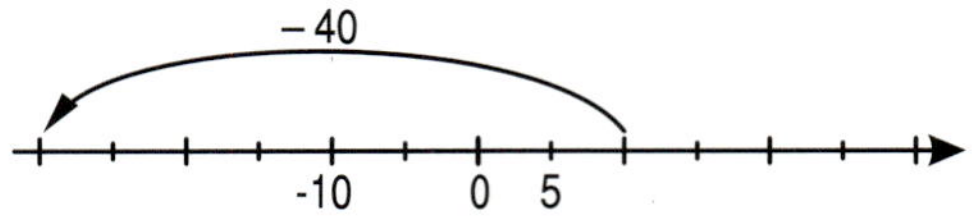

c)
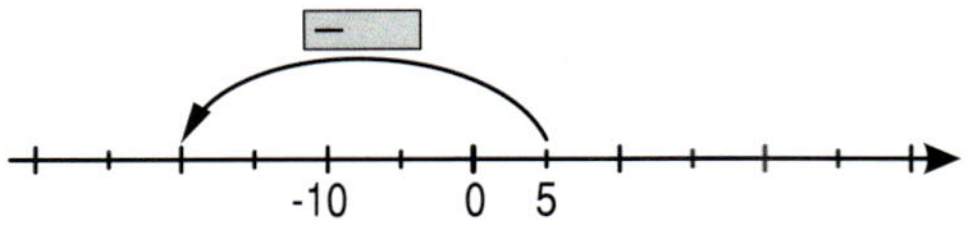

d)
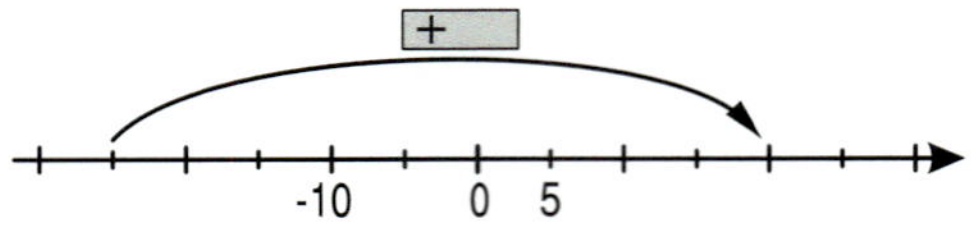

9. Berechne.

a) −37 + 48 b) −19 − 4 c) 25 − 47 d) −13 + 5 e) −31 − 22
f) 38 − 54 g) −47 + 45 h) −68 − 32 i) 45 − 79 j) 61 − 28

10. a) 45 − 76 + 31 − 4 b) −38 + 26 − 17 − 41 c) 91 − 78 − 54 + 41 − 16

LVL **11.** Auf dem Konto von Herrn Weinrich befand sich am Anfang des Monats September ein Guthaben von 894,63 €. Im Laufe des Monats hat es die folgenden „Bewegungen" auf seinem Konto gegeben (Einzahlungen oder Gutschriften sind durch ein „+", Abhebungen oder Abbuchungen durch ein „−" gekennzeichnet). Stelle drei Fragen und beantworte sie.

1.9.	+ 1578,68 €	6.9.	− 300,00 €	17.9.	− 212,31 €	25.9.	− 240,00 €
2.9.	− 461,30 €	12.9.	+ 41,78 €	20.9.	− 350,00 €	28.9.	− 61,48 €
4.9.	− 176,59 €	14.9.	− 400,00 €	23.9.	+ 26,14 €	30.9.	− 124,17 €

12. Zeichne jeweils eine Zahlengerade und löse die Aufgabe mit einem Pfeilbild.

a) 3 · (−6) b) 4 · (−7) c) 2 · (−9) d) 9 · (−3)
e) 6 · (−2) f) 5 · (−5) g) 6 · (−4) h) 3 · (−8)

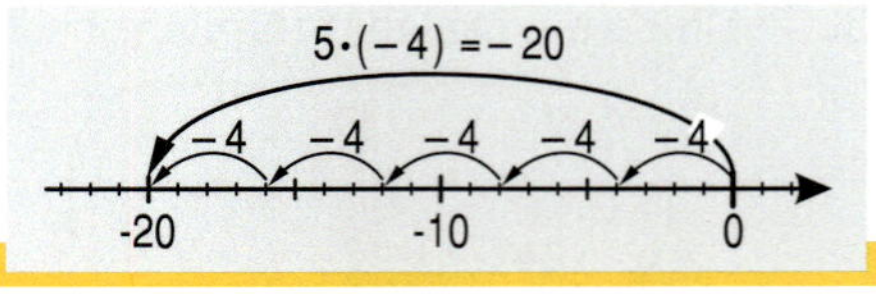

13. Wie heißt der fehlende Faktor?

a) ■ · (−7) = −35 b) 8 · ■ = −32 c) 5 · ■ = 70 d) ■ · (−12) = −84

14. Berechne.

a) (−48) : 4 b) (− 84) : 7 c) (−30) : 5 d) (−55) : 5
e) (−36) : 9 f) (−120) : 8 g) (−52) : 2 h) (−38) : 19

(−24) : 6 = ■
Es muss 6 · ■ = −24
richtig sein, also ■ = −4

LVL **15.** Michael hat bei seinen Eltern 102 € Schulden. Er darf diese Schulden in monatlich gleichen Raten im Laufe eines Jahres zurückzahlen. Ihm wäre es allerdings lieber gewesen, das Geld in 15 Monatsraten zurückzuzahlen. Stelle drei Fragen und beantworte sie.

LVL **16.** Wenn man Christinas Schulden mit 8 multipliziert, sind sie nur 20 € von 700 € Schulden entfernt. Achmed und Silke haben für Christinas Schulden nach dieser Information unterschiedliche Beträge errechnet und könnten doch beide recht haben. Welche Ergebnisse haben sie errechnet und warum könnten beide recht haben? Erkläre deine Überlegungen den anderen.

17. Zwei Zahlen haben auf der Zahlengeraden denselben Abstand von Null. Ingrid multipliziert beide Zahlen mit 3. Die Ergebnisse unterscheiden sich um 42.

a) Wie heißen die beiden Zahlen?

LVL b) Erfinde selbst ein solches Rätsel und stelle es deinem Nachbarn.

Terme und Gleichungen

1. Ordne jeder Karte den passenden Term zu. Zwei Terme passen nicht.

Der Eintritt für Erwachsene kostet x €, für Kinder y €. Wie viel muss für 5 Erwachsene und 4 Kinder gezahlt werden? ①

4 Personen gewinnen im Lotto y €. Davon spenden sie (x + 5) €, den Rest teilen sie gerecht untereinander. Wie viel bekommt jede Person? ③

Eine Schule bestellt y Mathematikbücher zum Preis von x € pro Buch. Der Hausmeister holt die bestellten Bücher mit dem Taxi bei der Buchhandlung ab. Auf der Hinfahrt zahlt er 4 €, auf der Rückfahrt 5 €. Wie teuer ist die Anschaffung der Bücher? ⑤

Frau Stenzel hat y € im Geldbeutel. Sie kauft 5 Flaschen Rotwein für x € pro Flasche und Süßigkeiten für 4 €. Wie viel Geld hat sie danach noch im Geldbeutel? ②

Frank hat x €, Tatjana y €. Sie legen das Geld zusammen und kaufen Obst für 5 € und Süßigkeiten für 4 €. Wie viel Geld ist danach noch vorhanden? ④

Petra ist in der letzten Woche viermal x km geradelt, einmal y km und noch einmal 5 km. Wie viel Kilometer ist sie insgesamt geradelt? ⑥

A $4x + y + 5$

B $y - 5x - 4$

C $x + y - 5 - 4$

D $5y + x - 4$

E $\frac{y - x - 5}{4}$

F $\frac{x}{4} + \frac{y}{5}$

G $5x + 4y$

H $xy + 4 + 5$

2. Löse die Gleichung durch Probieren. Übertrage die Tabelle ins Heft und ergänze sie bis x = 8.

a) Gleichung: $29 - 3x = 8$

x	$29 - 3x$	= 8	w/f
1	$29 - 3 \cdot 1 = 26$	8	f
2	$29 - 3 \cdot 2 = 23$	8	f
3	$29 - 3 \cdot 3 = 20$	8	f

b) Gleichung: $5 \cdot (3x - 1) = 85$

x	$5 \cdot (3x - 1)$	= 85	w/f
1	$5 \cdot (3 \cdot 1 - 1) = 10$	85	f
4	$5 \cdot (3 \cdot 4 - 1) = 55$	85	f
5	$5 \cdot (3 \cdot 5 - 1) = 70$	85	f

3. Schreibe die Gleichung mit Operatoren und bestimme die Lösung mit Umkehroperatoren.

a) $x \cdot 5 - 11 = 29$ b) $y : 3 + 14 = 23$ c) $z : 6 - 11 = 9$
d) $y \cdot 3 + 19 = 52$ e) $z \cdot 5 - 31 = 9$ f) $x : 7 + 8 = 38$
g) $z : 2 - 23 = 18$ h) $x \cdot 4 - 17 = 31$ i) $y : 5 - 19 = -9$

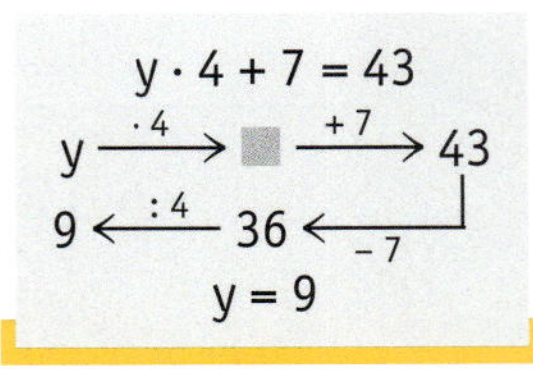

LVL **4.** *Partnerarbeit:* Ergänzt das Termlexikon durch $6 \cdot x$, $x : 7 + 4$ und $2 \cdot x - 9$ und passende Beschreibungen mit Worten.

Termlexikon

x	gesuchte Zahl ich denke mir
x + 5	addiert man vermehrt man
x − 3	subtrahiere 3 von vermindert man
9 − x	subtrahiert man vermindert man

5. Schreibe als Gleichung und löse sie.

a) Vermehrt man das Vierfache einer Zahl um 11, so erhält man 63.

b) Subtrahiert man vom dritten Teil einer Zahl 7, so erhält man 15.

c) Die Differenz zwischen dem Dreifachen einer Zahl und 55 ist 14.

LVL

Im Supermarkt

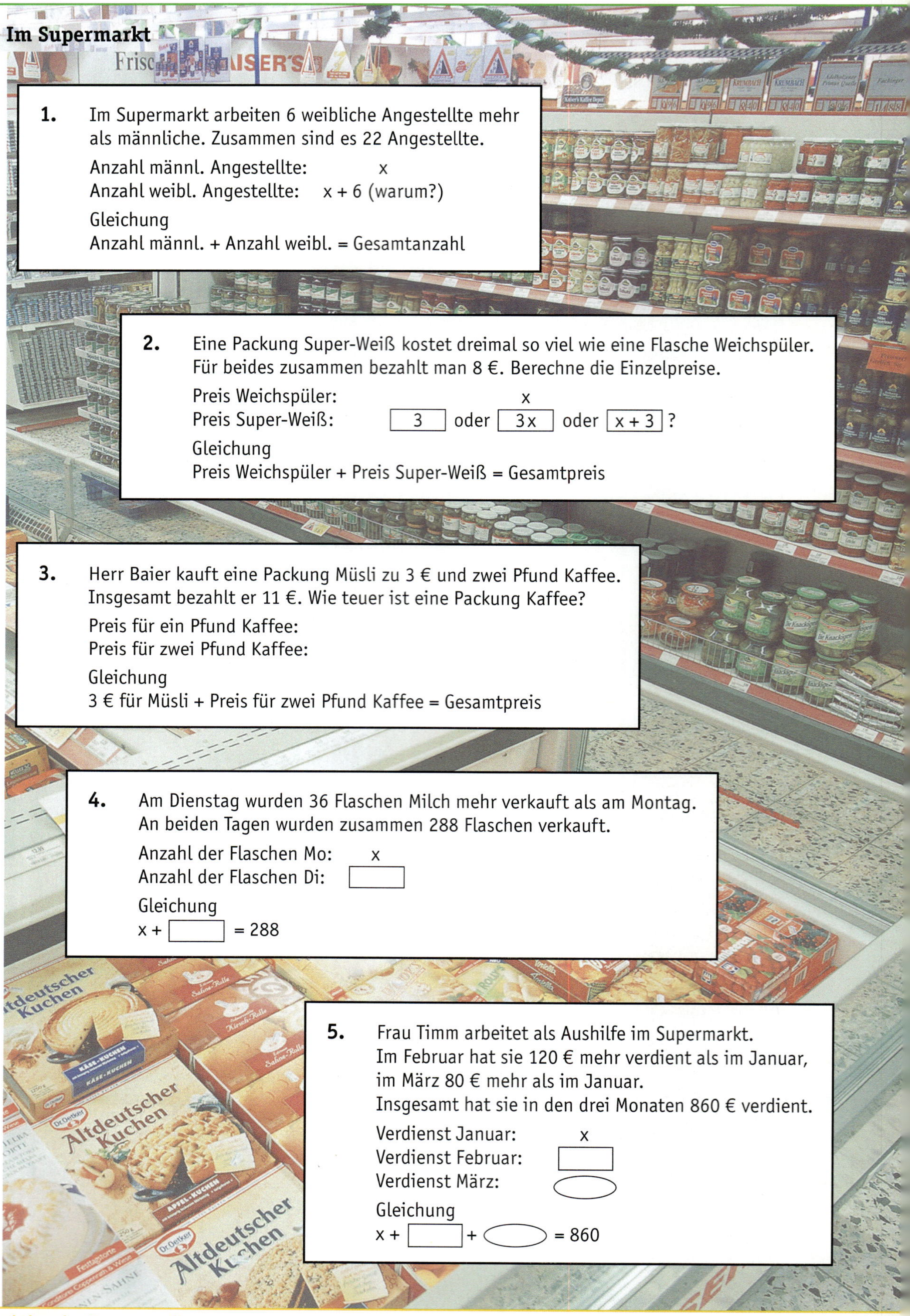

1. Im Supermarkt arbeiten 6 weibliche Angestellte mehr als männliche. Zusammen sind es 22 Angestellte.

Anzahl männl. Angestellte: x
Anzahl weibl. Angestellte: x + 6 (warum?)

Gleichung
Anzahl männl. + Anzahl weibl. = Gesamtanzahl

2. Eine Packung Super-Weiß kostet dreimal so viel wie eine Flasche Weichspüler. Für beides zusammen bezahlt man 8 €. Berechne die Einzelpreise.

Preis Weichspüler: x
Preis Super-Weiß: [3] oder [3x] oder [x + 3] ?

Gleichung
Preis Weichspüler + Preis Super-Weiß = Gesamtpreis

3. Herr Baier kauft eine Packung Müsli zu 3 € und zwei Pfund Kaffee. Insgesamt bezahlt er 11 €. Wie teuer ist eine Packung Kaffee?

Preis für ein Pfund Kaffee:
Preis für zwei Pfund Kaffee:

Gleichung
3 € für Müsli + Preis für zwei Pfund Kaffee = Gesamtpreis

4. Am Dienstag wurden 36 Flaschen Milch mehr verkauft als am Montag. An beiden Tagen wurden zusammen 288 Flaschen verkauft.

Anzahl der Flaschen Mo: x
Anzahl der Flaschen Di: ☐

Gleichung
x + ☐ = 288

5. Frau Timm arbeitet als Aushilfe im Supermarkt. Im Februar hat sie 120 € mehr verdient als im Januar, im März 80 € mehr als im Januar. Insgesamt hat sie in den drei Monaten 860 € verdient.

Verdienst Januar: x
Verdienst Februar: ☐
Verdienst März: ◯

Gleichung
x + ☐ + ◯ = 860

Zuordnungen

2

... nach einem Jahr:

City-Preise*

Grundgebühr	3,10 €
pro Kilometer	1,40 €

* Tagbetrieb

Proportionale Zuordnungen

LVL **1.** *Partnerarbeit:* Sprecht über die Kartoffelpreise auf dem Wochenmarkt.
a) Wie würdet ihr die Preise für 2 kg, 5 kg und 2,5 kg berechnen?
b) Welche Vorteile hat eine Preistabelle? Welche Preise sollten hier angegeben sein?

2. Sprich mit anderen über die Preisberechnung und den Graphen im folgenden Beispiel.

Eine Zuordnung heißt **proportional,** wenn zum Doppelten, Dreifachen, ... einer Ausgangsgröße das Doppelte, Dreifache, ... der zugeordneten Größe gehört.

Portionen	Preis (€)
4	10
8	20

$\cdot 2$ (Portionen) → $\cdot 2$ (Preis)

Portionen	Preis (€)
4	10
2	5

$: 2$ (Portionen) → $: 2$ (Preis)

Der Graph ist ein Strahl vom Nullpunkt aus.

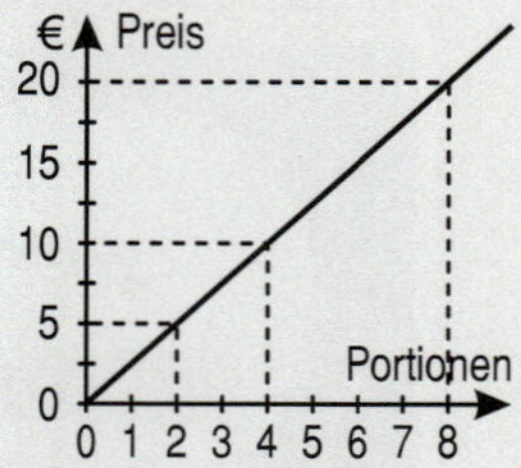

3. Die Zuordnung ist proportional. Bestimme die fehlende Größe.

a)

Menge (kg)	Preis (€)
3	13,50
12	■

b)

Menge (kg)	Preis (€)
35	42
5	■

c)

Anzahl	Preis (€)
7	28
21	■

d)

Anzahl	Preis (€)
36	6
6	■

LVL **4.** Stelle mindestens jeweils zwei Fragen und berechne die Lösungen.
a) Bei Frau Möhler kosten 6 Hühnereier 1,20 €.
b) Bei Herrn Spartz kosten 15 Kiwis 4,50 €.
c) Bei Frau Drescher kosten 8 Rosen 6 €.
d) Bei Herrn Kuntze kosten 10 Orangen 4,90 €.

5. Durchsage im Getränkemarkt: „Sechs Flaschen Apfelsaft kosten heute 4,80 €." Familie Hausmann nimmt gleich 24 Flaschen mit. Welcher Betrag wird dafür verlangt?

6. Frau Burkhardt kauft Schnitzel beim Metzger. Sie bezahlt 4,80 € für 600 g. Frau Baumann kauft die halbe Menge, Herr Kraft die doppelte Menge. Welche Preise zahlen diese beiden?

LVL **7.** Ina trägt manchmal Werbeprospekte aus. Für 150 Prospekte bekam sie im Juni 10,50 €. Im Juli trug sie 400 Prospekte aus und erhielt dafür 25,00 €. Stelle zwei Fragen und beantworte sie.

LVL **8.** Marcel hilft einer Rentnerin im Garten. Im Monat April hat er für zehn Stunden 40 € erhalten. Im Mai hat er an fünfzehn Stunden geholfen. Welchen Geldbetrag kann er dafür erwarten?

9. Stefan kauft zu Schuljahresbeginn neue Schulhefte. Im Fachgeschäft werden sechs Hefte für 3,60 € angeboten. Er will neun Hefte kaufen. Welchen Betrag muss er bezahlen?

10. Die Grafik zeigt für Fleisch die Zuordnung Menge (kg) ⟶ Preis (€).

a) Lies die Preise ab für:
2 kg   2,5 kg   4 kg

b) Lies die Mengen ab für:
5 €   2,50 €   17,50 €

LVL c) Beschreibe die Zuordnung mit Worten oder einer Formel.

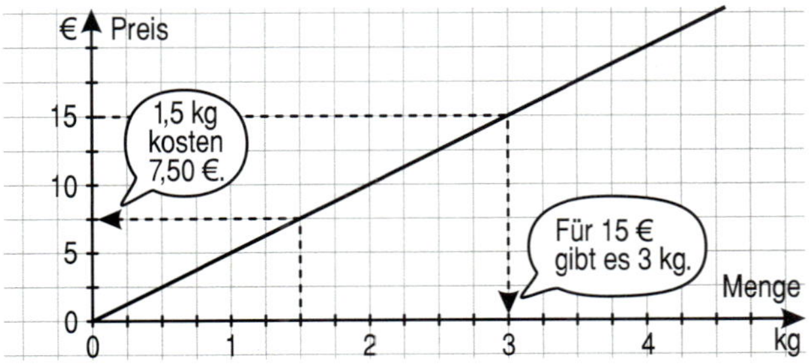

11. 4 kg Spargel kosten 25 €. Zeichne den Graphen der Zuordnung Menge (kg) ⟶ Preis (€). Wähle als Einheiten 1 cm für 5 € (Hochachse) und 1 cm für 0,5 kg (Rechtsachse).

a) Lies die ungefähren Preise ab für:
Menge: 1,5 kg   3,0 kg   2,250 kg

b) Lies die ungefähren Mengen ab für:
Preis: 5,– €   20,– €   35,– €   7,50 €

12. Herr Laux verdient am Montageband einer Autofabrik in 8 Stunden 100 €. Zeichne den Graphen der Zuordnung: Zeit (h) ⟶ Lohn (€). Wähle als Einheiten 1 cm für 2 h und 2 cm für 100 €.

a) Lies den Lohn ab für:
10 h   16 h   6 h   12 h   2 h

b) Wie viele Stunden muss er arbeiten für:
50 €   200 €   350 €   275 €?

13. Trage die Größenpaare in ein Koordinatensystem ein und prüfe an dieser Zeichnung, ob sie zu einer proportionalen Zuordnung gehören oder nicht.

a)

Menge (kg)	Preis (€)
3	60
4	80
7	140

b)

Menge (kg)	Preis (€)
3	70
6	130
9	190

c)

Anzahl	Preis (€)
40	50
60	75
100	125

d)

Anzahl	Preis (€)
40	50
60	75
90	90

14. Die Zuordnung ist proportional, berechne die fehlenden Werte.

a)

Menge (kg)	Preis (€)
2	■
6	15
12	■
18	■

b)

Menge (kg)	Preis (€)
■	4
14	8
■	16
■	20

c)

Anzahl	Preis (€)
5	■
10	4,80
15	■
20	■

d)

Anzahl	Preis (€)
■	9
15	45
■	90
■	360

LVL **15.** Du besuchst mit einer 22-köpfigen Jugendgruppe einen Freizeitpark. Eine Eintrittskarte kostet 14 €, eine Gruppenkarte zum Preis von 290 € gilt für maximal 25 Teilnehmer. Überlege deine Kaufentscheidung und begründe sie.

16. Die Buchstaben der proportionalen Größenpaare ergeben richtig geordnet ein Lösungswort.

a) 4 kg / 2 kg	18 € / 36 €	D
b) 9 kg / 3 kg	15 € / 6 €	H
c) 9 m / 4,50 m	12 € / 6 €	L
d) 120 km / 600 km	9 *l* / 45 *l*	A
e) 7 Stück / 28 Stück	56 € / 110 €	N
f) 15 Stück / 75 Stück	12 € / 60 €	B
g) 4,80 m / 1,20 m	8,64 € / 2,40 €	A
h) 423 / 141	126 € / 42 €	L

LVL **17.** In einem Kinosaal sind in der 1. Reihe 20 Sitze, in der 2. Reihe 24 Sitze, in der 3. Reihe 28 usw., von Reihe zu Reihe immer 4 Sitze mehr. Die 25. Reihe ist die letzte im Kinosaal. Ist die Zuordnung Reihennummer ⟶ Anzahl der Sitze proportional? Überlege, sprich mit anderen, begründe.

Dreisatz bei proportionalen Zuordnungen

Aufgabe
8 kg einer Ware kosten 20 €.
Wie viel € kosten 6 kg?
Antwort: 6 kg der Ware kosten 15 €.

Beurteilung
Die Zuordnung kg $\longrightarrow$ € ist proportional.

Dreisatz

	Menge (kg)	Preis (€)	
	8	20	
: 8	1	2,50	: 8
· 6	6	**15**	· 6

	Menge (kg)	Preis (€)	
	8	20	
: 8	1	$\frac{20}{8}$	: 8
· 6	6	$\frac{20 \cdot 6}{8}$ = **15**	· 6

LVL **1.** Schau dir die Rechnungen von Daniel und Amra an.
a) Welchen Vorteil hat Daniels Rechenweg, welchen Vorteil hat Amras Rechnung?
b) Berechne den Preis pro Kilogramm der Ware und den Preis für 5 kg.

2. a) Marina kauft im Supermarkt 7 Kiwis für 2,73 €. Marco kauft 4 Kiwis im gleichen Markt.
b) Christina bekommt 7 CDs für 49,00 €. Ihre Freundin kauft beim gleichen Händler 4 CDs.

LVL **3.** Auf Annas Drucker werden 32 Seiten in 8 Minuten ausgedruckt.
a) Anna möchte die Extra-Zeitung zur Klassenfahrt mit 50 Seiten ausdrucken.
b) Die erste Ausgabe der Schülerzeitung nach den Ferien hat nur 18 Seiten.
Stelle jeweils eine Frage und beantworte sie. Notiere deinen Rechenweg in einem Dreisatz.

LVL **4.** Schreibe eine Textaufgabe zur proportionalen Zuordnung. Stelle sie mit Lösung der Klasse vor.

a)

Menge (kg)	Preis (€)
3,2	44,80
2,4	■

b)

Länge (m)	Preis (€)
5,4	48,60
7,5	■

c)

Fläche (m^2)	Preis (€)
54	648
72	■

d)

Fläche (m^2)	Preis (€)
85	680
■	240

5. Ina hilft im Seniorenheim. Für 24 Stunden bekam sie 180 €. Im Mai hat sie 27 Stunden gearbeitet.

6. Martin kauft für seinen Walkman 6 Batterien. Er bezahlt 4,20 €. Im Radio von Stefan fehlen 4 Batterien. Welchen Betrag muss Stefan bei gleichem Stückpreis bezahlen?

7. a) 4 *l* Olivenöl kosten 10,80 €. Wie viel kosten 3 *l*?
b) 5 *l* Rotwein kosten 24 €. Wie viel kosten 3 *l*?
c) 2 *l* Weißwein kosten 11,60 €. Wie viel kosten 4,5 *l*?

8. a) Familie Hock sucht eine 4-Zimmer-Wohnung. Im Südcenter ist eine 96 m^2 große Wohnung frei. Wie viel Euro Miete kostet sie?
b) Herr und Frau Pfeffer haben eine kleine Wohnung gefunden, für die sie 434 € bezahlen. Berechne die Wohnungsgröße.

> **Wohnen im Südcenter – Miete nach m^2**
> 3-Zi.-Wohnung, 74 m^2 Wohnfläche, nur **518 €** (plus Nebenkosten)

9. Herr Schlegel startet mit vollgetanktem Wohnmobil in den Urlaub. Nach 450 km Fahrstrecke tankt er 55,8 *l* Benzin nach. Wie viel Liter verbraucht das Fahrzeug auf 100 km?

10. Berechne den Verbrauch auf 100 km. Runde auf eine Stelle nach dem Komma.
a) 35 *l* für 270 km
b) 42 *l* für 340 km
c) 39 *l* für 470 km
d) 47 *l* für 510 km

LVL **11.** 8 Rosen kosten 3 € mehr als 6 Rosen. Wie viel kosten 12 Rosen?

Stundenlohn und Stückpreis

LVL 1. a) Wer wird für seine Arbeit am schlechtesten bezahlt? Erkläre deinen Mitschülern, wie du das entscheidest.

b) Wer rechnet im rechten Bild falsch? Begründe deine Antwort mit dem Preis pro Waffel.

LVL 2. Karin erhält für 5 Stunden 45 €, Esther für 8 Stunden 64 €. Wer verdient besser? Erkläre die beiden Rechenwege und die Ergebnisse. Schreibe eine Antwort auf.

Ⓐ Rechnung für Karin: $\frac{45}{5} = 9$ und für Esther: $\frac{64}{8} = 8$

Ⓑ Wenn Karins Stundenlohn so hoch wäre wie der von Esther, dann müsste sie $5 \cdot \left(\frac{64}{8}\right)$ € erhalten.

3. Die kleine Packung kostet natürlich weniger als die große Packung. Welche würdest du kaufen? Begründe deine Entscheidung mit dem Stückpreis. Brauchst du dafür einen Taschenrechner?

Stundenlohn $= \frac{\text{Lohn}}{\text{Stundenzahl}}$

Stückpreis $= \frac{\text{Preis}}{\text{Stückzahl}}$

4. Ines erhält für vier Stunden Aushilfsarbeit 26 €, Gülan für neun Stunden 45 €. Wer verdient besser?

5. Vergleiche die Angebote: Beachte Menge und Preis.

a) 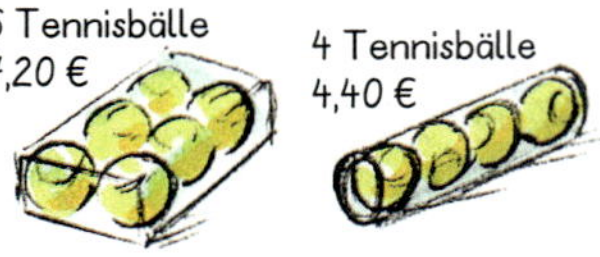

b) 

c) 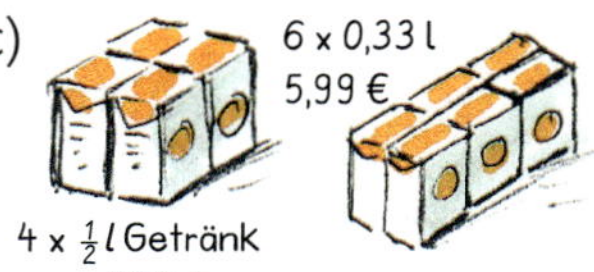

LVL 6. Thomas hat in den Ferien bei einer Spedition ausgeholfen und wöchentlich Stundenzahl und Lohn notiert. Sein Stundenlohn war in allen Wochen gleich.

a) Hat er alles richtig aufgeschrieben? Überlege und begründe deine Antwort.

b) Wie viel hätte Thomas insgesamt verdienen können, wenn er in den 6 Wochen durchschnittlich 38 Wochenstunden gearbeitet hätte?

1. Woche	2. Woche	3. Woche	4. Woche	5. Woche	6. Woche
38 Stunden	36 Stunden	29 Stunden	40 Stunden	35 Stunden	37 Stunden
266 €	252 €	223 €	280 €	240 €	259 €

LVL 7. Jan und Rolf geben Nachhilfe. Jan verlangt für 6 Stunden 36 € und Rolf für 8 Stunden 42 €, wobei Rolfs „Stunden" nur 45 Minuten dauern. Wer lässt sich besser bezahlen? Begründe deine Antwort.

Maßstab

1. *Partnerarbeit:* Überlegt, ob die Jungen die Wanderung in 2 Stunden schaffen können.

Maßstab = Länge im Bild (Bildstrecke) : Länge in der Wirklichkeit (Originalstrecke)

5:2 lies: „5 zu 2"

Maßstab 5:2 — Vergrößerung: 5 cm im Bild entsprechen 2 cm in der Wirklichkeit
Maßstab 1:50 000 — Verkleinerung: 1 cm im Bild entsprechen 50 000 cm (= 500 m) in der Wirklichkeit (z. B. auf einer Landkarte)

2.

	a)	b)	c)	d)	e)	f)
Maßstab	1:4	4:1	1:20 000	1:40 000		
Länge in der Zeichnung	4 cm	4 cm	5 cm		7 cm	6,5 cm
Länge in der Wirklichkeit				2 km	14 km	9,75 km

3. Berechne die Luftlinienentfernung der Orte
a) Bonn – Kassel
b) Koblenz – Minden
c) Siegen – Paderborn
d) Hamm – Bielefeld
e) Münster – Gießen
f) Gelsenkirchen – Köln

4. Welche Stadt liegt 100 km von Köln entfernt?

5. Wie lang wäre die Entfernung zwischen Bonn und Dortmund auf einer Europakarte (Maßstab 1 : 5 000 000)?

6. Stelle anderen ähnliche Aufgaben zu dieser Landkarte und kontrolliere die Lösungen.

7. Auf der Klassenfahrt wird eine Wanderung nach einer Karte mit dem Maßstab 1 : 50 000 geplant.
a) Bis zum Zielort sind es auf der Karte 16 cm. Wie lang ist die Wanderung mit Rückweg?
b) Die Jugendlichen wandern etwa 5 km in einer Stunde. Wie lange brauchen sie ungefähr?

8. Ein Haus ist 13 m lang und 9 m breit. Kann es auf einer Flurkarte die Maße 5,2 cm und 3,8 cm haben? Begründe.

LVL

Modelleisenbahnen

Modelleisenbahnen verkleinern die Originallängen in einem bestimmten Maßstab. Je nach Maßstab werden sie bezeichnet als Spur G, Spur H0 ...

Spur	G	1	0	H0	TT	N	Z
Maßstab	1:22,5	1:32	1:45	1:87	1:120	1:160	1:220

Stelle zu den Informationen Fragen und beantworte sie.

1. 1989 fuhr ein Güterzug mit 650 Waggons. Er war 7,3 km lang. Jens will den Zug als H0-Modell nachbauen.

2. Das 0-Modell einer Lokomotive ist 36,4 cm lang.

3. In Blankenburg in der Eifel wurde eine Modelleisenbahnanlage der Baugröße H0 mit einer Schienenlänge von 3 228 m gebaut. Auf einer Fläche von 167 m^2 fahren 126 Züge. In der Landschaft stehen 7 000 Bäume und 500 Häuser.

4. 1993 fuhr im Stuttgarter Hauptbahnhof ein Modellbahnzug der Baugröße H0 mit einer Länge von 242,42 m. 10 Lokomotiven zogen 2 108 Güterwagen.

5. Der Abstand zwischen den Innenkanten der Eisenbahnschienen beträgt in den meisten Ländern 1,435 m.

6. Die Lokomotive 120 der Deutschen Bundesbahn hat eine Länge von 19,20 m.

7. In Hamburg werden die ICE-Züge in einer Halle gewartet, 430 m lang, 65 m breit und 8,5 m hoch.

Vergrößern und Verkleinern

1. Beantwortet in Partnerarbeit die Frage und stellt eure Lösungen vor.

Beim **Vergrößern** und **Verkleinern** ändert sich die Größe einer Figur, die Form ändert sich nicht. Alle Strecken der Figur werden mit demselben Faktor k verlängert oder verkürzt. Die Winkel bleiben unverändert.

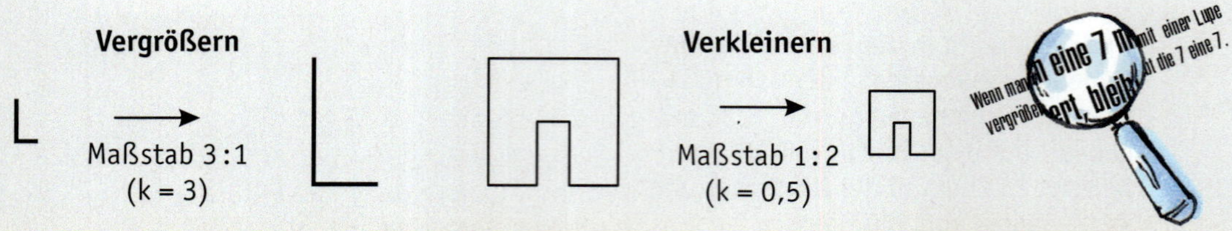

2. Ist der eine Buchstabe die Vergrößerung des anderen?

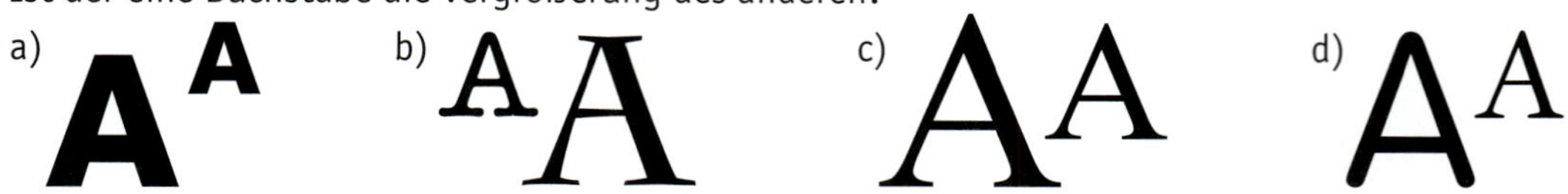

3.

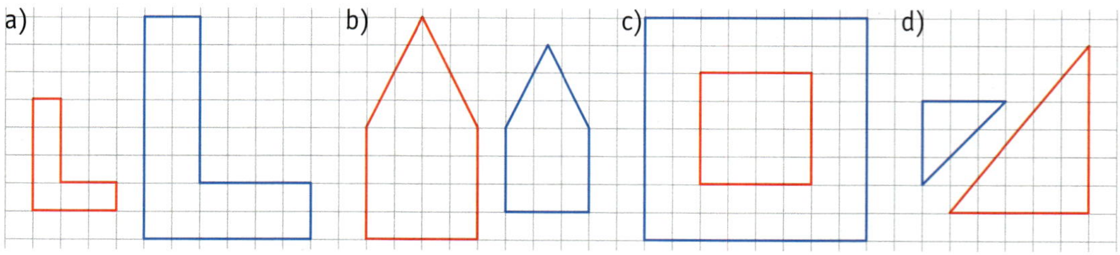

Ist die blaue Figur eine Vergrößerung oder Verkleinerung der roten? Wenn ja, bestimme den Faktor k.

4. Übertrage die Figur ins Heft. Vergrößere oder verkleinere mit dem angegebenen Faktor k.

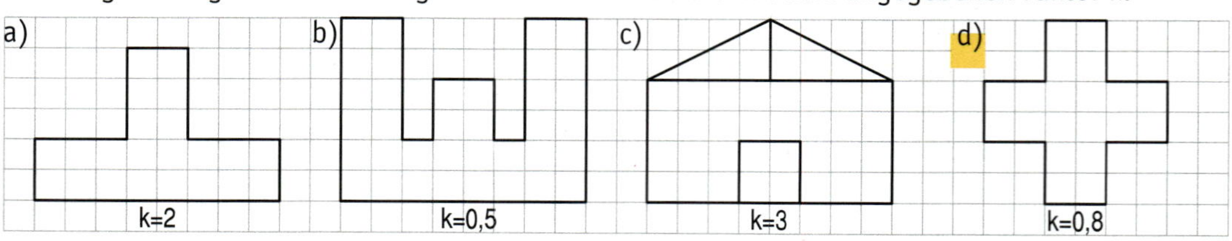

LVL

Fotos vergrößern

1. Warum passt das Papierformat 10 cm x 15 cm besser zum Kleinbildformat 24 mm x 36 mm?

2. a) Ein Kleinbildfoto soll so vergrößert werden, dass die kürzere Seite 9 cm lang ist. Wie lang ist dann die andere Seite? Wie breit ist also der Streifen, der beim Papierformat 9 cm x 13 cm „abgeschnitten" wird?

b) Wie viel wird „abgeschnitten", wenn die längere Seite auf 13 cm vergrößert wird?

Filmformate	mm x mm
APS-C	16,7 x 23,7
Kleinbild	24 x 36
Mittelformat	60 x 60

Digitalfotos
haben unabhängig von der Größe des Bildsensors in der Kamera ein *Seitenverhältnis* von 3:4.

Papierformate
cm x cm
9 x 13
10 x 15
13 x 18
18 x 24
24 x 30
30 x 40

3. Erkläre, warum man wohl 3:4 als Seitenverhältnis von Digitalfotos gewählt hat, die man häufig auf dem Computermonitor oder auf dem Fernsehbildschirm betrachtet.

4. Manche Fotolabore verwenden nicht mehr die alten Papierformate. Sie nehmen die kürzere Seite und dazu passend die längere Seite, so dass das Papier genau zum Filmformat passt. Wähle ein Filmformat und berechne die dazu passenden Papierformate.

5. Wie viel Pixel pro cm² braucht man für ein gutes bzw. für ein optimales Bild?

6. Ein 6-MP-Bild wird auf einem Bildschirm mit den Maßen 18 cm x 24 cm angezeigt. Klaus wählt daraus einen Ausschnitt mit den Maßen 9 cm x 12 cm. Auf welches Format würdest du den Ausschnitt vergrößern?

Bildgrößen in Megapixel
Pixel = Bildpunkt, Megapixel = Million Pixel

cm x cm	gut	optimal
9 x 13	1,17 MP	1,75 MP
10 x 15	1,50 MP	2,25 MP
13 x 18	2,34 MP	3,51 MP
20 x 30	6,00 MP	9,00 MP

Quelle: c'tspecial 03/2003, S. 121

Weg, Zeit, Geschwindigkeit

LVL **1.** *Gruppenarbeit:* Wer ist am schnellsten, wer am langsamsten? Ordnet die Beispiele (auf einem Lernplakat) und sprecht darüber mit den anderen Gruppen.

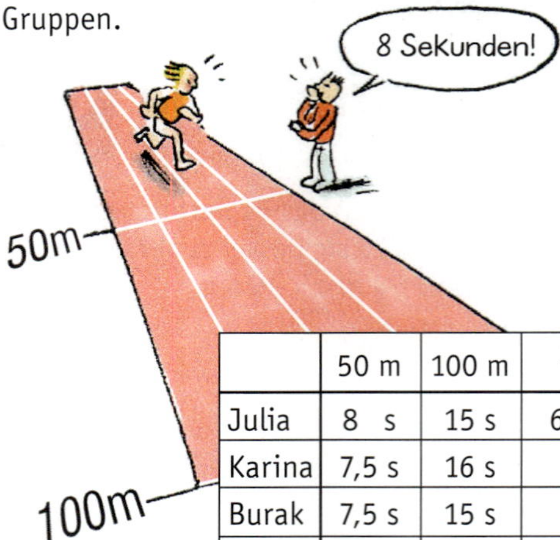

LVL **2.** Mathematik in der Sportstunde: Beim Training für den 100-m-Lauf werden eine Zwischenzeit bei 50 m und die Gesamtzeit gestoppt. Wer am Start nicht schnell genug ist, kann das nur mit einer besseren Durchschnittszeit ausgleichen. Manche müssen besonders das Starten üben, andere die Dauerbelastung auf den letzten 50 m.

a) Wer ist auf den ersten 50 m durchschnittlich schneller als auf der gesamten 100-m-Strecke?

b) Berechne wie weit die Testläufer durchschnittliche pro Sekunde die gesamten 100 m liefen. Übertrage die Tabelle in dein Heft und ergänze sie mit den berechneten und gerundeten Werten.

	50 m	100 m	$\frac{m}{s}$
Julia	8 s	15 s	6,7
Karina	7,5 s	16 s	
Burak	7,5 s	15 s	
Kevin	9 s	17 s	

c) Wie weit käme Julia in einer Stunde, wenn sie immer nur 15 Sek. pro 100 m brauchen würde?

d) Wie weit könntest du in 1 h laufen, wenn du für jeweils 100 m nur 10 Sekunden brauchtest?

Die **Geschwindigkeit** (in $\frac{km}{h}$) gibt an, wie viel Kilometer in einer Stunde zurückgelegt werden.

$$\text{Geschwindigkeit} = \frac{\text{Weg (in km)}}{\text{Zeit (in h)}}, \text{ kurz: } v = \frac{s}{t}$$

Beispiele:

Ein Auto fährt 190 km in 2 h.
Mit Formel: $\frac{190}{2} = 95$
Geschwindigkeit: 95 $\frac{km}{h}$.

Ein Elefant läuft in 3 min 1,2 km. Geschwindigkeit in $\frac{km}{h}$?
Mit Tabelle: · 20 (3 min → 60 min | 1,2 km → **24** km) · 20, $v = 24\ \frac{km}{h}$

3. Berechne die durchschnittliche Geschwindigkeit in $\frac{km}{h}$.

a) Eine Schulklasse reiste mit dem Bus nach Berlin. Für die 640 km brauchte sie (ohne Pause) 8 h.

b) Zu Fuß braucht Anna 15 Minuten für 2 km. Mit dem Fahrrad schafft sie 2 km in 5 Minuten.

LVL **4.** a) Conny liest aus der Tabelle ab: „Ein Gepard läuft 100 m in 3 s und hält diese Geschwindigkeit über 800 m." Formuliere selbst drei solcher Aussagen mit den Werten der Tabelle.

b) Tim behauptet, dass der Gepard 120 km pro Stunde schafft. Was meinst du dazu?

c) Erstelle eine Rangliste der Laufgeschwindigkeiten.

Lebewesen	Höchstleistung
Mensch	100 m in 10 s bis zu 200 m
Pferd	35 km in 30 min bis zu 2 km
Gepard	100 m in 3 s bis zu 800 m
Löwe	200 m in 20 s bis zu 500 m
Zebra	40 km in 1 h bis zu 2 km

Masse, Volumen, Dichte

Material	Dichte $\left(\frac{g}{cm^3}\right)$	Material	Dichte $\left(\frac{g}{cm^3}\right)$
Aluminium	2,7	Platin	21,5
Beton	2,4	Sand	1,7
Eisen	7,9	Silber	10,5
Glas	2,5	Styropor	0,02
Gold	19,3	Titan	4,5
Holz (Buche)	0,7	Wasser	1
Kupfer	8,9	Zink	7,1

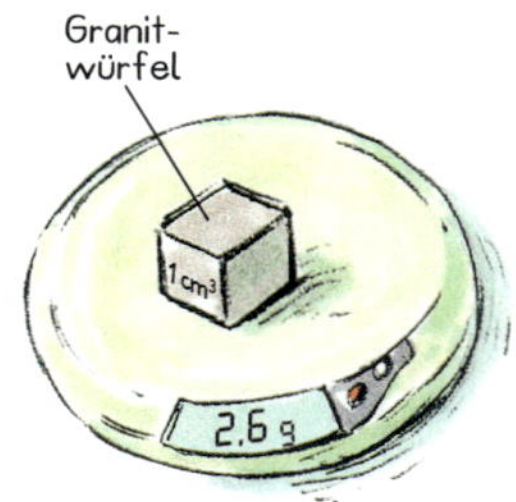

LVL **1.** a) Überlege, ob der Baukran, von dem man nur den Haken sieht, den Betonwürfel heben kann. Begründe deine Antwort. Tipp: Umrechnungen für Größen stehen auf dieser Seite und im Anhang.

b) Welches Volumen darf ein Betonkörper, den der Baukran heben soll, höchstens haben?

Die **Dichte** ϱ (in $\frac{g}{cm^3}$) eines Materials beschreibt das Verhältnis von Masse zu Volumen und gibt an, wie viel Gramm 1 cm³ wiegt.
Es gilt: Masse = Dichte mal Volumen, kurz: $\mathbf{m = \varrho \cdot V}$ (ϱ, rho: griechischer Buchstabe, sprich: roo)

Wie viel wiegen 24 cm³ Blei?
Dichte von Blei: $\varrho = 11{,}3\,\frac{g}{cm^3}$
Formel: $m = \varrho \cdot V$
$m = 11{,}3 \cdot 24$
$m = 271{,}2$
24 cm³ Blei wiegen 271,2 g.

Welches Volumen haben 100 g Gold?
Dichte von Gold: $\varrho = 19{,}3\,\frac{g}{cm^3}$
$100 = 19{,}3 \cdot V \quad | : 19{,}3$
$V = \frac{100}{19{,}3} \approx 5{,}2$
Das Volumen ist ca. 5,2 cm³.

120 cm³ eines Materials wiegen 328 g, wie groß ist seine Dichte?
$328 = \varrho \cdot 120 \quad | : 120$
$\varrho = \frac{328}{120} \approx 2{,}7$
Die Dichte ist 2,7 $\frac{g}{cm^3}$ (Aluminium).

2. Erkläre die Beispielaufgaben einer Mitschülerin oder einem Mitschüler, dann rechne ebenso.

a) Wie viel wiegen 150 cm³ von diesem Material? Aluminium, Eisen, Kupfer, Gold.

b) Welches Volumen haben 2 kg von diesem Material? Beton, Glas, Holz, Silber, Wasser, Zink.

c) Von welchem Material wiegen 500 cm³ so viel? 1 200 g, 4,45 kg, 10,7 kg, $\frac{1}{2}$ kg.

LVL **3.** *Partnerarbeit* zum Schätzen und Zuordnen:

a) Der Holzzylinder ist 4 cm hoch. Welche anderen Maße könnt ihr jetzt schätzen?

b) Ordnet den Dingen die passenden Angaben zu.
Material: Eisen, Holz, Kalkstein, Marmor, Messing.
Dichte: 0,7 $\frac{g}{cm^3}$, 2,6 $\frac{g}{cm^3}$, 2,8 $\frac{g}{cm^3}$, 7,9 $\frac{g}{cm^3}$, 8,3 $\frac{g}{cm^3}$.
Masse: 56 g, 100 g, 115 g, 320 g, 4 kg.
Volumen: 12 cm³, 41 cm³, 80 cm³, 121 cm³, 506 cm³.

c) Wie kann man z. B. das Volumen des löchrigen Kalksteins und dann auch seine Dichte bestimmen?

TIPP
$1\,\frac{g}{cm^3} = 1\,\frac{kg}{dm^3} = 1\,\frac{t}{m^3}$

4. Berechne die Massen. Zeichne zur Zuordnung Volumen ⟶ Masse den Graphen. Von welcher Art ist die Zuordnung?

a) Wasser: 100 *l*; 400 *l*; $\frac{1}{2}$ m³; 1,5 m³ b) Buchenholz: 200 dm³; 800 dm³; 1,6 m³

Bleib FIT!

Die Ergebnisse der Aufgaben 1 bis 9 ergeben die Städte zweier Länder im Südwesten Europas.

1. a) 806,06 + 6 173,28 + 2 876,4 − 1 027
b) 487,5 : 15

2. a) $8\frac{1}{2} \cdot 4{,}8$
b) Wie viel kg sind $\frac{3}{4}$ von 60 kg?

3. 24,5 m − 245 dm = ▪ cm

4. (13,5 + 6,25) · 2,4

5. Gib den Flächeninhalt in cm² an.

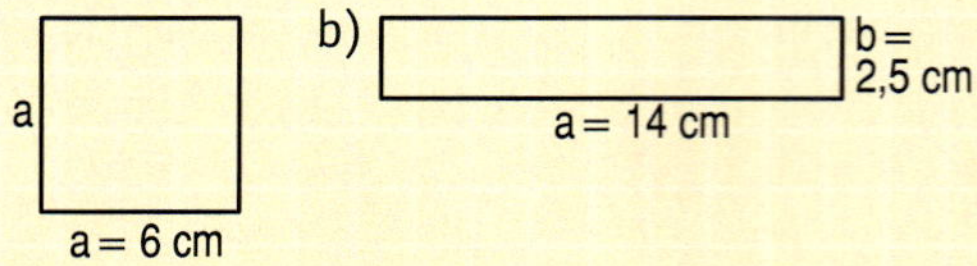

6. a) $\frac{2}{5}$ = ▪ % b) $\frac{15}{20}$ = ▪ %
c) $\frac{18}{25}$ = ▪ % d) $\frac{24}{30}$ = ▪ %

7. Berechne den Umfang der Figuren in cm (alle Maßangaben sind cm).

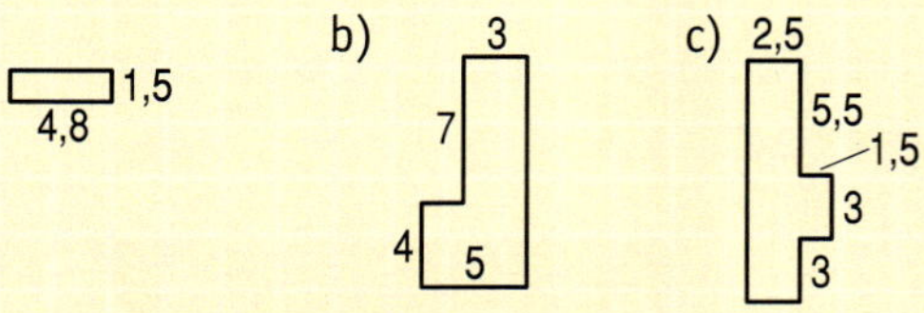

8. a) Ein Rechteck ist doppelt so lang wie breit. Es ist 4 cm lang. Berechne den Flächeninhalt in cm².
b) Ein Auto fährt 90 $\frac{km}{h}$. Wie viel km legt es bei gleicher Geschwindigkeit in 20 min zurück?

9. Welches Ergebnis liegt am nächsten?

a) 42 · 38 ≈ ▪	1 100	1 200	1 600
b) 4 419 : 15 ≈ ▪	30	200	300

0	A
8	O
12,6	I
14,5	B
30	R
31	P
32	D
32,5	I
35	N
36	O
40	M
40,8	S
45	S
47,4	B
72	D
75	A
80	R
130,356	A
200	W
300	O
1 100	O
1 200	A
1 600	T
8828,74	L

Zuordnungen mit Grundbetrag

Mietwagen für 1 Tag

Auto-Service
60 € und keine weiteren Kosten

Blitz-Service
Nur so viel Sie fahren: 0,30 € pro km

Car-Service
20 € plus 0,20 € pro km

1. *Partnerarbeit:*

a) Das obige Bild zeigt die Angebote dreier Mietwagenfirmen. Jedes Angebot ist auch graphisch dargestellt. Welche Darstellung passt wozu? Begründet eure Entscheidung.

b) Überlegt gemeinsam, welchen der drei Anbieter ihr der Familie für eine Strecke von 100 km empfehlen würdet.

c) Diskutiert, ob eure Empfehlung anders ausfällt, wenn die Familie beabsichtigen würde, eine Strecke von 200 km oder 300 km mit dem Mietwagen zurückzulegen.

Ein Mietwagen kostet für einen Tag 30 € Grundgebühr plus 0,40 € für jeden gefahrenen Kilometer. Wie hoch ist der Gesamtpreis, wenn 200 km gefahren werden?

Gesamtpreis = Grundbetrag + Streckenpreis
= 30 € + 200 · 0,40 €
= 30 € + 80 €
Ergebnis: Der Gesamtpreis beträgt 110 €.

2. Die Computerfirma Compuservice berechnet für Reparaturen beim Kunden einen Grundbetrag für die Anfahrt und zusätzlich den Arbeitspreis pro angefangene Arbeitsstunde.

a) Lies im Schaubild ab: Wie hoch ist der Grundbetrag?

b) Wie viel kostet eine Reparatur von 6 Stunden Dauer?

c) Wie viel kostet eine nur halb so lange Reparatur?

d) Wie viel Euro werden als Arbeitspreis pro Stunde verlangt?

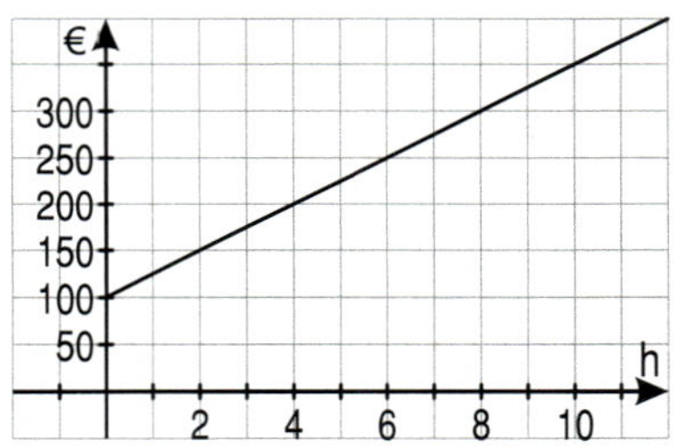

3. Ein Taxifahrer verlangt 2 € Grundgebühr und für jeden gefahrenen Kilometer 1,50 €. Lege ein Schaubild an für: 5 km, 10 km, 15 km, ..., 50 km. Lies die entsprechenden Preise im Schaubild ab.

4. Für Gartenarbeiten leiht Herr Hafner eine Gartenfräse aus. Der Händler verlangt 10 € Tagessatz und je Betriebsstunde 8 €. Wie viel kostet die dreistündige Nutzung der Fräse an einem Tag?

5. Familie Markert möchte mit einem Mietwagen zum 80 km entfernten Flughafen nach Frankfurt fahren. Der Vermieter hat folgende Angebote:
A: 49 € Tagespauschale
B: 25 € Grundpreis und zusätzlich 0,25 € pro gefahrenen Kilometer
Zeichne ein Schaubild für beide Tarife und begründe, bei welchen Entfernungen welcher Tarif günstiger ist.

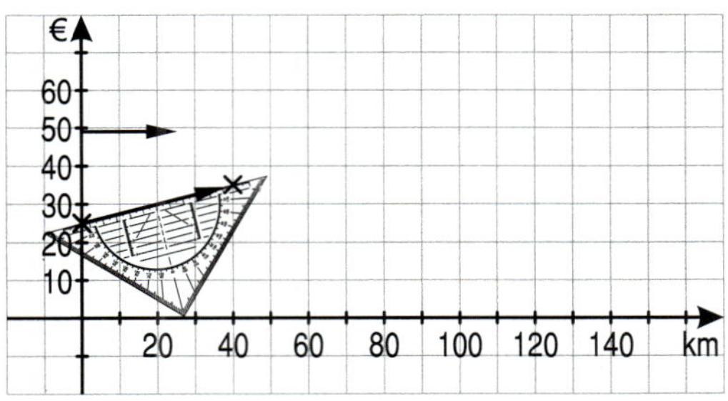

Lineare Zuordnungen

LVL **1.** a) Erstellt gruppenweise zum Füllversuch eine Tabelle mit Füllhöhen und Füllmengen zu Versuchsbeginn und nach 10 Sekunden, 20 Sekunden bis zu 1 Minute.

b) Zeichnet Graphen zu den Werten eurer Tabelle, und zwar einen für die Füllhöhe (in cm) und einen für die Füllmenge (in Liter) in Abhängigkeit von der Zeit.

c) Macht Vorschläge, wie man die Zuordnungen Zeit ⟶ Füllhöhe oder Zeit ⟶ Füllvolumen mit einer Wortformeln oder einer Gleichung beschreiben kann.

Eine Zuordnung, deren Graph eine Gerade ist, heißt **lineare Zuordnung.**

Beispiel: In einem Fass sind 50 *l* Wasser. Pro Minute laufen 30 *l* hinein.

x (in min)	y (in *l*)
0	50
1	80
2	110

Zeit (in min) ⟶ Volumen (in *l*)
x = Zeit (in min) y = Volumen (in *l*)
Volumen = 30 · Zeit + 50
kurz: $y = 30 \cdot x + 50$

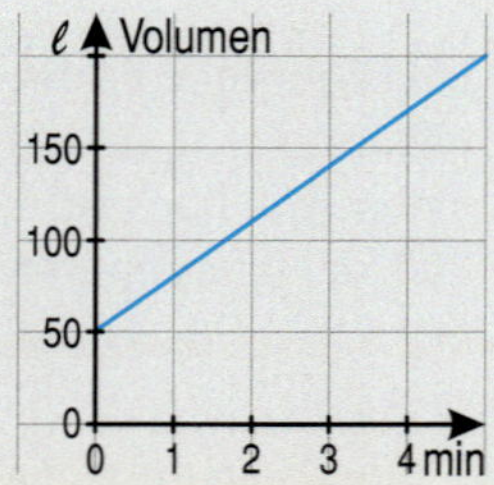

2. a) Ergänze in deinem Heft die Wertetabelle aus dem Beispiel oben mit Werten für das Volumen bis zu 10 Minuten Füllzeit.

b) Zeichne einen Graphen zur Tabelle von a). Wie viel Wertepaare (Punkte) brauchst du dafür?

c) In das Fass passen 300 *l*. Nach welcher Füllzeit ist es randvoll?

3. Ein Gefäß ist 3 cm hoch mit Wasser gefüllt. Pro Sekunde steigt das Wasser um 0,5 cm.

a) Erstelle eine Wertetabelle für die 5 Füllzeiten und zeichne den zugehörigen Graphen.

b) Welche Gleichung beschreibt die Zuordnung Zeit ⟶ Wasserstand richtig? Was bedeuten x und y dabei?

(1) $y = 0{,}5 \cdot x + 5$ (2) $y = 3 \cdot x + 0{,}5$ (3) $y = 0{,}5 \cdot x + 3$ (4) $y = 5 \cdot x + 3$

4. Die Haushalte von Neuburg erhalten ihr Wasser vom NW-Verband. Für 1 m^3 sind 2,50 € zu zahlen. Zusätzlich muss jeder Haushalt jährlich 50 € Grundgebühr für Anschlusskosten zahlen.

a) Erstelle eine Tabelle für die Jahreskosten (y) beim Verbrauch (x): 25 m^3, 50 m^3, 75 m^3, 100 m^3, 125 m^3, 150 m^3.

b) Zeichne den Graph der Zuordnung Jahresverbrauch (x) ⟶ Kosten (y).

c) Welche Gleichung gehört zu dieser Zuordnung?

$x = 2{,}5 \cdot y + 50$ oder $y = 50 \cdot x + 2{,}5$ oder $y = 2{,}5 \cdot x + 50$

5. Erfinde für die Gleichung eine Rechengeschichte. a) $y = 5 \cdot x + 17$ b) $y = 200 - 25 \cdot x$

Antiproportionale Zuordnungen

LVL **1.** a) Wie viel muss jeder Teilnehmer der Busfahrt zahlen? Erstelle eine Tabelle mit den Teilnehmerzahlen 10, 15, 20, 25, 30 und 35.

b) Erkläre den Vorschlag, den der Busfahrer macht.

Eine Zuordnung heißt **antiproportional** (umgekehrt proportional), wenn zum Doppelten, Dreifachen, ... der Ausgangsgröße die Hälfte, der dritte Teil, ... der zugeordneten Größe gehört.

LVL **2.** a) Hier ist eine Aufgabe auf zwei verschiedenen Wegen gelöst worden. Formuliere sie.

b) Welcher Weg gefällt dir besser?

c) Stelle zwei ähnliche Aufgaben.

Dreisatz

	Länge (m)	Breite (m)	
: 12	12	5	· 12
· 8	1	60	: 8
	8	**7,5**	

Produkt: Länge · Breite = Flächeninhalt

12 · 5 = 60

Dividiert durch die neue Länge:

60 : 8 = **7,5**

3. Eine Jugendgruppe mit 36 Teilnehmern mietet einen Bus. Jeder Mitfahrer soll 24 € Buskosten übernehmen. Bei der Abfahrt können aber nur 32 Personen teilnehmen.

LVL **4.** Fünf Freunde wollen zum Popkonzert nach Nürnberg. Im Mietwagen hätte das jeden 27 € gekostet. Am Abfahrtstag sind zwei krank. Stelle zwei Fragen und berechne die Lösungen.

5. Der Lebensmittelvorrat einer Almhütte reicht für 12 Tage, wenn 24 Personen dort sind.

a) Wie lange würde der Vorrat reichen, wenn der Hüttenwart allein in der Hütte wäre?

b) Wie lange reicht der Vorrat, wenn jeden Tag 18 Personen in der Hütte sind?

6. Zwei gleich große Bottiche waren voller Saft. Der eine ist schon in 0,7-*l*-Flaschen abgefüllt worden, 400 Flaschen sind es. Der andere soll in 0,2-*l*-Flaschen gefüllt werden.

a) Wie viele Flaschen werden es?

b) Der Winzer überlegt, auf 0,5-*l*-Flaschen umzustellen. Wie viele 0,5-*l*-Flaschen könnte er füllen?

LVL **7.** Ein Mostereibesitzer zählt seinen Bestand an Flaschentypen und überlegt: „Dieser Bottich gäbe 420 Flaschen zu 0,7 *l*. Man kann auch in 0,2-*l*-Flaschen oder 0,5-*l*-Flaschen abfüllen.“ Stelle zwei Fragen und berechne die Lösung.

8. Familie Bartel ist beim Hausbau. Der Polier hatte geplant, den Rohbau mit 3 Maurern in 12 Tagen zu errichten. Jetzt stehen aber 4 Maurer zur Verfügung. Wie lange brauchen sie?

9. a) Der Aushub einer Baustelle kann von 6 Lkws abtransportiert werden, wenn jeder 8-mal fährt. Wie oft muss jeder Lkw fahren, wenn es 8 Lkws sind?

b) Wie viele Lkws sind erforderlich, wenn jeder 12-mal fährt?

10. Der Boden im Flur wurde bisher von 18 Dielenbrettern zu je 12 cm Breite abgedeckt. Die neuen Bretter sind 9 cm breit und genauso lang wie die alten. Wie viele neue Bretter sind erforderlich?

11. Auf dem Boden liegen 50 cm breite Fliesen, jeweils 12 in einer Reihe. Die neuen Platten sind 40 cm breit. Wie viele passen in eine Reihe?

12. Familie Pfeifer hat für den Zelturlaub im Sommer gespart. Wenn sie täglich 90 € ausgeben, reicht die Urlaubskasse genau 21 Tage lang. Wie lang reicht das Geld, wenn sie

a) täglich 105 € ausgeben, b) täglich 70 € ausgeben, c) täglich 60 € ausgeben?

13. Frederik hat 450 € in der Urlaubskasse. Wie viel kann er pro Tag ausgeben, wenn er 20, 18, 16, ..., 2 Tage Urlaub macht? Erstelle eine Wertetabelle (runde auf Cent).

Tage	20	18	16	14	
€ pro Tag					

14. In einem Tank sind 7 200 *l* Apfelmost. Wie viele Kanister können damit gefüllt werden?

a) 40-*l*-Kanister b) 60-*l*-Kanister c) 90-*l*-Kanister d) 100-*l*-Kanister

15. 25 Behälter zu je 100 *l* werden in 20-*l*-Kanister umgefüllt. Wie viele Kanister braucht man?

16. Mit dem Fahrrad braucht Frederik für eine 100 km lange Strecke etwa 5 Stunden. Mit dem Zug ginge es mit der vierfachen Geschwindigkeit. Wie viele Stunden dauert es dann?

17. Imke wandert mit 4 km pro Stunde. So braucht sie 6 Stunden für den Weg vom Belchen- zum Feldberg-Plateau. Mit dem Fahrrad fährt sie 20 km pro Stunde. Wie lange braucht sie dann?

18. Herr Zeller fährt auf der Autobahn mit 100 $\frac{km}{h}$ Durchschnittsgeschwindigkeit. Eine Strecke, für die er im Auto 6 Stunden braucht, wird von einem Airbus in einer Stunde zurückgelegt. Mit welcher Geschwindigkeit fliegt der Airbus?

LVL **19.** Die Tabelle zeigt den Kraftstoffverbrauch zweier Pkw-Modelle in verschiedenen Fahrweisen. Außerdem weiß man noch: Die Tanks der Fahrzeuge sind gleich groß. Das Diesel-Modell kann bei Tempo 90 mit einer Tankfüllung 1 500 km fahren.

a) Wie weit kommen beide Modelle bei konstant Tempo 120?

b) Frau Krause fährt in der Großstadt täglich rund 25 km mit dem Benzin-Modell. Wie viele Tage reicht ein voller Tank?

c) Es ist üblich, den Verbrauch im sog. Drittelmix anzugeben. Kläre mit anderen, was damit gemeint ist.

d) Erfinde eigene Aufgaben zu der Tabelle.

Verbrauch in *l* pro 100 km		
Modell / Fahrweise	66 kw – 5. Gang	
	Diesel	Benzin
Tempo 90	3,8	6,2
Tempo 120	5,2	7,5
Stadtzyklus	6,2	10,5

LVL

Mietkosten

Bildet Gruppen für die Aufgaben zur Mietwohnung oder zur Ferienwohnung. Stellt die Ergebnisse vor.

Mietwohnung

1. Birte (18 Jahre) sucht eine Wohnung. Von einem Makler hat sich Birte Angebote besorgt. Größe, Aufteilung, Komfort und Mietpreise der Angebote sind sehr unterschiedlich.

a) In welchem Maßstab ist der Grundriss der Wohnung gezeichnet?

b) Wie breit ist der Flur?

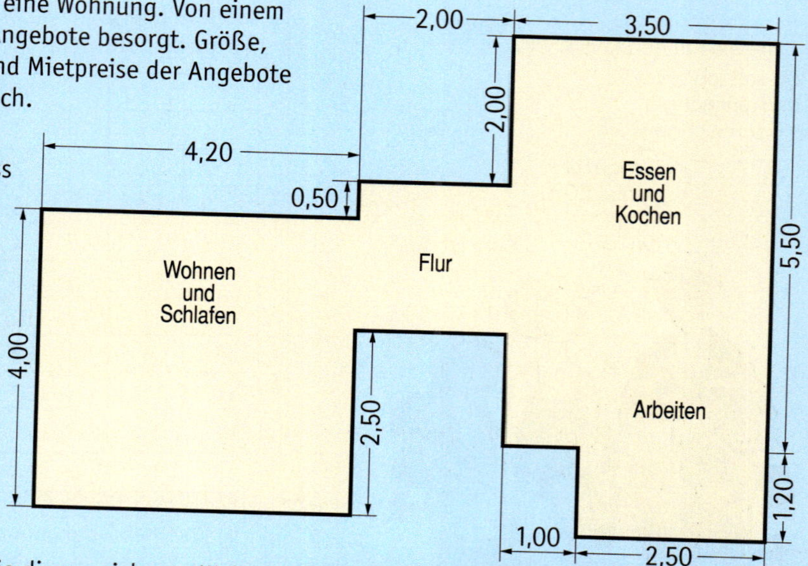

Kosten pro Monat

Beispiel ***Standard***
50 m² 275,– € p. Monat
Nebenkosten ca. 50,– €

Beispiel ***Komfort***
60 m² 420,– € p. Monat
Nebenkosten ca. 60,– €

2. a) Birte überlegt, ob sie die gezeichnete Wohnung in Komfortausführung nehmen kann. Wie teuer ist die Monatsmiete für diese Wohnung ohne Nebenkosten?

b) Birte entscheidet sich schließlich für die Wohnung in Standardausführung. Für Nebenkosten werden zunächst 45,– € monatlich vereinbart. Welche Monatsmiete einschließlich Nebenkosten muss Birte zahlen?

c) Bei der Abrechnung der Nebenkosten nach einem Jahr zeigt sich, dass die monatlichen 45,– € nicht gereicht haben. Es sind insgesamt 725,90 € Nebenkosten für das Jahr zu zahlen. Wie hoch ist die Nachzahlung?

d) Wie viel zahlt Birte pro Quadratmeter monatlich für Miete einschließlich Nebenkosten?

Ferienwohnung

3. Familie May (2 Erwachsene, 1 zehnjährige Tochter) will mit Herrn Blum und dessen Tochter (15 Jahre) in diesem Jahr gemeinsam 14 Tage Urlaub machen. Sie möchten zusammen das Appartement 3 mieten. Wie teuer wird für alle zusammen ein 14-Tage-Urlaub in der Vor-/Nachsaison?

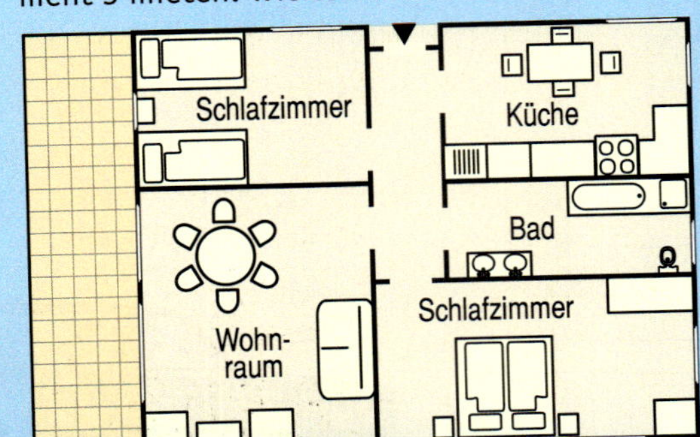

Appartement 3

70 qm bis 5 Personen (1. OG)

unsere große Ferienwohnung mit Balkon

Preis pro Tag	Vor-/Nachsaison 18. Sept. – 31. Mai	Hauptsaison 1. Juni – 15. Sept.	Endreinigung, entfällt bei Buchung über 14 Tage
App. 1	55,00 €	75,00 €	36,00 €
App. 2	54,00 €	72,00 €	31,00 €
App. 3	55,00 €	75,00 €	36,00 €

4. Familie May und die Blums beraten, wie die entstehenden Kosten aufzuteilen sind.

a) Welche Kostenaufteilung könnte in Frage kommen? Macht Vorschläge und begründet sie.

b) Berechnet die Kosten für Familie May und für Herrn Blum mit Tochter, die sich für den gemeinsamen Urlaub in den Sommerferien entschieden haben.

LVL

Eine Reise durch die USA

Geld: Dollar ($) und Euro (€)
Der Wert des Dollars schwankt gegenüber dem Euro stark. Die Banken geben deshalb keine Umrechnungskärtchen aus. So wurde getauscht:

€	$
1	
2	
3	3,66
4	
5	
10	
50	
100	

$	€
1	
2	
3	
4	3,28
5	
10	
50	
100	

1. a) Fertige selbst eine Umrechnungstabelle an.
b) Wie viel $ bekommt man für 750 €?
c) Wie viel kostet das in €?
T-Shirt: 12,70 $ Hamburger: 1,90 $
Jeans: 34,90 $ Frühstück: 5,80 $

Entfernungen: Meilen (mls) und Kilometer (km)
Für eine längere Autofahrt ist es bequem, die Entfernungsangaben in Meilen schnell in Kilometer anzugeben.

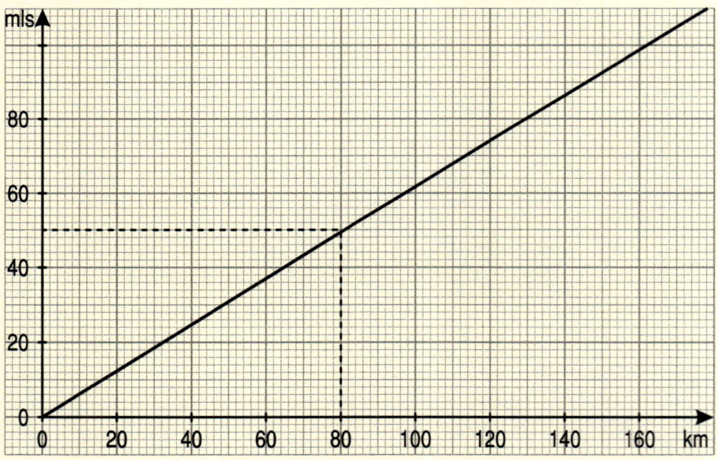

2. a) Lies im Diagramm ab, wie viel mls es sind:
25 km 50 km 100 km 125 km 150 km
b) Lies ab, wie viel km es sind: 10 mls 30 mls 50 mls 100 mls
c) Bestimme mit dem markierten Wertepaar: 1 mls = ■ km
1 km = ■ mls

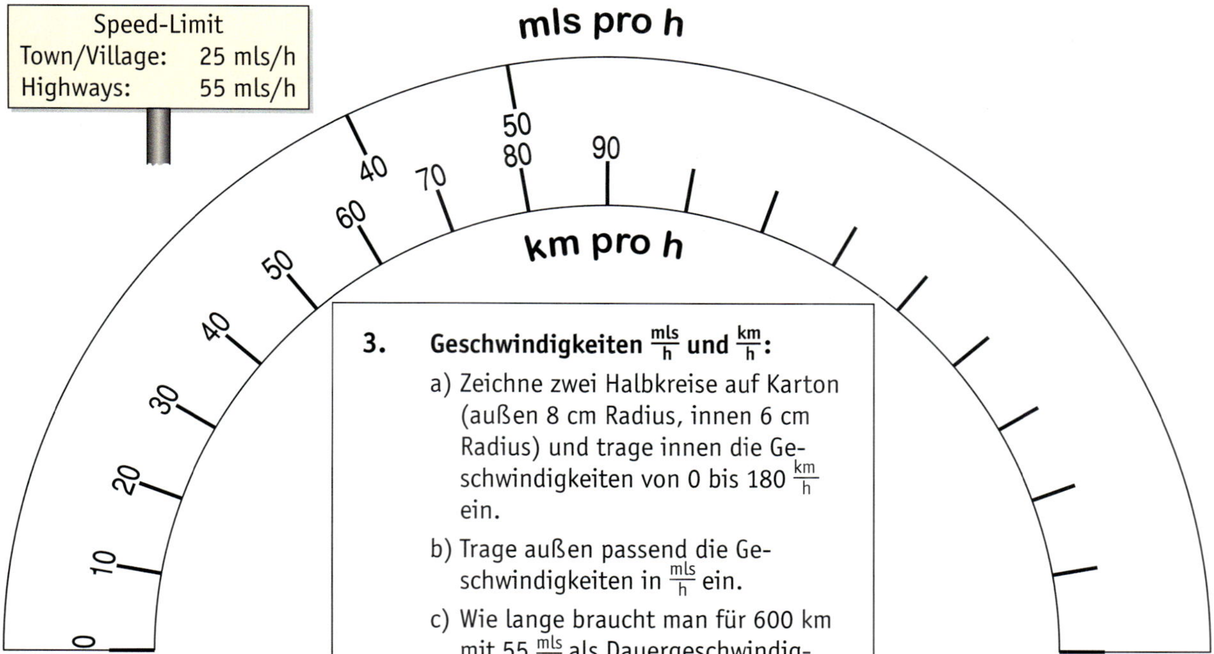

3. Geschwindigkeiten $\frac{\text{mls}}{\text{h}}$ und $\frac{\text{km}}{\text{h}}$:

a) Zeichne zwei Halbkreise auf Karton (außen 8 cm Radius, innen 6 cm Radius) und trage innen die Geschwindigkeiten von 0 bis 180 $\frac{\text{km}}{\text{h}}$ ein.

b) Trage außen passend die Geschwindigkeiten in $\frac{\text{mls}}{\text{h}}$ ein.

c) Wie lange braucht man für 600 km mit 55 $\frac{\text{mls}}{\text{h}}$ als Dauergeschwindigkeit? Runde sinnvoll.

4. Hohlmaße: Gallonen und Liter

a) 5 Gallonen sind etwa 19 *l*. Wie viel *l* wurden getankt?

b) Welcher Preis in $ pro *l* ist das?

c) Wie viele Gallonen passen in einen Tank, der 65 *l* fasst?

Temperaturen: Fahrenheit (°F) und Celsius (°C)

Fahrenheit	32°	50°	68°	86°	104°
Celsius	0°	10°	20°	30°	40°

5. a) Zeichne mithilfe der Wertetabelle den Graphen der Zuordnung Celsius (°C) ⟶ Fahrenheit (°F)

b) Lies ab, wie hoch die Temperatur in °C ist.

Colorado City	72 °F	Grand Canyon Village	60°F
Death Valley	131 °F	Lake Tahoe	44°F

Vermischte Aufgaben

LVL **1.** Prüfe, ob die Zuordnung proportional, antiproportional oder keins von beiden ist. Begründe.

a) Arbeitslohn	
3 Stunden	69 €
5 Stunden	115 €

b) Sport	
200 m	30 s
10 km	45 min

c) Busfahrt	
32 Pers.	30 € p. P.
30 Pers.	32 € p. P.

d) Hotelübernachtung	
3 Sterne	75 €
4 Sterne	180 €

e) Miete	
60 m^2	360 €
90 m^2	540 €

f) Benzin tanken	
22 l	24,64 €
55 l	61,60 €

g) Rundfahrt	
20 $\frac{km}{h}$	6 Stunden
60 $\frac{km}{h}$	2 Stunden

h) Flüssigkeiten	
2,5 l	2,75 kg
750 cm^3	825 g

2. Bei Waschmitteln lohnt sich oft ein Preisvergleich. Im Supermarkt werden angeboten: 3 kg zu 2,29 € und 10 kg desselben Waschmittels zu 9,49 €. Vergleiche. Welches Angebot ist günstiger?

3. In manchen Ländern wird Urlaubern Goldschmuck nach Gewicht verkauft.

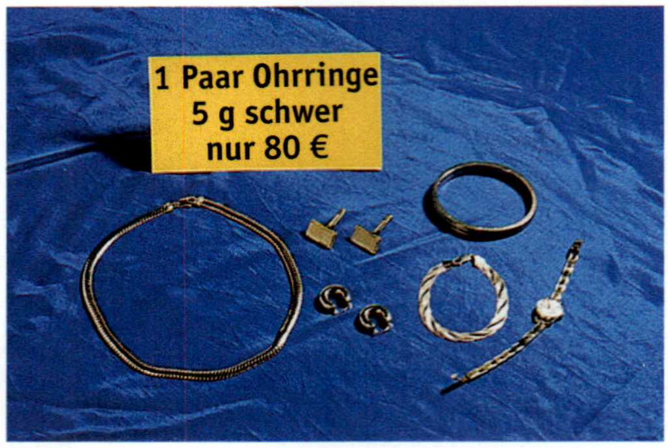

a) Frau Walch kauft ein Paar Manschettenknöpfe, das 15 g wiegt. Wie teuer ist es?

b) Herr Sachs kauft eine Halskette für 320 €. Wie schwer ist sie?

c) Jan schätzt: Im Laden ist für 1 Mio. € Goldschmuck. Wie viel würde der wiegen? Runde.

d) Ein 1-kg-Barren Gold kostet 10 380 €. Vergleiche mit dem Schmuckpreis.

4. Der Bericht über das Berufspraktikum der Klasse 8a ist 10 Seiten lang, wobei jede Seite 54 Zeilen hat. Wie lang wird der Bericht, wenn auf jeder Seite 60 Zeilen gedruckt werden?

5. Für eine Wasserleitung muss ein Graben ausgehoben werden. Die Arbeit kann von 4 Baggern in 8 Tagen erledigt werden. Ab dem 4. Tag wird ein fünfter Bagger eingesetzt. Wie lange dauert das Ausheben des Grabens insgesamt?

... wie viele „Baggertage"?

6. Drei Lastwagen fahren Sand zu einer Großbaustelle. Jeder Wagen fährt 16-mal mit 12 m^3 Sand.

a) Wie oft müssen 4 solcher Lastwagen für die gleiche Menge Sand jeweils fahren?

b) Wie viel Tonnen wiegt der gesamte transportierte Sand (Dichte von Sand ca. 2,3 $\frac{t}{m^3}$)?

c) Eine Firma hat 6 Lkw, die alle 8 m^3 Sand laden können. Wie oft muss jeder Lkw fahren?

7. Was ist schneller: 100 m in 15 Sekunden oder 1 km in $\frac{1}{2}$ Minute?

LVL **8.** An einer Teststrecke wird die Geschwindigkeit eines vorbeifahrenden Autos alle 10 Meter ermittelt. Die Grafik zeigt die Zuordnung Fahrstrecke des Autos ⟶ Geschwindigkeit. Welche der Aussagen kannst du der Grafik entnehmen? Überlege und diskutiere mit Mitschülerinnen und Mitschülern.

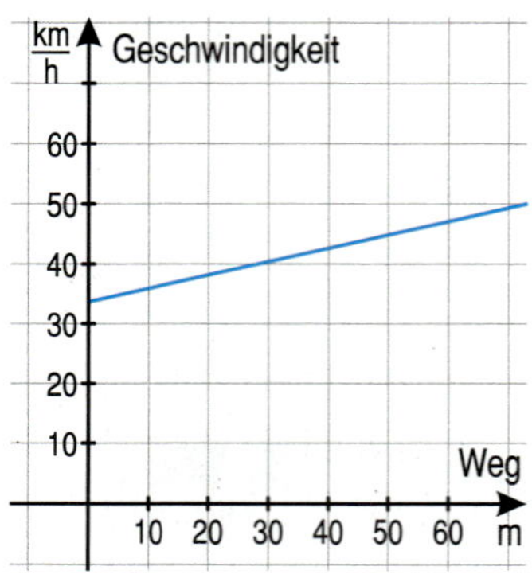

① Die Straße steigt an.

② Das Auto fährt mit gleichmäßiger Geschwindigkeit.

③ Der Benzinverbrauch nimmt gleichmäßig zu.

④ Zwischen den Messpunkten verstreicht immer weniger Zeit.

⑤ Das Auto fährt immer schneller.

1. Verkauf stückweise: 6 Eier zu 1,08 €. Wie viel kosten 9 Eier?

2. Jonas verdient als Aushilfe in 7 Stunden 49 €. Wie viel verdient er in 12 Stunden?

3. Für eine Reise in die Schweiz tauscht Herr Berger 250 € in 380 sfr (Schweizer Franken). Wie viel sfr erhält er für 400 €?

4. Im Supermarkt werden 3 Tennisbälle für 3,80 € angeboten, im Fachgeschäft kosten 5 Bälle derselben Sorte 6,50 €. Vergleiche.

5. Herr Buchen tauscht eine rechteckige Wiese, 25 m lang, 42 m breit, gegen einen gleich großen Acker mit 60 m Länge. Wie breit ist er?

6. Bei 54 Teilnehmern zahlt jeder 20 € für die Busfahrt. Es fahren aber nur 45 Personen mit.

7. a) In einem Bauplan im Maßstab 1 : 2 000 ist eine Wand 2,5 cm lang. Wie lang ist sie wirklich?

b) Der Durchmesser einer Perle erscheint in einem Prospekt im Maßstab 3 : 1 vergrößert 2,4 cm groß. Wie groß ist er wirklich?

8. Tom legt mit dem Rad 6 km in 15 min zurück. Wie schnell fährt er durchschnittlich?

9. Ein Zug fährt mit einer Geschwindigkeit von 140 $\frac{km}{h}$. Wie viel km legt er in 45 min zurück?

10. Wie viel wiegt ein Spielwürfel aus Buchenholz ($\varrho = 0{,}7\ \frac{g}{cm^3}$) mit der Seitenlänge 2 cm?

11. 150 cm^3 eines Materials wiegen 1170 g. Wie groß ist seine Dichte?

Bei einer **proportionalen** Zuordnung gehört zum Doppelten, Dreifachen, ... einer Ausgangsgröße das Doppelte, Dreifache, ... der zugeordneten Größe.

	1. Größe	2. Größe	
·5	3	4	·5
	15	20	

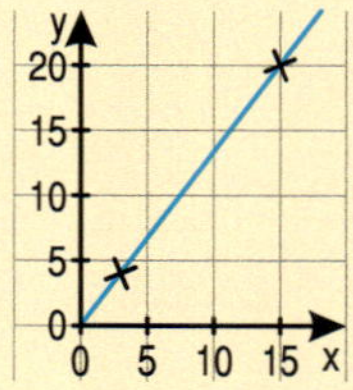

Der Graph einer proportionalen Zuordnung ist ein vom Nullpunkt ausgehender Strahl.

Bei einer **antiproportionalen** Zuordnung gehört zum Doppelten, Dreifachen, ... einer Ausgangsgröße die Hälfte, ein Drittel, ... der zugeordneten Größe.

	1. Größe	2. Größe	
·3	4	18	:3
	12	6	

Maßstab

1 : 8 verkleinert: 1 cm im Bild für 8 cm wirklich

8 : 1 vergrößert: 8 cm im Bild für 1 cm wirklich

Die **Geschwindigkeit** (in $\frac{km}{h}$) gibt an, wie viel Kilometer in einer Stunde zurückgelegt werden.

Geschwindigkeit ($\frac{km}{h}$) = $\frac{\text{Weg (in km)}}{\text{Zeit (in h)}}$, kurz: $v = \frac{s}{t}$

Die **Dichte** ϱ eines Materials (in $\frac{g}{cm^3}$) gibt an, wie viel Gramm 1 cm^3 dieses Materials wiegt. Es gilt:
Masse = Dichte mal Volumen; $m = \varrho \cdot V$

12. Trage die Größenpaare in ein Koordinatensystem ein. Prüfe an der Zeichnung, ob sie zu einer proportionalen Zuordnung gehören. Beschreibe die Zuordnung mit eigenen Worten.

a)

Masse (kg)	Preis (€)
5	7,50
12	14
17	25,5

b)

Zeit (h)	Preis (€)
3	27
7	63
9	74

c)

Anzahl	Preis (€)
3	1,20
10	4,00
12	4,80

d)

Weg (km)	Verbrauch (*l*)
240	20,16
570	47,88
810	68,04

13. Auch Luft hat eine Masse. 5 m^3 trockene Luft (bei 20 °C, „normalem" Luftdruck) wiegen ca. 6 kg.

a) Wie viel wiegt die Luft in einem Tank mit 3 m^3 Volumen?

b) Welches Volumen hat ein Raum, dessen Luft 250 kg wiegt?

c) Die Lunge eines Menschen fasst ca. 6 *l* Luft. Wie viel wiegt diese Luft?

DIAGNOSETEST

1. Der Warenpreis pro Quadratmeter ist für die Teppichsorte in der nebenstehenden Tabelle immer gleich. Berechne die fehlenden Größen.

Ware (m^2)	1		17		30
Kosten (€)	8	192		204	

2. Übertrage die Tabelle ins Heft und berechne die fehlenden Angaben.

Maßstab	1:5	6:1	1:50 000	
Länge im Bild	3 cm	3 cm	4 cm	5 cm
Länge im Original				10 km

3. Die Batterien von Inas Discman reichen für 3 Tage, wenn sie jeden Tag 1 Stunde CDs hört. Da sie in der letzten Zeit kaum noch dazu Gelegenheit hat, hört sie nur noch 15 Minuten täglich.

4. Henning fotografiert gerne. Für 24 nachbestellte Abzüge zahlt er 3,60 €.

a) Zeichne den Graphen der Zuordnung Anzahl der Abzüge ⟶ Preis.

b) Lies den Preis für 8 und 15 Abzüge ab.

5. Für den Kauf eines Gebrauchtwagens leiht sich Herr Käfer von seinem Vater Geld, das er in 18 Monaten mit jeweils 300 € pro Monat zurückzahlt. Wie viel müsste er monatlich bezahlen, wenn sein Vater das Geld schon nach 16 Monaten zurückgezahlt haben möchte?

Wähle weitere 5 Aufgaben aus

1. Kundendienst in der Autowerkstatt: Bei der Berechnung der Arbeitszeitkosten ist dem Meister ein Fehler unterlaufen. Wo?

Manz	Hiller	Burk	Weipert	Börner
1,4 h	2,3 h	3,4 h	2,8 h	3,9 h
63 €	103,50 €	153 €	136 €	175,50 €

2. Emily und Tim planen eine Radtour entlang des Bodensees. Zunächst überlegen sie, jeden Tag durchschnittlich 40 € auszugeben. Dann würde ihre Reisekasse für 15 Tage reichen. Ihre Planung ergibt aber, dass die Radtour 18 Tage dauert. Berechne, wie viel Geld sie jetzt täglich bei gleicher Reisekasse ausgeben dürfen.

3. Bei der Planung eines Hausbaus möchte der Architekt wissen, ob die Arbeit der 5 Maurer nicht schneller als in den geplanten 24 Tagen beendet werden kann. Die Arbeit soll bereits in 15 Tagen erledigt sein. „Wie viele Maurer muss ich dann zusätzlich anfordern?“ will der Bauleiter wissen.

4. Ein Eisenstück mit einem Volumen von 50 cm^3 wiegt 395 g.

a) Wie schwer sind 80 cm^3 Eisen?

b) Welche Kantenlänge hat ein 7,9 kg schwerer Würfel aus Eisen?

5. Ein Radfahrer fährt mit 15 $\frac{km}{h}$. Ergänze die fehlenden Angaben in den Größenpaaren.

Weg (km)	15	22,5		45	
Zeit (h)			2		$2\frac{1}{2}$

6. Der Inhalt eines Weinfasses wird in 800 Flaschen zu je 0,7 *l* abgefüllt werden. Da hat der Chef die Idee, diesmal die gleiche Menge Wein in 0,2-*l*-Flaschen abzufüllen. Er hofft, so einen höheren Preis erzielen zu können. Wie viele 0,2-*l*-Flaschen muss er bestellen?

7. Das Holz von frisch geschlagenen Fichten hat eine Dichte von ca. 0,8 $\frac{g}{cm^3}$.

a) Wie viel m^3 Volumen hat ein Fichtenstamm ungefähr, der rund 1,5 t wiegt? Runde auf dm^3.

b) Welche Masse haben $1\frac{1}{2}$ m^3 frisch geschlagenes Fichtenholz? Runde auf kg.

Zeichnen und Konstruieren 3

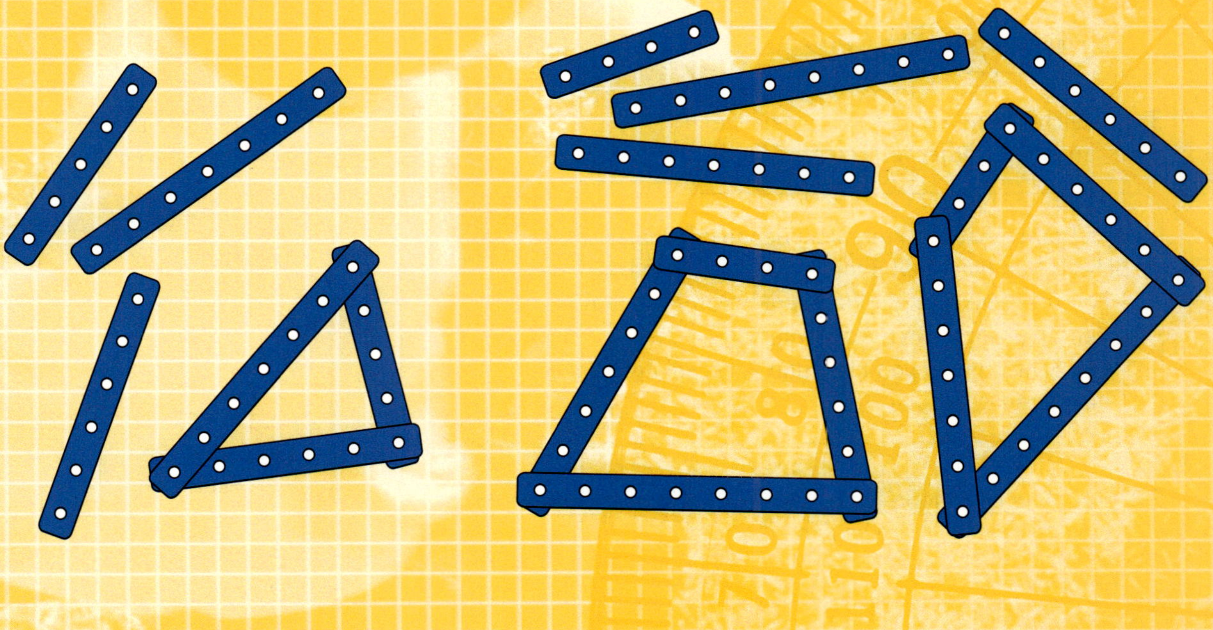

LVL

Spiegeln, Verschieben, Drehen

Achsenspiegelung	Punktspiegelung	Drehung	Verschiebung
Sie ist festgelegt durch eine Gerade g.	Sie ist festgelegt durch Länge und Richtung eines Pfeils.	Sie ist festgelegt durch einen Punkt Z.	Sie ist festgelegt durch einen Punkt Z und einen Winkel α.
Punkt A und Bildpunkt A' liegen auf einer Geraden durch Z, gleich weit entfernt von ihm.	Punkt A und Bildpunkt A' liegen auf einer Senkrechten zu g im gleichen Abstand zu ihr.	Punkt A und Bildpunkt A' bilden einen Pfeil parallel zum gegebenen Pfeil und ebenso lang.	Punkt A und Bildpunkt A' liegen gleich weit von Z, die Strahlen $\overline{ZA}$ und $\overline{ZA'}$ bilden den Winkel α.

1. Erstellt in Gruppenarbeit eine Übersicht zu den geometrischen Abbildungen, die ihr in früheren Klassen kennen gelernt habt. Ordnet die obenstehenden Begriffe und Sätze einander zu und veranschaulicht jede durch eine Zeichnung.

2. Zeichne ein Dreieck oder eine andere Figur und eine Gerade. Spiegele die Eckpunkte an der Geraden und verbinde sie zur Bildfigur. Dabei können zusätzliche Punkte entstehen, und die Bezeichnungen können anders sein. Punkte, die nicht sichtbar sein sollen, kannst du „verstecken". Anders bezeichnete Punkte kannst du „umbenennen".*

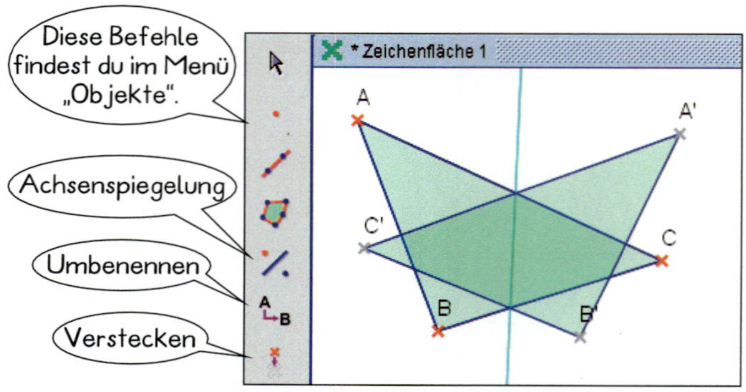

3. Zeichne eine Figur und spiegele sie an einem vorher festgelegten Punkt.

4. Zeichne eine Figur und verschiebe sie mit einem vorher festgelegten Pfeil.

Zum Drehen hat das Programm Geonext keinen eigenen Befehl. Man muss den Bildpunkt schrittweise konstruieren:
- den Drehwinkel an die Halbgerade von Z durch A antragen
- den Kreis um Z durch A zeichnen
- den Schnittpunkt von Kreis und Schenkel des Winkels markieren

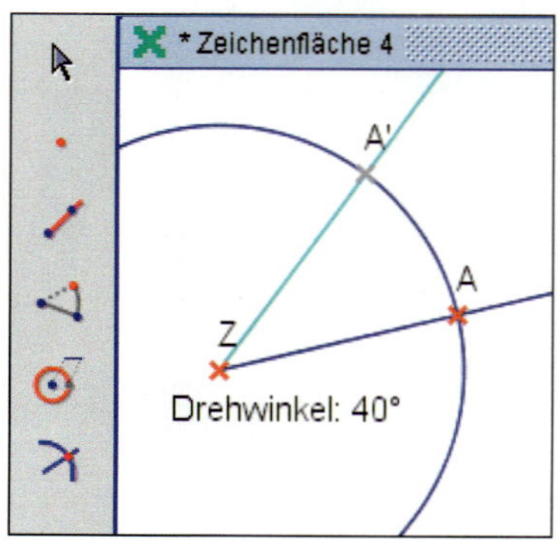

5. Zeichne eine Figur, lege einen Drehpunkt fest und das Maß des Drehwinkels. Drehe dann die Figur.

* Das hier verwendete Programm „GEONExT" wurde am Lehrstuhl für Mathematik und ihre Didaktik der Universität Bayreuth entwickelt. Ein kostenloser Download ist unter http://www.geonext.de möglich.

Vermischte Aufgaben

1. Übertrage die Figur ins Heft und spiegele sie an g. Es entsteht eine achsensymmetrische Figur.

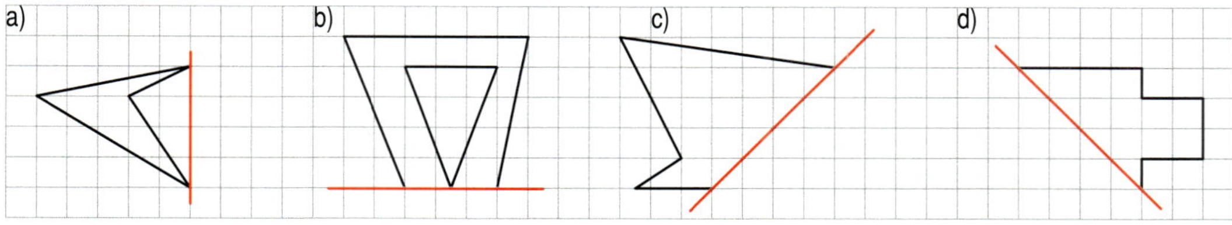

2. Übertrage die Figur ins Heft. Überprüfe, ob sie achsensymmetrisch ist.
Zeichne die Symmetrieachsen ein.

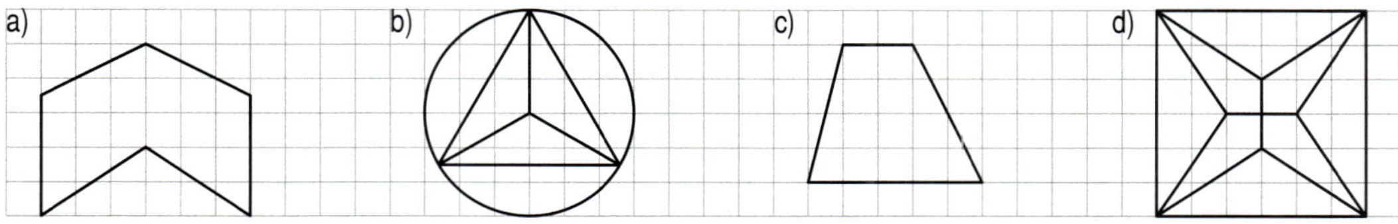

3. Übertrage die Figur ins Heft und spiegele sie an Z. Es entsteht eine punktsymmetrische Figur.

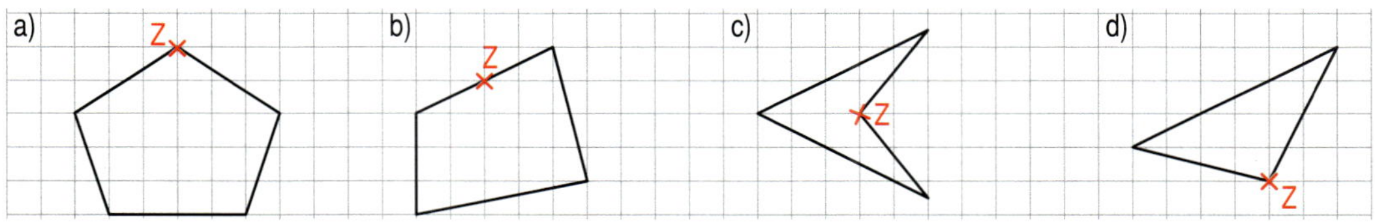

4. Übertrage die Figur. Zeichne den Symmetriepunkt ein, wenn sie punktsymmetrisch ist.

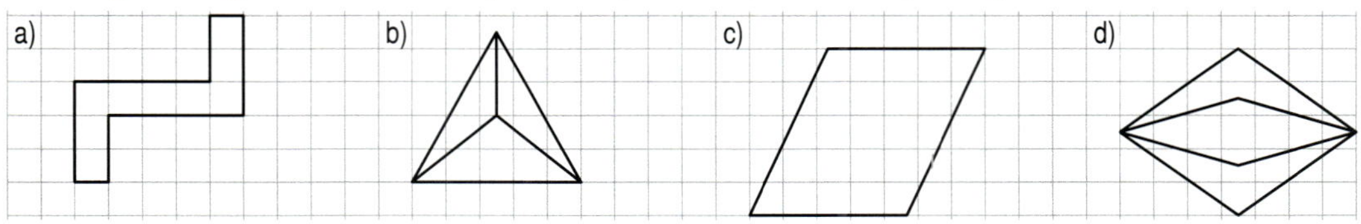

5. Kann die eine Figur aus der anderen allein durch Verschieben entstanden sein?
Wenn ja, mit welchem Verschiebungspfeil, wenn nein, warum nicht?

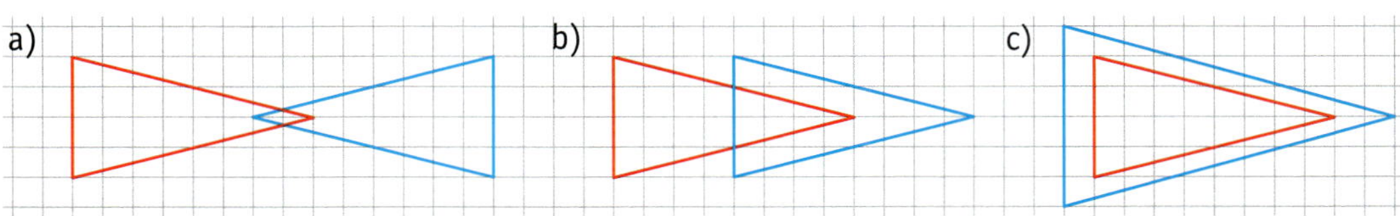

6. Zeichne eine selbst gewählte Figur und einen Verschiebungspfeil. Lasse durch wiederholtes Verschieben ein Streifenmuster entstehen.

7. Übertrage die Figur ins Heft. Ergänze zu einer drehsymmetrischen Figur mit Z als Drehpunkt.

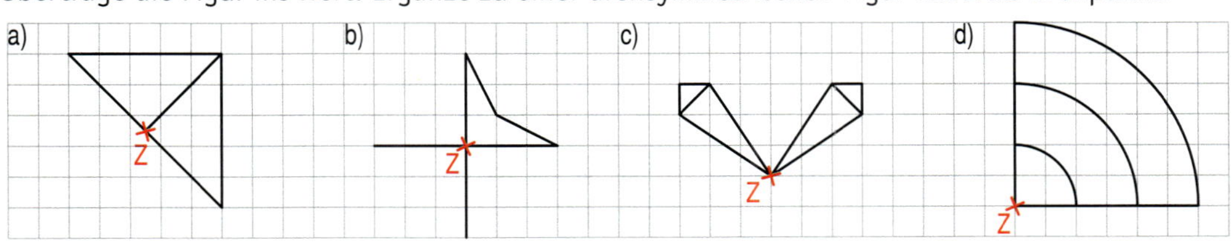

8. Zeichne eine „Fahne" mit den Eckpunkten Z(5|10), A(5|12), B(7|13), C(5|14) und

a) spiegele sie an der Senkrechten zu $\overline{ZC}$ durch Z,
b) spiegele sie am Punkt Z,
c) drehe sie um Z mit dem Winkel $\alpha = 60°$,
d) verschiebe sie mit dem Pfeil $\overrightarrow{AB}$.

9. a) Zeichne ein Dreieck mit drei verschiedenen Seitenlängen und spiegele es am Mittelpunkt einer Seite. Was für eine Art Figur entsteht aus dem Dreieck und seinem Spiegelbild?

b) Zeichne ein gleichschenkliges Dreieck und spiegele es an seiner Basis. Was für eine Figur entsteht aus dem Dreieck und seinem Spiegelbild?

10. Zeichne ein Quadrat mit 2 cm Seitenlänge und verschiebe es in Richtung einer Diagonalen um die halbe Diagonalenlänge. Wenn du das wiederholst, entsteht ein Muster.

11. Übertrage die Figuren ins Heft. Untersuche, ob die rote auf die blaue Figur durch eine Achsenspiegelung, eine Drehung, Punktspiegelung oder Verschiebung abgebildet werden kann.

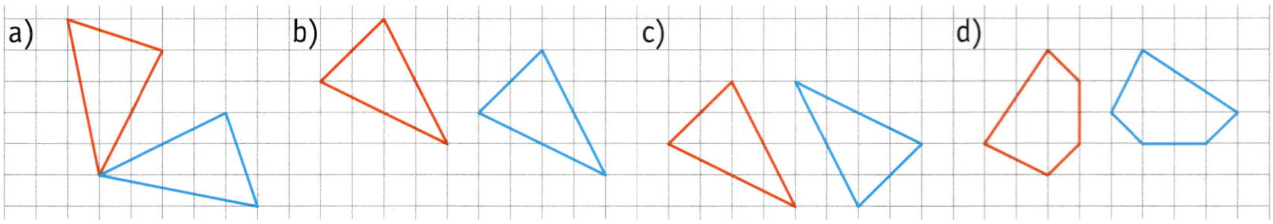

12. Armin sagt: „Wer Drehungen kennt, kann Punktspiegelungen vergessen." Was meint er damit?

13. Volker sollte das Dreieck ABC an einem Punkt Z spiegeln. Leider ist ihm der Punkt Z durch einen Tintenklecks verloren gegangen. Übertrage die Zeichnung ins Heft und führe Volkers Konstruktion zu Ende.

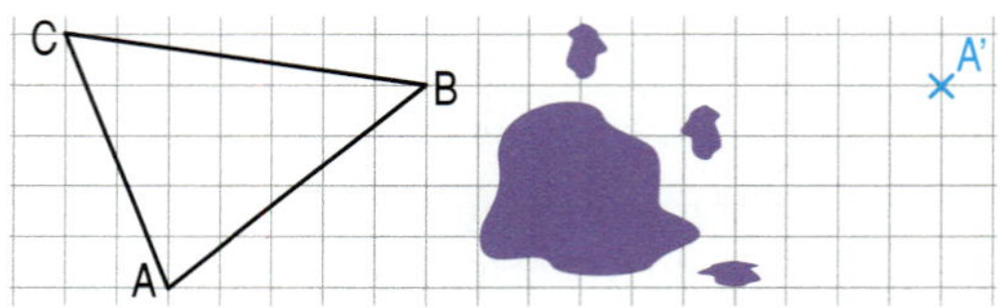

14. Jannik soll einen Pfeil um dessen Anfangspunkt mit dem Winkel $\alpha = 220°$ linksherum drehen. Er findet, dass er eine Drehung rechtsherum einfacher zeichnen kann. Um welchen Winkel muss er rechtsherum drehen, um dieselbe Bildfigur zu erhalten? Ist dies wirklich einfacher zu zeichnen?

15. Untersuche das Verkehrszeichen auf Achsensymmetrie, Drehsymmetrie und Punktsymmetrie.

LVL **16.** Spielt zu zweit das *Bierdeckelmatch:*
Legt abwechselnd einen Bierdeckel ohne Überschneidungen auf den Tisch. Gewonnen hat, wer als letzter noch Platz zum Legen einer Karte hat.

a) Wie musst du bei einem rechteckigen Tisch beginnen, um sicher zu gewinnen?

b) Gilt diese Gewinnregel auch bei folgenden Tischformen?

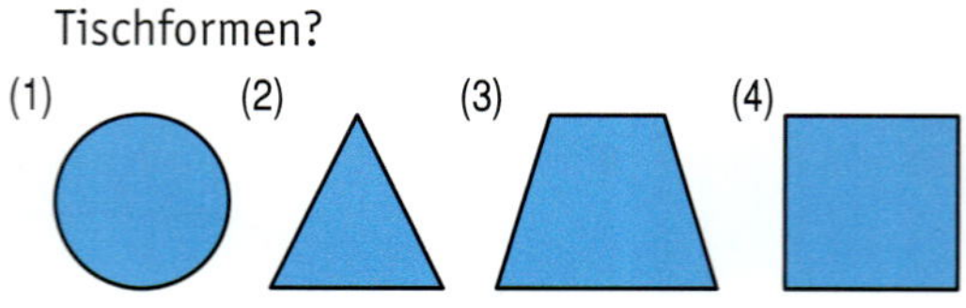

Parkette in der Kunst

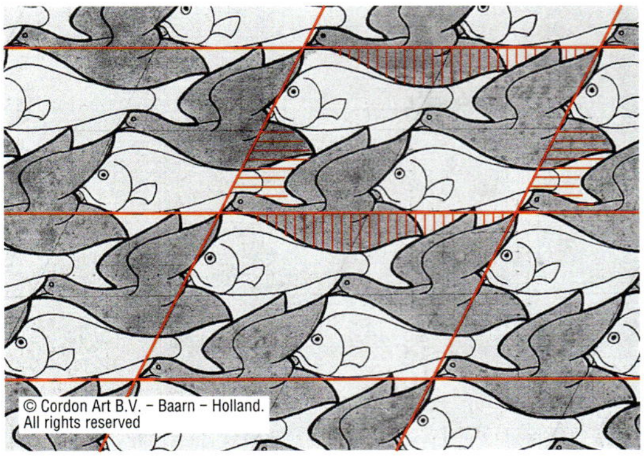

1. Solche Parkette von M. C. Escher können aus Parketten mit Parallelogrammen oder Quadraten entstanden sein: Zwei Seiten der Grundfigur werden verändert.
Wie werden diese Veränderungen auf die gegenüberliegende Seite übertragen, sodass Ein- und Ausbuchtungen zueinander passen?

2. *Partnerarbeit:* Sucht im Internet Informationen über den Künstler Escher und „Escher-Parkette“.

3. a) Übertrage das Rechteck ins Heft, verändere es in der angegebenen Weise und zeichne damit ein Parkett.
b) Verändere nach deiner eigenen Idee ein Rechteck und zeichne mit der veränderten Figur ein Parkett. Wähle das Rechteck groß genug, dass dein Parkett von allen in der Klasse gut betrachtet werden kann.

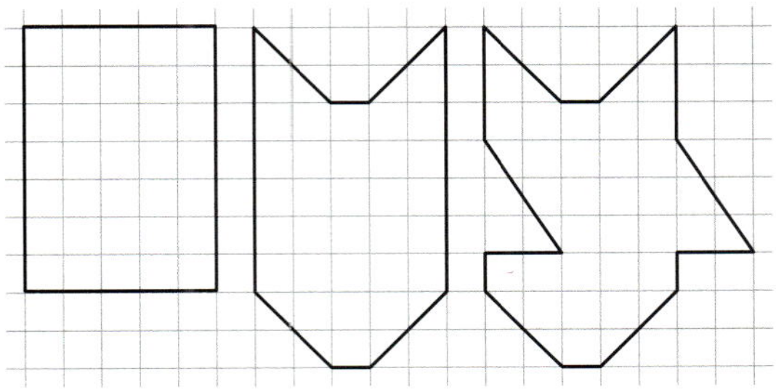

4. Übertrage das Parallelogramm mit der einen veränderten Seite ins Heft. Verändere auch die rot gezeichnete Seite so, dass du mit der neuen Figur ein Parkett zeichnen kannst. Zeichne dann auch das Parkett.

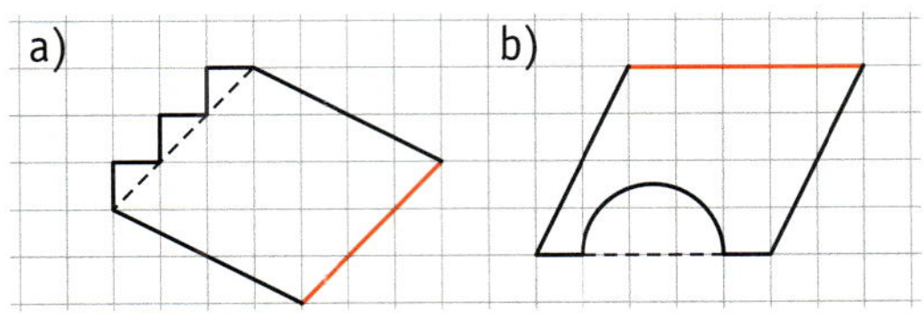

5. Verändere das Parallelogramm zu einem „Kopf“. Zeichne dann damit ein Parkett.

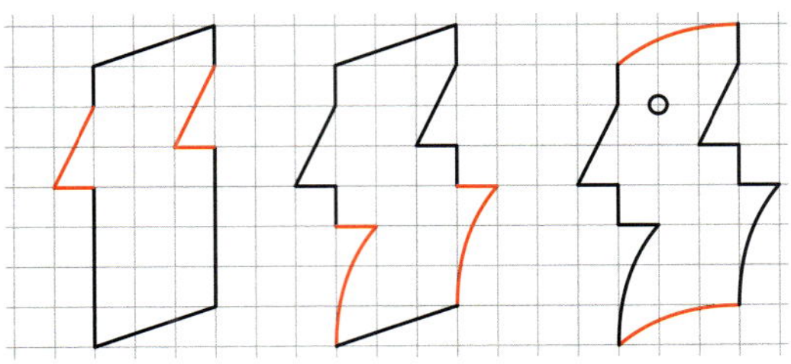

6. *Partnerarbeit:* Versucht selbst ein Viereck zu einer „gegenständlichen“ Grundfigur für ein Parkett zu verändern, zeichnet dann das Parkett und präsentiert es in der Klasse.

7. Hier wurde die Seite eines gleichseitigen Dreiecks verändert. Diese Veränderung wurde dann durch Drehung um den gemeinsamen Eckpunkt auf eine Nachbarseite übertragen. Zeichne mit der neuen Grundfigur ein Parkett.

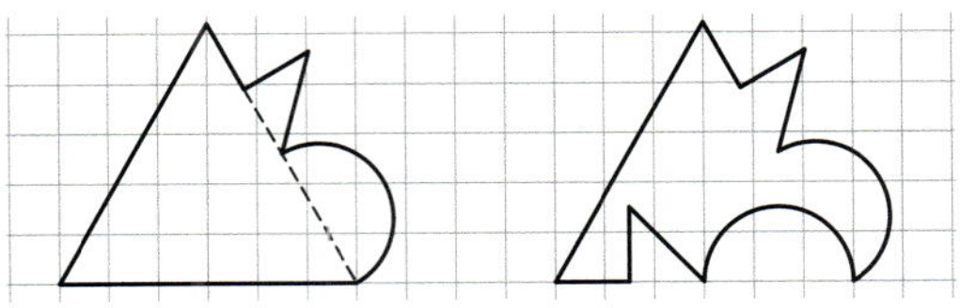

LVL

Scheitel- und Stufenwinkel

1. a) Im Jägerzaun ist $\alpha = 120°$, wie groß sind dann die anderen Winkel?

b) Zeichne ein Stück Jägerzaun mit d = 20 cm als Abstand auf den waagerechten Querlatten (1 mm für 1 cm) und miss in deiner Zeichnung den Abstand h zwischen den Querlatten.

c) Entwirf selbst einen Jägerzaun.

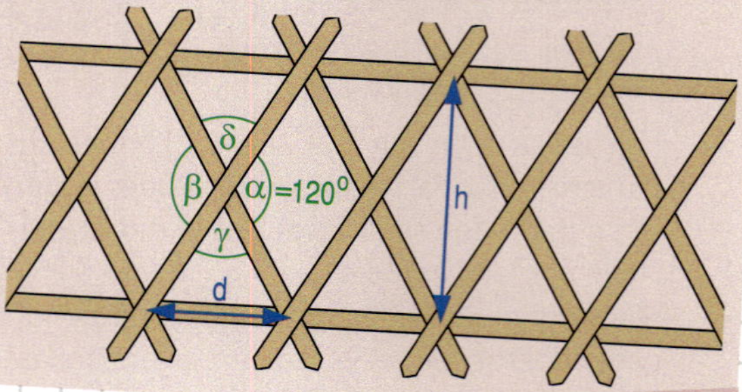

2. Wie groß sind die markierten Winkel?

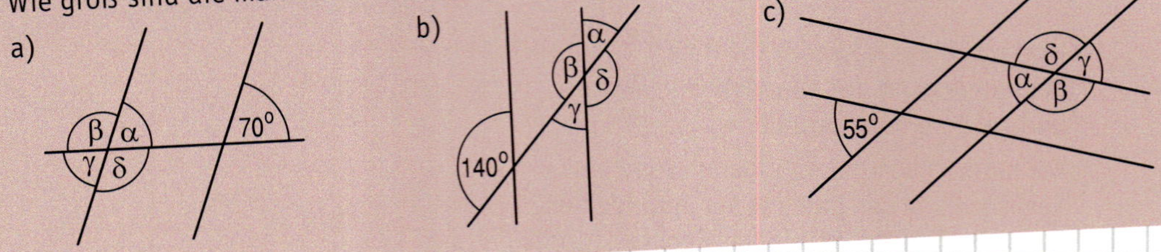

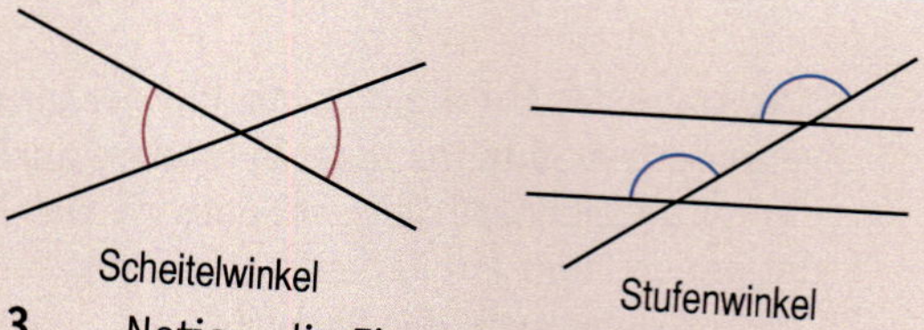

3. Notiere die Eigenschaften:
Scheitelwinkel sind immer … .
Stufenwinkel an Parallelen sind … .

4. Begründe mit einer Zeichnung und Kennzeichnung gleich großer Winkel, dass im Dreieck die Winkelsumme 180° beträgt.

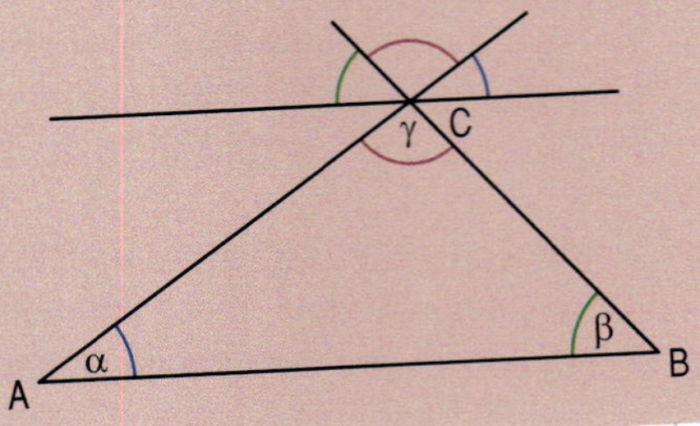

LVL

Winkel in Figuren

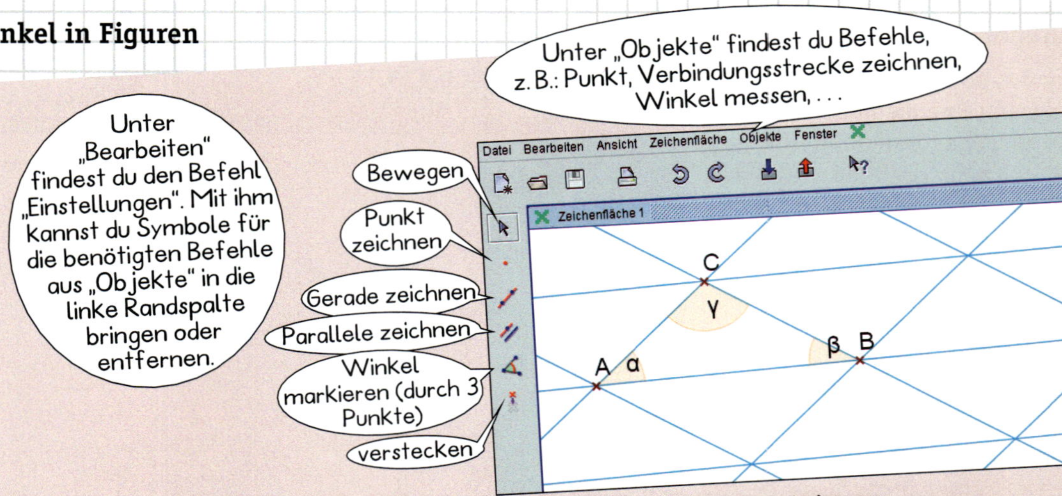

1. a) Zeichne das Parkett mit dem Computer*.

b) Wenn du die Punkte ABC bewegst, ändert sich das ganze Parkett. Wenn das Parkett eine Form hat, die dir gefällt, drucke es aus.

c) Markiere im Parkett alle Winkel, die mit α, β oder γ übereinstimmen.

d) Wo kann man im Parkett die Größe der Winkelsumme im Dreieck ablesen?

Konstruktionsschritte:
- Markiere drei Punkte ABC.
- Zeichne die Verbindungsgeraden der drei Punkte.
- Markiere die Winkel α, β, γ des Dreiecks ABC.
- Zeichne durch die Eckpunkte Parallelen zu den Dreiecksseiten. (Es werden neue Punkte markiert.)
- Verstecke alle Punkte außer A, B, C.

* Das hier verwendete Programm „GEONExT" wurde am Lehrstuhl für Mathematik und ihre Didaktik der Universität Bayreuth entwickelt. Ein kostenloser Download ist unter http://www.geonext.de möglich.

2. Wenn du weißt, wie groß die Winkelsumme in einem Dreieck ist, dann kannst du auch die Winkelsumme in einem Viereck, Fünfeck, Sechseck, ... bestimmen.

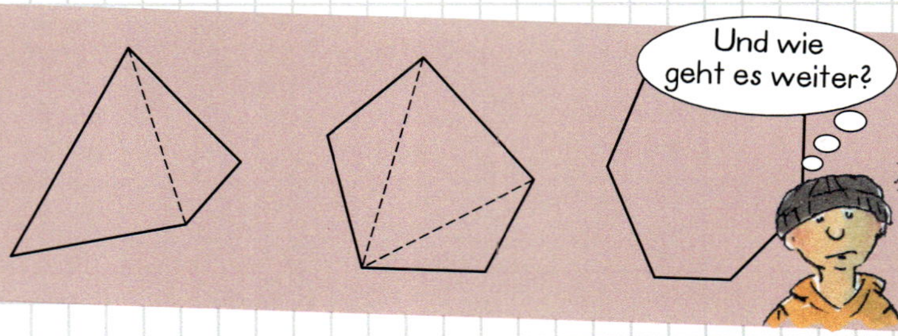

3. Als Fliesen verwendet man meist regelmäßige Vielecke (alle Seiten gleich lang, alle Winkel gleich groß).

a) Wie viele Ecken haben die Fliesen, die du kennst? Skizziere, wie du damit eine Boden- oder Wandfläche bedecken würdest.

b) Warum wären 5-eckige Fliesen äußerst unpraktisch? Erkläre den Grund mit einer Skizze und einer Rechnung.

4. Wenn du benachbarte Zahlen auf einem kreisförmigen Ziffernblatt geradlinig verbindest, entsteht ein 12-Eck. Wie groß sind die Innenwinkel an den 12 Ecken?

LVL

Funkpeilung

L_1 und L_2 sind zwei Leuchttürme an Land, die in Luftlinie 10,4 km voneinander entfernt sind. S ist ein Schiff auf hoher See, das mit gleichmäßiger Geschwindigkeit und festem Kurs fährt.
Um 12.00 Uhr wird es von beiden Leuchttürmen per Funk angepeilt. Die Position des Schiffs ist S_1, der Peilwinkel gegenüber $\overline{L_1L_2}$ ist der Abbildung zu entnehmen.
Um 12.20 Uhr hat das Schiff die Position S_2 erreicht und wird wieder von beiden Leuchttürmen aus per Funk angepeilt.

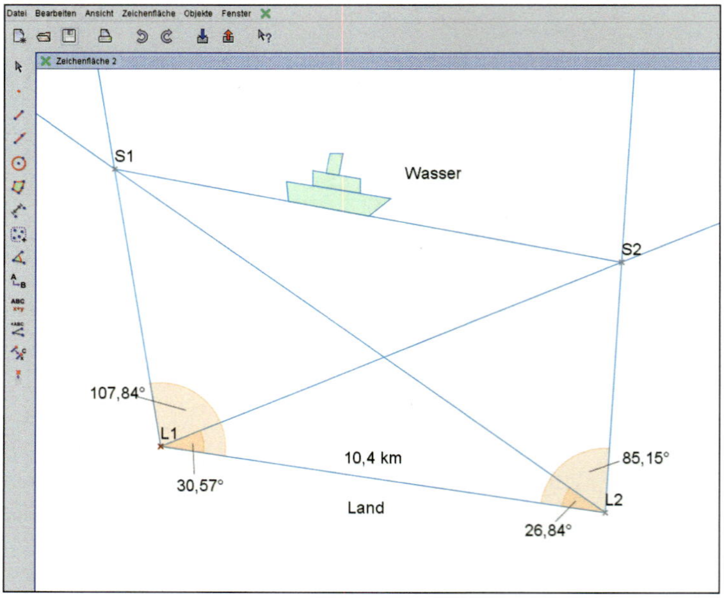

1. Übertrage die Karte mit Hilfe des Programms „Geonext" auf den Bildschirm des Rechners, beginne mit „Datei" und „Neue Zeichenfläche". Dann fahre so fort:

- Objekte
- Punkte
- Position von L_1 anklicken (A)

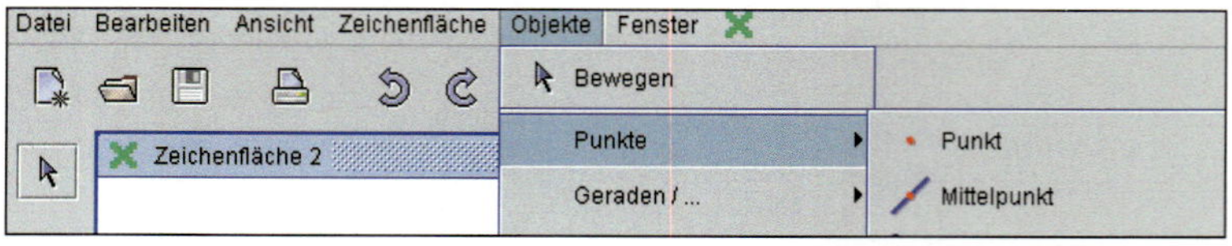

↓

- Objekte
- Punkte
- ungefähre Position von L_2 anklicken (B)

↓

- Objekte
- Geraden
- A und B anklicken

→

- Objekte
- Objekteigenschaften
- A in L_1 umnennen
- B verstecken

↓

- Objekte
- Kreis (Radius eingeben)
- L_1 anklicken
- 10.4 eingeben
- übernehmen

→

- Objekte
- Punkte
- Schnitt
- Gerade und Kreis anklicken (C, D)

↓

- Objekte
- Objekteigenschaften
- C in L_2 umbenennen
- Kreis und D verstecken

→

- Objekte
- Winkel (Größe eingeben)
- L_1 anklicken
- L_2 anklicken
- 107.84 eingeben
- übernehmen (E)

↓

- Objekte
- Gerade
- L_1 und E anklicken

Punkt E kannst du verstecken. Dann trägst du an $\overline{L_1L_2}$ im Punkt L_2 den Winkel 26,84° an. Bei der Eingabe musst du ein Minuszeichen vor die Gradzahl setzen, weil der Winkel rechtsherum, d.h. im negativen mathematischen Drehsinn angetragen werden soll. Zeichne so alle vier Winkel, lass die Schnittpunkte markieren und benenne sie um in S_1 und S_2.

2. Das Programm „Geonext" hat unter „Objekte" auch eine Abstandsfunktion. Wie weit ist das Schiff um 12.00 Uhr von L_1 und von L_2 entfernt?

3. Mit wie viel Knoten fährt das Schiff? Beachte: 1 kn = $1\frac{\text{sm}}{\text{h}}$, 1 sm = 1852 m

Bleib FIT!

Die Ergebnisse der Aufgaben ergeben Sehenswertes in Skandinavien.

1. Runde so, dass du zur Überschlagsrechnung nur das kleine Einmaleins brauchst.

a) $78 \cdot 47$ b) $348 \cdot 279$ c) $542 \cdot 87$

d) $3\,962 \cdot 62$ e) $5\,820 : 59$ f) $9\,205 : 278$

2. Überschlage: Welcher der Brüche beschreibt den Anteil am besten?

a) 17 von 30 b) 22 von 80

c) 38 von 50 d) 18 von 60

e) 11 von 51 f) 18 von 28

$\frac{1}{3}$ $\frac{1}{2}$ $\frac{3}{4}$ $\frac{1}{5}$ $\frac{1}{4}$ $\frac{2}{3}$

3. Eine Firma verkaufte 6,5 Mio. Hektoliter (hl) „Sprudel" und „Stille Quelle" im Jahr.

a) Wie viele Liter-Flaschen wären das?

b) Wie viele Kubikmeter (m^3) sind das?

4. Schreibe als Dezimalbruch auf zwei Nachkommastellen gerundet.

a) $\frac{4}{7}$ b) $\frac{5}{9}$ c) $2\frac{3}{8}$ d) $1\frac{5}{12}$

5. Die Tabelle (Strichliste) zeigt das Ergebnis einer Klassenarbeit. Berechne den Durchschnitt, gerundet auf eine Nachkommastelle.

Note	1	2	3	4	5	6
Anzahl	//	𝍸	𝍸𝍸//	𝍸/	𝍸	/

6. A(2|2), B(7|2) und C(7|5) sind drei Eckpunkte des Rechtecks ABCD. Bestimme den vierten Eckpunkt D(x|y) mit x = ■, y = ■.

7. a) 10% von 250 kg = ■ kg b) 20% von 55 l = ■ l

c) 25% von 36 km = ■ km d) 75% von 65 g = ■ g

e) 40% von 5,5 cm = ■ cm f) 80% von 9,5 t = ■ t

8. Aus Styropor wird ein Quader mit den angegebenen Längen (cm) angefertigt.
Wie viel g wiegt er? 1 cm^3 Styropor wiegt 0,02 g.

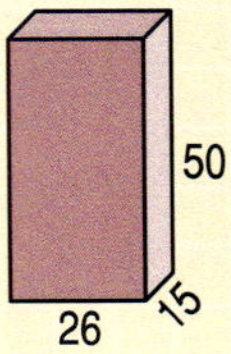

$\frac{1}{5}$	P
$\frac{1}{4}$	D
$\frac{1}{3}$	A
0,38	U
$\frac{1}{2}$	R
0,55	Z
0,56	L
0,57	P
$\frac{2}{3}$	L
$\frac{3}{4}$	K
1,42	N
1,41	T
2	E
2,2	O
2,38	A
3	B
3,2	T
3,3	D
4	A
5	L
7	Q
7,6	R
9	F
11	H
25	C
30	O
48	J
100	N
300	I
390	D
400	B
3 900	W
4 000	O
4 500	M
9 000	J
24 000	V
45 000	L
65 000	V
90 000	S
240 000	O
650 000	P
65 000 000	W
650 000 000	A

LVL

Umkreis

Jede der drei Ortschaften feiert ihre „Fiesta“. Pünktlich um 18 Uhr wird das Fest mit einem Böllerschuss vor jedem Rathaus eröffnet.

1. Suche auf der Landkarte: Welche Personen können José, Pablo oder Ramon gewesen sein?

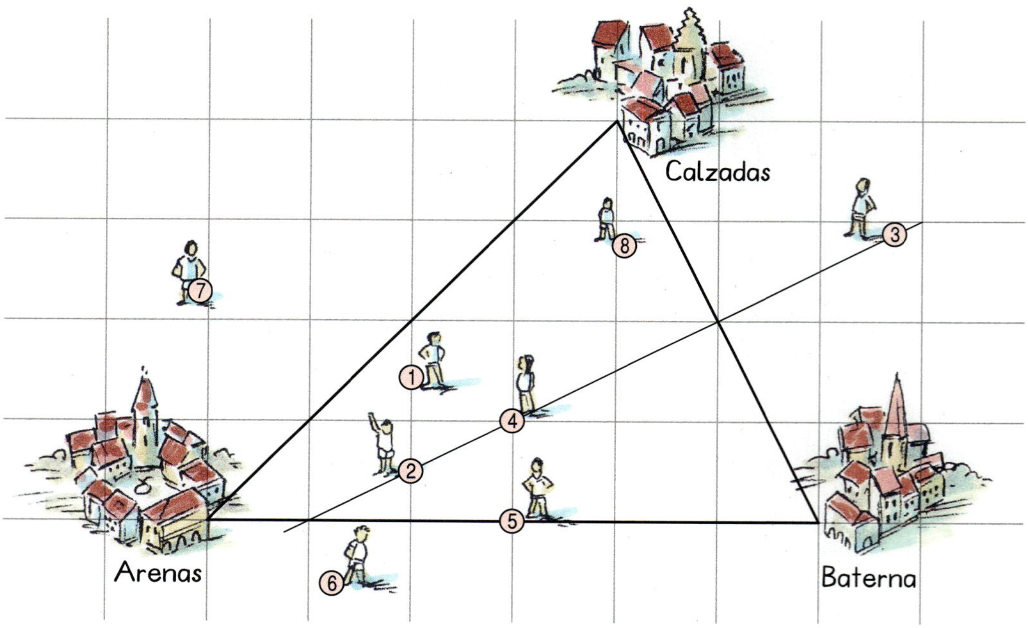

2.

Mittelsenkrechte

LVL **1.** Zeichnet in Partnerarbeit eine Gerade als „Straße“, markiert zwei Punkte A, B abseits der „Straße“ und versucht wie in der Bildfolge, den Punkt der „Bushaltestelle“ zu konstruieren.

Auf der **Mittelsenkrechten** der Strecke $\overline{AB}$ liegen alle Punkte, die von A und B gleich weit entfernt sind.

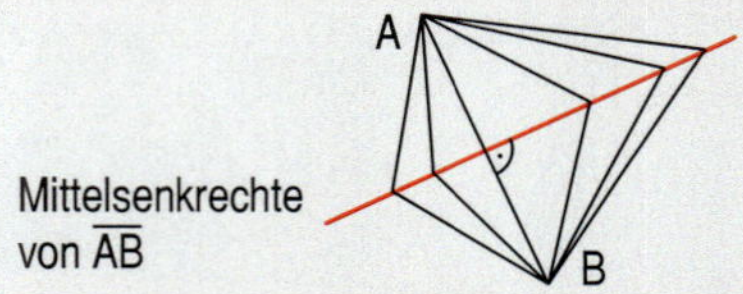

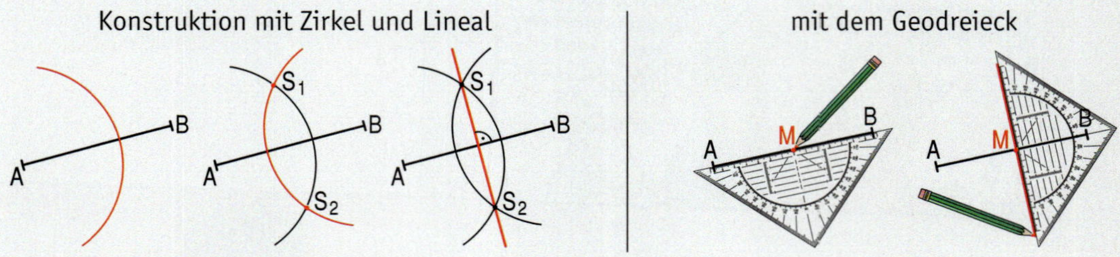

2. Zwei Dörfer A und B wollen gemeinsam ein Denkmal für einen bekannten Musiker errichten, der in A geboren und in B gestorben ist. Das Denkmal soll von beiden Dörfern gleich weit entfernt sein und an der Kreisstraße liegen. Übertrage die Zeichnung ins Heft und finde den Punkt, an dem das Denkmal errichtet werden soll.

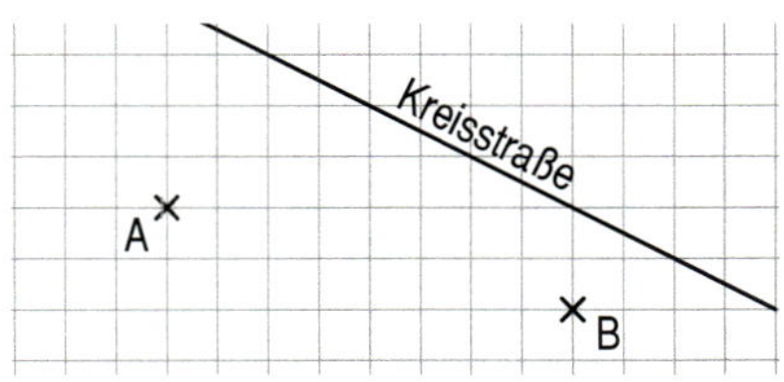

3. Konstruiere die Mittelsenkrechte zur Strecke $\overline{AB}$.

a) $\overline{AB} = 6$ cm b) $\overline{AB} = 4{,}5$ cm c) $\overline{AB} = 7{,}7$ cm d) $\overline{AB} = 9{,}9$ cm e) $\overline{AB} = 8\frac{1}{2}$ cm

LVL **4.** Ein Schatz wurde an einer Stelle vergraben, die von den drei großen Eichen A, B und C gleich weit entfernt liegt. Gibt es mehrere Stellen, an denen der Schatz begraben sein kann? Überlege zusammen mit anderen, begründe. Zeichne.

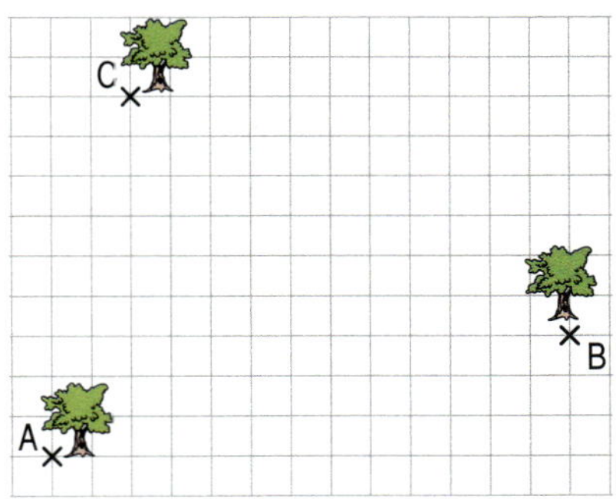

5. Zeichne die Punkte A(1 | 0), B(7 | 1) und C(3 | 5) in ein Koordinatensystem mit der Einheit 1 cm.
Finde den Punkt M, der von A, B und C gleich weit entfernt ist und notiere seine Koordinaten.

LVL **Inkreis**

1. In dem ausgedehnten Waldgebiet zwischen den Straßen lebt Rotwild. Im Winter richten die Tiere viel Schaden an, da sie Rinde und junge Triebe abfressen.
Deshalb ist von der Forstverwaltung eine zentrale Futterstelle geplant, die von den scheuen Tieren im Winter angenommen und aufgesucht wird.

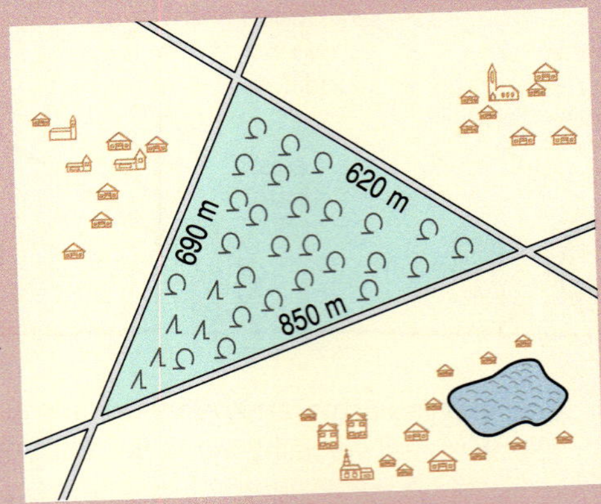

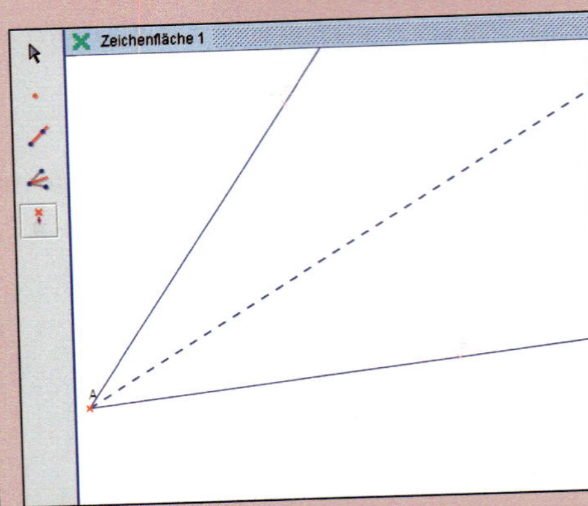

2. Ein Handwerker erhält den Auftrag, eine Uhr an einem Kirchturm so zu befestigen, dass die Uhr von den Kanten der Dachschräge gleich weit entfernt ist.
Helft dem Handwerker, den Mittelpunkt der Aufhängung zu finden! Bestimmt auch die Entfernung des Mittelpunktes von der unteren Kante der Dachfläche.
Ergänzt die Zeichnung durch einen Kreis, der die Kanten der Dachschräge und die untere Kante berührt.

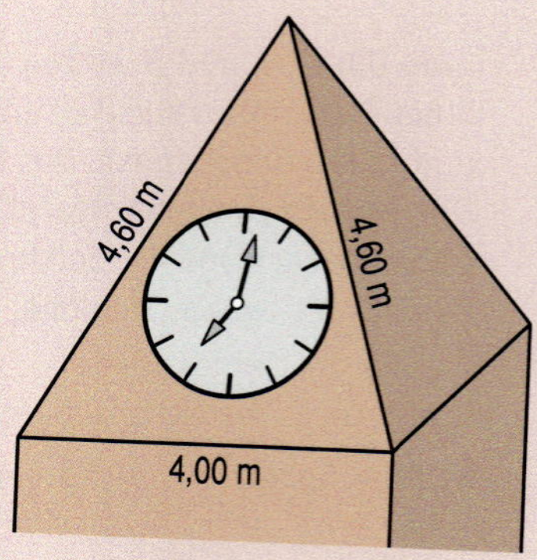

3. Formuliert eure Beobachtungen aus den Aufgaben 1 und 2.
Setzt dazu die nebenstehenden Satzteile zu zwei Sätzen zusammen.

- schneiden sich
- Dieser Punkt ist
- In jedem Dreieck ABC
- in einem Punkt.
- der Mittelpunkt des Inkreises.
- die Winkelhalbierenden

Winkelhalbierende

LVL **1.** Schneidet in Partnerarbeit ein Dreieck aus und faltet es wie in der Bildfolge angegeben. Was macht die Faltgerade mit dem Winkel α? Markiert einen Punkt P auf der Faltgeraden und messt seine Abstände zu den Schenkeln des Winkels.

Die **Winkelhalbierende** w_α eines Winkels α ist die Symmetrieachse des Winkels.
Die Winkelhalbierende besteht aus allen Punkten, die von den Schenkeln des Winkels denselben Abstand haben.

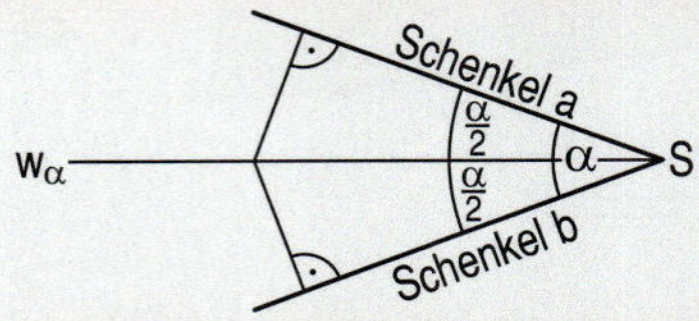

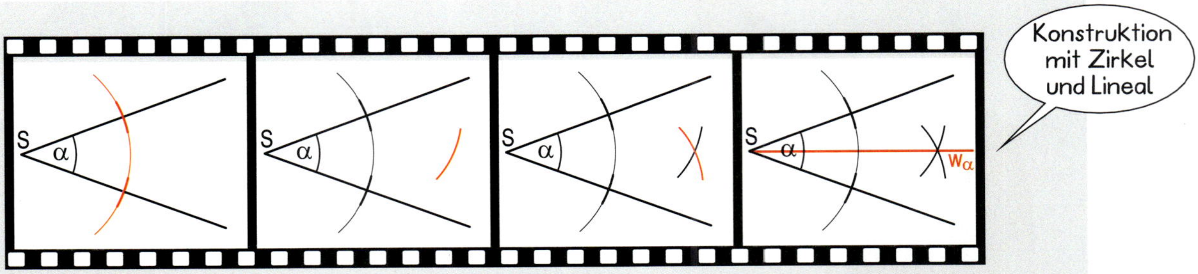

LVL **2.** Überlegt in Partnerarbeit, wie man die Winkelhalbierende mit dem Geodreieck zeichnet. Vergleicht, welches Verfahren „Geodreieck" oder „Zirkel und Lineal" euch besser erscheint.

3. Zeichne den Winkel α mit dem Scheitelpunkt S und den Schenkeln durch P und Q in ein Quadratgitter (Gittereinheit 1 cm). Konstruiere die Winkelhalbierende des Winkels.

a) S(1 | 2) P(4 | 1) Q(5 | 3) b) S(5 | 2) P(1 | 5) Q(1 | 0) c) S(4 | 5) P(1 | 4) Q(7 | 1)

4. Eine Wasserleitung soll so zwischen zwei Straßen verlegt werden, dass sie zu beiden Straßen stets denselben Abstand hat.

a) Übertrage ins Heft und konstruiere.

b) 400 m von der Gabelung der Straßen entfernt: Wie groß ist hier der Abstand der Wasserleitung von den beiden Straßen?

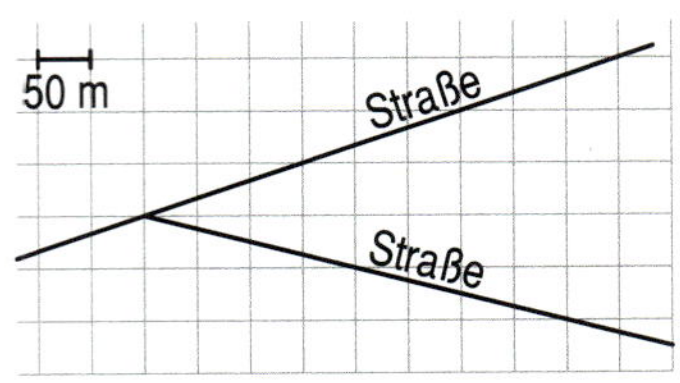

LVL **5.** Drei geradlinig verlaufende Waldwege begrenzen eine Dreiecksfläche. Gibt es einen Punkt, der von allen drei Waldwegen denselben Abstand hat? Überlege mit anderen, begründe, zeichne.

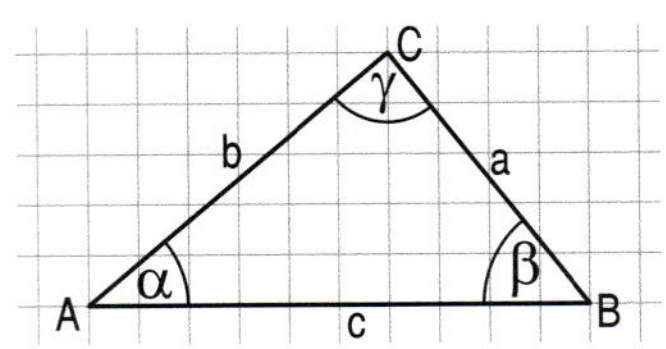

LVL **6.** Gibt es ein Dreieck, bei dem ein Punkt von allen drei Seiten und allen drei Eckpunkten denselben Abstand hat?

LVL

Schwerelinien

1. Zeichne ein „großes“ Dreieck (alle Seiten mindestens 10 cm lang) auf Karton, schneide es aus und bestimme seine Schwerelinien und seinen Schwerpunkt. Probiere und überlege, wie man diese Linien und diesen Punkt allein durch Zeichnen finden kann.

2. Kopiere eine Deutschlandkarte, klebe sie auf Karton, schneide sie aus und bestimme die „Mitte Deutschlands“.

3. Bestimme die „Mitte Niedersachsens“. Je größer der Maßstab der Landkarte, desto genauer weißt du, wo die Mitte liegt.

4. *Partnerarbeit:* Zeichnet „große“ Vierecke (alle Seiten mindestens 10 cm lang) auf Karton. Bei welchen könnt ihr den Schwerpunkt allein durch Zeichnen finden? Bei welchen müsst ihr wie bei den Landkarten vorgehen?

Vierecke

LVL

1. Ordne so zu, dass jedes Viereck eine passende Karte bekommt.

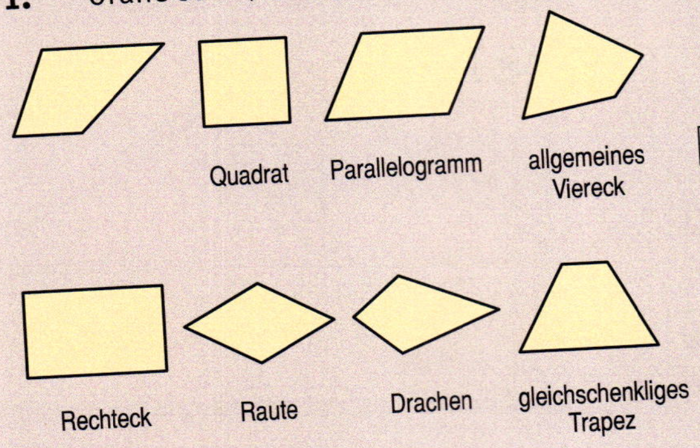

- vier rechte Winkel und alle Seiten gleich lang
- vier rechte Winkel
- gegenüberliegende Seiten parallel und gleich lang
- alle vier Seiten gleich lang
- je zwei aneinanderstoßende Seiten gleich lang
- zwei parallele Seiten
- vier Eckpunkte
- nur zwei parallele Seiten, die beiden anderen Seiten gleich lang

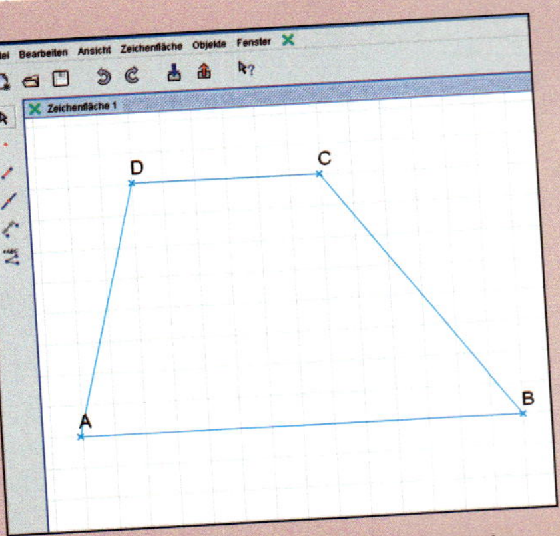

2. Arbeite mit einem Geometrieprogramm. Markiere vier Punkte A, B, C, D und verbinde sie durch Strecken. Wenn du dann die Punkte bewegst, kannst du jeden gewünschten Viereckstyp erzeugen.

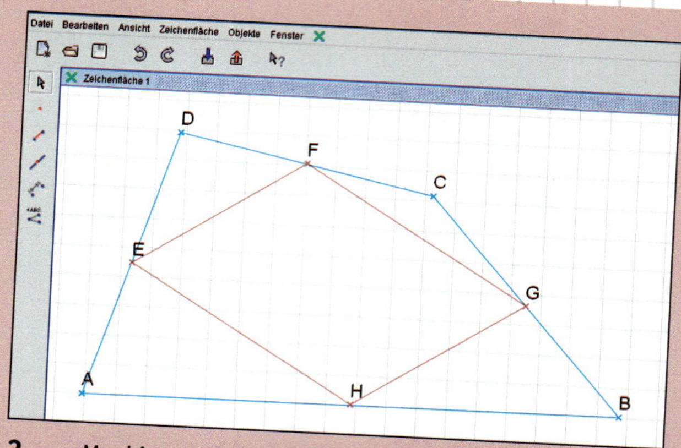

3. Markiere in einem Viereck die Seitenmitten und verbinde sie durch Strecken. Wenn du jetzt die Eckpunkte A, B, C, D bewegst, entsteht immer ein neues Mittenviereck. Wenn du dir die Streckenlängen und Winkelgrößen anzeigen lässt, kannst du die Eigenschaften des Mittenvierecks entdecken.

4. Im Parallelogramm ist der Winkel α gegeben.

a) Berechne alle übrigen Winkel im Parallelogramm. Notiere deinen Rechenweg, sodass ihn auch andere verstehen können.

b) Gibt es auch andere Vierecke, bei denen man aus einem Winkel die übrigen berechnen kann?

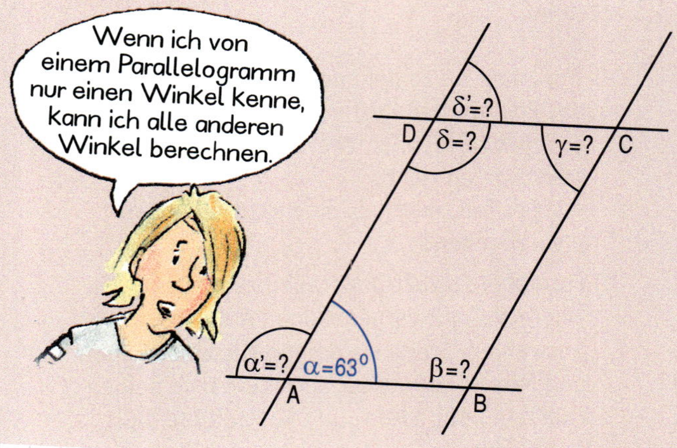

LVL

Haus der Vierecke

1. Ordne jedem Viereck im *„Haus der Vierecke"* die Eigenschaften zu (Tabelle). Erstelle damit eine Präsentation zum Thema „Vierecke".

Name		
Eigenschaften		

gleichschenkliges Trapez | allgemeines Trapez | allgemeines Viereck | Raute | Quadrat | Parallelogramm | Rechteck | Drachen | vier gleiche Seiten | Diagonalen halbieren sich | zwei gleiche Seiten | gegenüberliegende Winkel gleich | zwei parallele Seiten | gegenüberliegende Seiten gleich | gegenüberliegende Seiten parallel | Diagonalen gleich | vier gleiche Winkel | Diagonalen senkrecht zueinander

2. Erkläre die Anordnung der Vierecke im *„Haus der Vierecke"* mit den Symmetrieeigenschaften dieser Figuren.
Du zeichnest am besten von jedem Viereckstyp eines auf Karopapier und kennzeichnest in ihm alle vorhandenen Symmetrieachsen oder Symmetriepunkte.

vier Symmetrieachsen | ein Symmetriepunkt | zwei Symmetrieachsen (Diagonalen oder Mittellinien) | eine Symmetrieachse (Diagonale oder Mittellinie) | drehsymmetrisch (Drehpunkt und Drehwinkel)

3. In nebenstehendem Zeitungstext ist von einem „Rhombus" die Rede. Welcher Viereckstyp ist damit gemeint?

4. a) Was sagst du zu dem nebenstehenden Bericht der Rheinischen Post vom 3.2.2003?
- Waren tatsächlich zwei der vorgegebenen Antworten richtig?
- Ist es fair, mehr als eine richtige Antwort vorzugeben?

b) Formuliere selbst Quizfragen zum Thema „Vierecke" mit vorgegebenen Antworten zum Auswählen. Stelle sie deinen Mitschülerinnen und Mitschülern (oder auch zu Hause deinen Familienmitgliedern) und kontrolliere die Antworten.

Eine Panne bei „Wer wird Millionär?" hat Medienberichten zufolge einer Kandidatin möglicherweise einen hohen Gewinn gekostet. Die Kandidatin war am Freitagabend bei der 16 000-Euro-Frage ausgestiegen, weil sie die Antwort nicht wusste – die Frage war jedoch regelwidrig gestellt worden, hieß es. Zur Frage „Jedes Rechteck ist ein …?" habe RTL die vier Antwortmöglichkeiten „A: Rhombus", „B: Quadrat", „C: Trapez" und „D: Parallelogramm" vorgegeben. Allerdings sei nicht nur Parallelogramm eine richtige Antwort gewesen, wie Günther Jauch in der Sendung sagte, sondern auch Trapez. RP

1. Bestimme die fehlenden Winkel.

a) 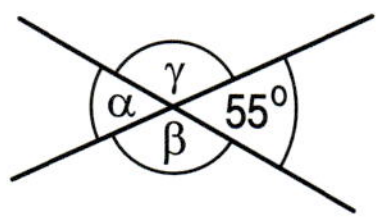

b) 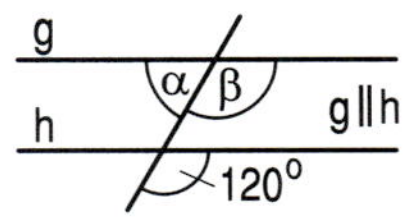

2. Berechne den fehlenden Winkel.

a) 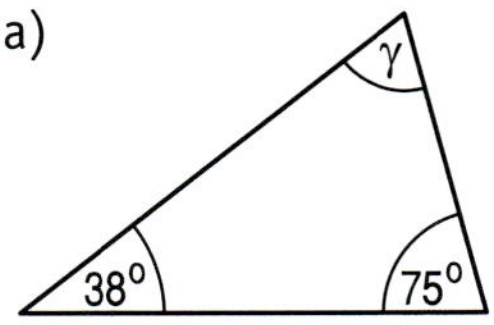

b) 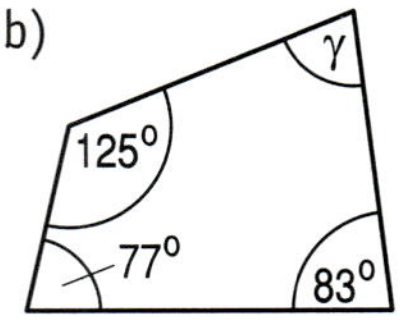

3. Wie groß sind die Winkel in einem gleichseitigen Dreieck?

4. Trage die Punkte A(2|1), B(10|5), C(2|8) in ein Koordinatensystem mit der Einheit 1 cm ein. Zeichne den Umkreis des Dreiecks ABC.

5. Zeichne das Dreieck A(2|2), B(12|8), C(5|12) und seinen Inkreis.

6. Zeichne das Dreieck A(0|0), B(20|5), C(15|18) und seinen Schwerpunkt. Klebe die Zeichnung auf Karton, schneide das Dreieck aus und prüfe die Schwerpunkteigenschaft.

7. Welche der Punkte Umkreismittelpunkt, Inkreismittelpunkt und Schwerpunkt, liegen bei jedem Dreieck im Inneren, welche können auch außerhalb des Dreiecks liegen?

8. Für welche Vierecke gilt die Aussage?

a) Alle Seiten sind gleich lang.

b) Alle Winkel sind gleich groß.

9. In einem Parallelogramm ist ein Winkel 35°, wie groß sind die anderen Winkel?

10. Konstruiere das Viereck.

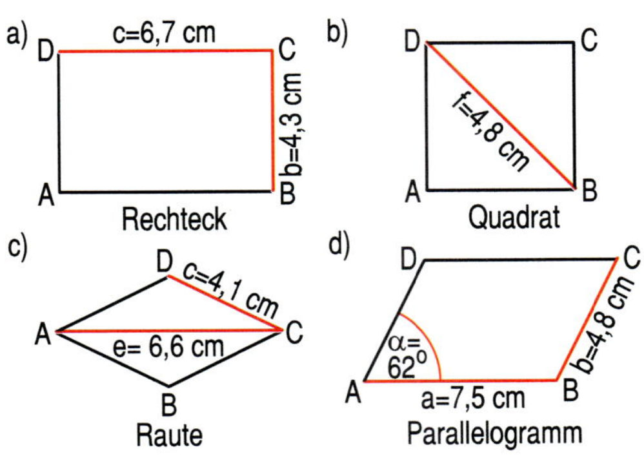

Scheitelwinkel sind gleich groß.

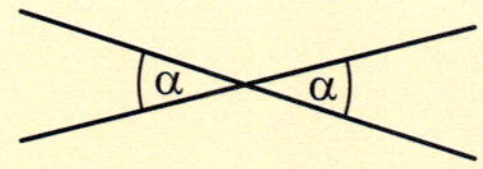

Stufenwinkel an Parallelen sind gleich groß.

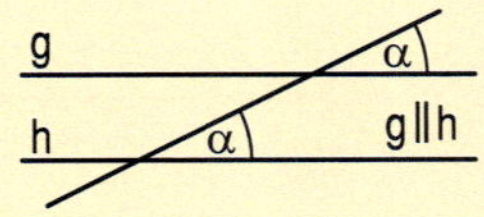

Die **Winkelsumme** beträgt im 3-Eck: 180°; im 4-Eck: 360°

Jedes Dreieck hat einen **Umkreis.** Sein Mittelpunkt ist der Schnittpunkt der Mittelsenkrechten im Dreieck.

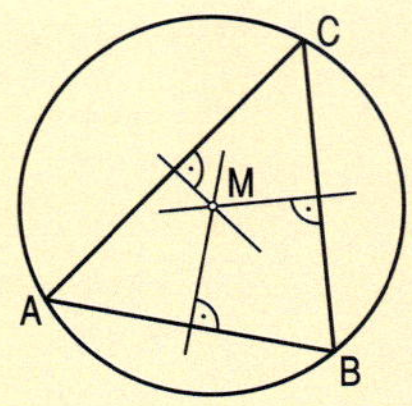

Jedes Dreieck hat einen **Inkreis.** Sein Mittelpunkt ist der Schnittpunkt der Winkelhalbierenden im Dreieck.

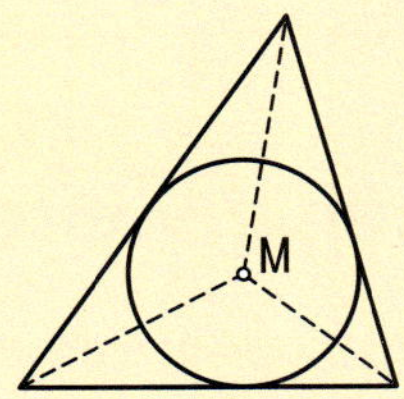

Die Seitenhalbierenden eines Dreiecks schneiden sich in seinem Schwerpunkt.

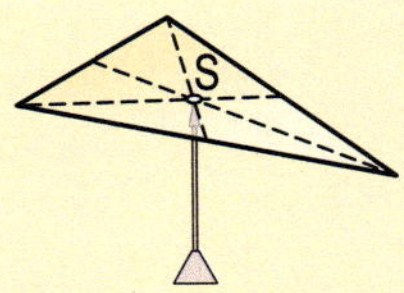

Haus der Vierecke

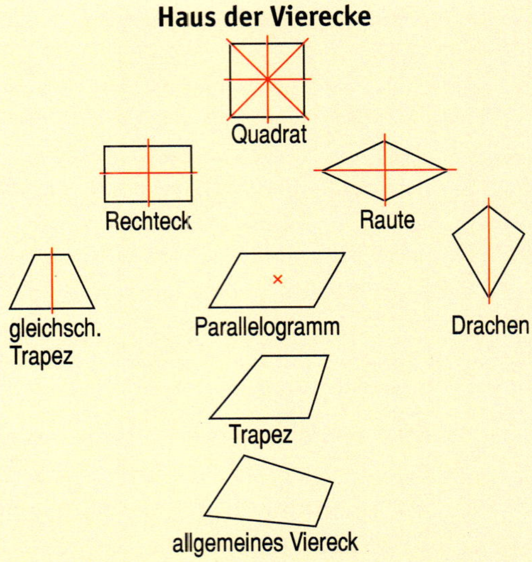

DIAGNOSETEST

1. a) $\gamma = ?$

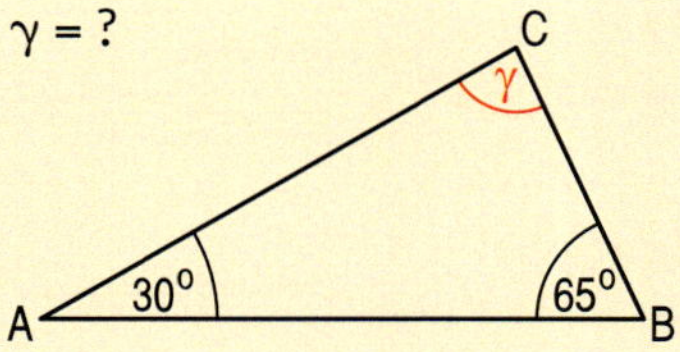

b) $\gamma = ?$

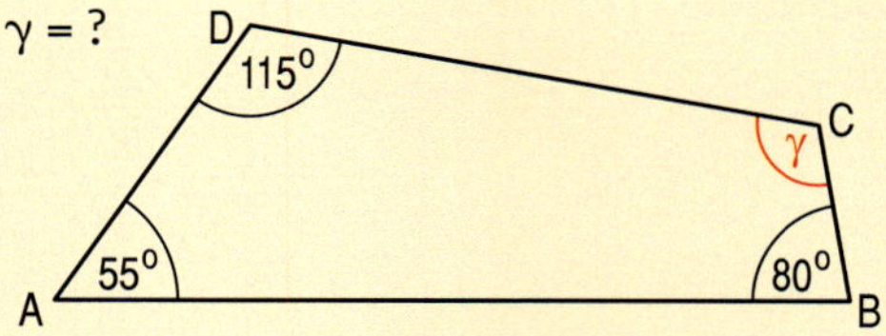

2. Die beiden roten Geraden sind parallel. Bestimme die vier Winkel α, β, γ, δ.

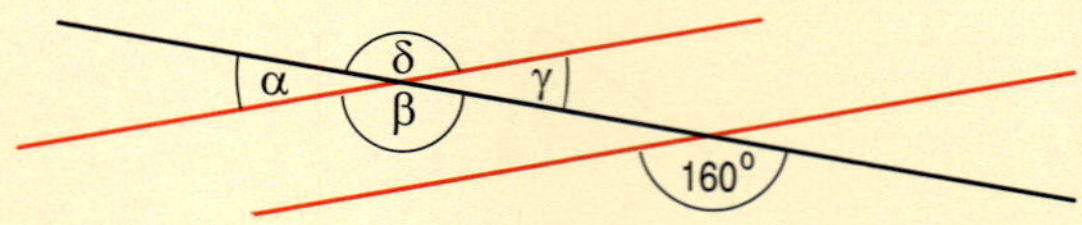

3. Das skizzierte viereckige Grundstück hat die angegebenen Längen- und Winkelmaße. Wie lang ist seine vierte Seite? Zeichne im Maßstab 1:100 (1 cm für 1 m) und miss die Länge.

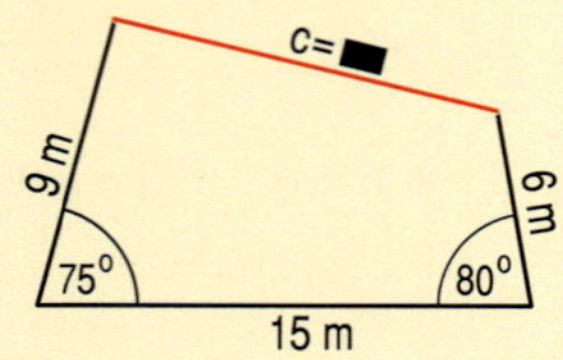

4. Zeichne ein gleichschenkliges Trapez mit der Grundseite $\overline{AB} = 8$ cm, dem Winkel $\alpha = 55°$ und den Seiten $\overline{AD} = \overline{BC} = 5$ cm.

5. Für welche Vierecke stimmt die Aussage?

a) Die Diagonalen sind senkrecht zueinander. b) Gegenüberliegende Winkel sind gleich groß.

Wähle weitere 5 Aufgaben aus

1. Zwei geradlinige 4 m breite Radwege kreuzen sich im Winkel von 50°. Skizziere die Radwegkreuzung und kennzeichne in der Skizze alle 50° großen Winkel. Bestimme zusätzlich die Größen der anderen Winkel.

2. In einem Dreieck mit zwei gleichen Winkeln ist der dritte Winkel doppelt so groß wie jeder der beiden anderen. Wie groß sind die Winkel?

3. Welche Vierecke haben a) mindestens eine Symmetrieachse, b) einen Symmetriepunkt?

4. Die Luftlinienentfernungen zwischen drei Ortschaften A, B, C betragen 12 km, 8 km und 10 km. Bestimme den Punkt, der von den drei Orten gleich weit entfernt ist, und miss diese Entfernung.

5. Wie lang ist eine Diagonale in einem regelmäßigen Fünfeck mit 6 cm Seitenlänge? Konstruiere das Fünfeck (berechne erst seine Winkel) und miss dann eine Diagonale.

6. Konstruiere eine Raute mit 4 cm Seitenlänge und einem Winkel $\alpha = 35°$.

7. Konstruiere einen Drachen, dessen Diagonalen 5 cm und 10 cm lang sind. Die kürzere Diagonale teilt die längere in zwei Teilstrecken der Längen 3 cm und 7 cm. Miss die Seiten des Drachens.

8. Für ein 15 m breites Haus wird ein Satteldach mit 3,50 m Höhe geplant.

a) Zeichne und miss den Neigungswinkel des Daches und die Länge der schrägen Dachbalken.

b) Wie breit ist der Bereich im Dachgeschoss mit mindestens 2,50 m Höhe?

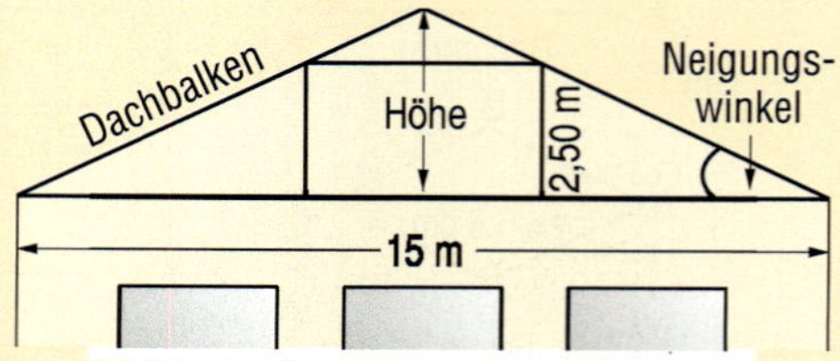

Flächeninhalt 4

Fahrradtacho-Gebrauchsanweisung

So können Sie den Radumfang messen:

(1) Messen Sie den Radumfang (L in cm) mit einem Bandmaß, das Sie um den vorderen Reifen legen.

oder (2) Messen Sie die Strecke (L) einer Radumdrehung (in cm).

oder (3) Messen Sie den Radius (R in cm) wie in Abb. 2. Dann errechnen Sie den Radumfang (L in cm) nach der Formel $L = 2\pi R = 6{,}283\ R$

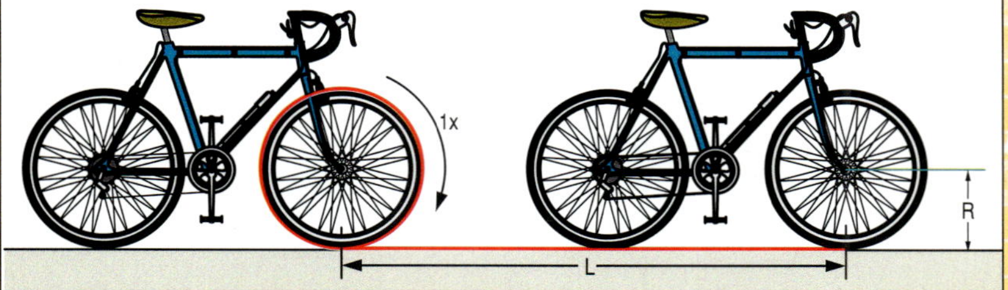

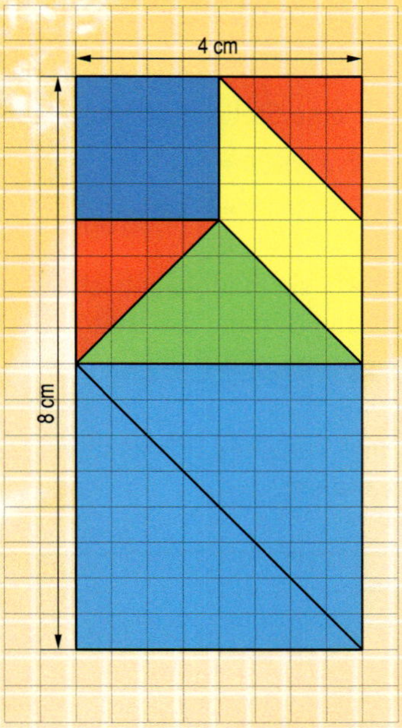

Das Tangram-Spiel aus China

Quadrat, Rechteck und Dreieck

LVL **1.** Frische in Expertengruppen deine Kenntnisse zum Thema „Flächeninhalt und Umfang von Quadraten, Rechtecken und Dreiecken“ auf.

a) Dreiergruppe: Entscheidet euch in eurer Expertengruppe gemeinsam für eine der drei Figuren und tragt eure Kenntnisse zu der ausgewählten Fläche in einem Steckbrief zusammen. Jeder Experte muss am Ende über eigene Notizen verfügen.

b) Figurenmix: Findet euch nun zu einer neuen Gruppe zusammen, in der jede Figur mindestens einmal vertreten ist. Präsentiert den anderen euren Steckbrief. Jede Fläche soll mindestens einmal vorgestellt werden.

Expertengruppe für das Quadrat

Experten: Tim, Sonja, Stavros
(Namen eintragen)

Tragt eure Kenntnisse über die Fläche in einem Steckbrief zusammen. Darin sollten eine Skizze, einige Eigenschaften, eine Konstruktion, Formeln für Flächeninhalt und Umfang sowie verwendete Einheiten und ein Aufgabenbeispiel enthalten sein.

Steckbrief für das Quadrat
(von jedem Experten anzufertigen)

a a

Eigenschaften:
- vier gleich lange Seiten
- vier ...

Konstruktion:

A =

u =

Aufgabe: Eine quadratische ...

2. a) Schätze zuerst den Flächeninhalt, dann berechne ihn. Sortiere nach der Größe.

b) Ist die Reihenfolge die gleiche, wenn du nach der Größe des Umfangs ordnest?

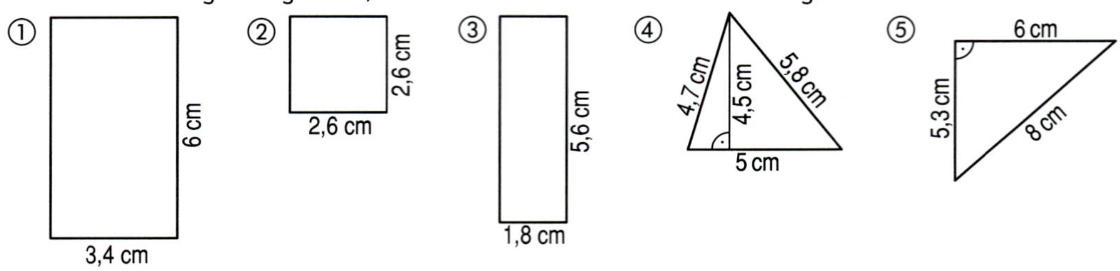

3. Berechne den Flächeninhalt und den Umfang der Figur. Runde auf eine Stelle nach dem Komma.

a) Quadrat mit a = 6,5 cm
b) Rechteck mit a = 8,3 cm, b = 14,5 cm
c) Dreieck mit g = 9 cm, h = 7 cm
d) Dreieck mit g = 15,4 cm, h = 8 cm

4. Zeichne die Punkte in ein Koordinatensystem (Einheit 1 cm). Verbinde sie in alphabetischer Reihenfolge. Miss die benötigten Längen und berechne Flächeninhalt und Umfang der Figur.

a) A(8|2), B(12,5|2), C(12,5|3,5), D(8|3,5)
b) A(9|0), B(10,5|2,5), C(7|2,5)

LVL **5.** Zeichne zwei verschiedene Dreiecke mit g = 6,5 cm und h = 4 cm und berechne jeweils ihren Flächeninhalt und ihren Umfang. Vergleiche mit den Ergebnissen anderer.

6. Zur Erhaltung der heimischen Tierarten soll ein Biotop angelegt werden. Das dafür vorgesehene Grundstück ist 1,6 km lang und 220 m breit.

a) Wie groß ist das Grundstück in m^2 (in a)?

b) Pro Ar werden Kosten in Höhe von 13 € veranschlagt. Wie teuer wird das Projekt voraussichtlich?

c) Wie viel Meter Zaun benötigt man zum Einzäunen des Biotops?

LVL

Die neue Wohnung der Familie Balzer

1. In Abstellraum und Küche soll der Boden einen neuen Belag erhalten. Der Quadratmeter kostet 15,50 €.

2. Der Boden im WC soll neu gefliest werden. Wie viele Fliesen der Größe 1 dm^2 werden mindestens benötigt?

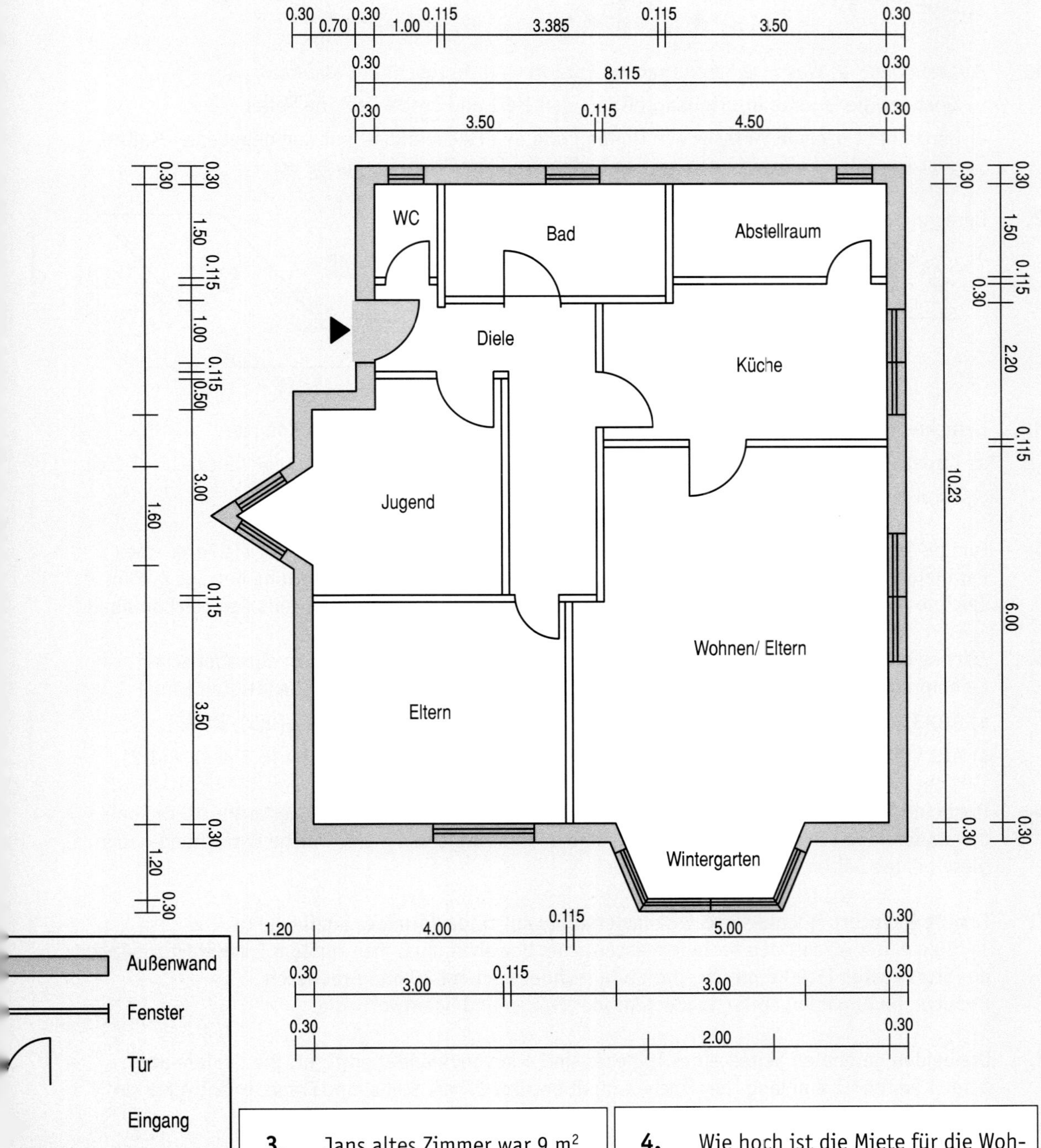

3. Jans altes Zimmer war 9 m^2 groß. Er wünscht sich ein größeres Jugendzimmer.

4. Wie hoch ist die Miete für die Wohnung? Pro Quadratmeter ist ein Mietpreis von 9,50 € zu zahlen.

Parallelogramm und Trapez

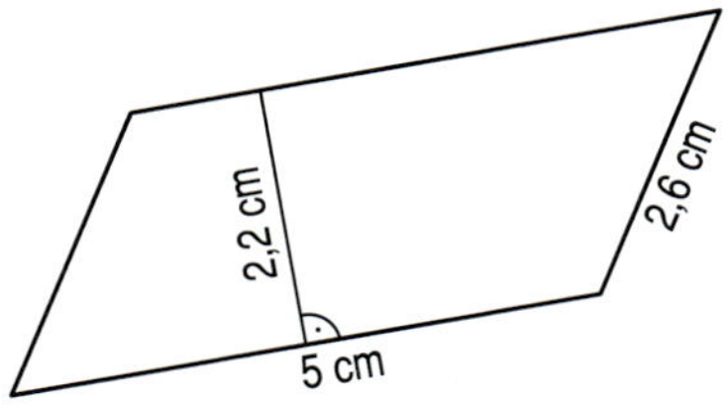

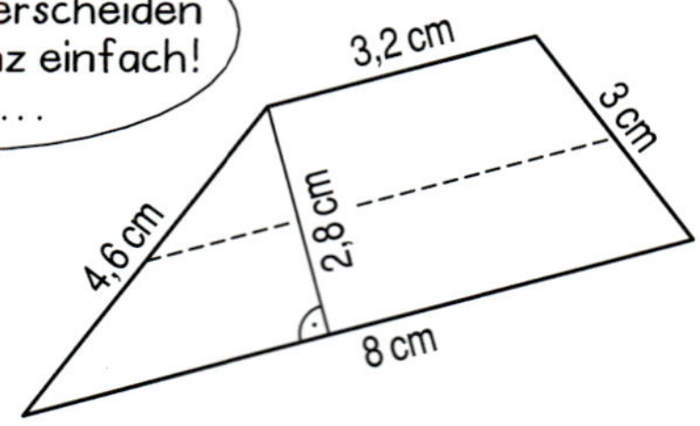

LVL **1.** *Partnerarbeit:* a) Was wird Sabine sagen? Ergänzt und vergleicht mit anderen.
b) Zeichnet die Figuren in Originalgröße in euer Heft und beschriftet die Seiten.
c) Berechnet für beide Vierecke den Umfang und den Flächeninhalt mit den gegebenen Maßen, gebt Formeln zur Berechnung an und stellt eure Formeln in der Klasse vor.

2. Berechne den Flächeninhalt und den Umfang.

a)
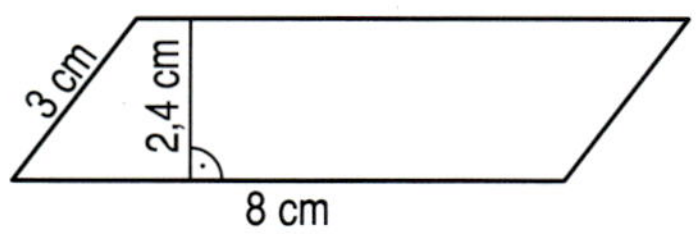

b)
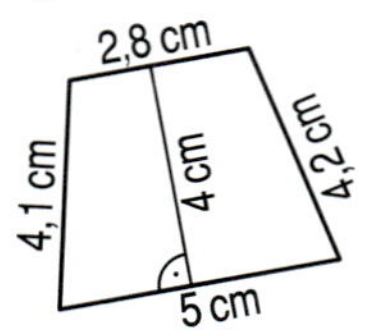

c)
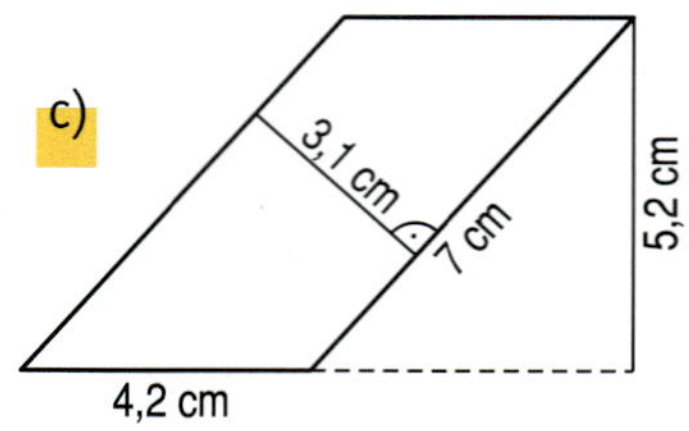

3. Berechne den Flächeninhalt des Vierecks. Runde auf eine Stelle nach dem Komma.
a) Trapez mit a = 6 cm, c = 4 cm, h = 4,5 cm
b) Trapez mit a = 3,5 cm, c = 7,3 cm, h = 3,1 cm
c) Parallelogramm mit g = 4,4 cm, h = 1,8 cm

4. Familie Stein möchte die Terrasse mit Fliesen belegen. Die Terrassenfläche hat die Form eines Parallelogramms. An der Hausseite ist sie 3,00 m lang, die dazugehörige Höhe beträgt 2,20 m. Zeichne zwei Möglichkeiten, wie die Terrasse aussehen kann. Berechne jeweils den Flächeninhalt.

5. Zeichne die Punkte in ein Koordinatensystem (Einheit 1 cm). Verbinde sie in alphabetischer Reihenfolge. Berechne den Flächeninhalt und den Umfang. Miss die dafür benötigten Längen.
a) A(0|3), B(6,5|3), C(8|6,5), D(1,5|6,5)
b) A(3|2), B(10|2), C(9|5), D(5|5)
c) A(0,5|8), B(6,5|8), C(6|9), D(0|9)
d) A(1|1), B(6,5|1), C(6,5|4,5), D(1|2)

6. Die beiden 6 cm langen Seiten eines Parallelogramms sind 3 cm voneinander entfernt. Die beiden anderen Seiten des Parallelogramms haben eine Länge von 4 cm. Welche Entfernung haben diese beiden Seiten voneinander?

LVL **7.** Familie Neunzert möchte sechs Esszimmerstühle mit trapezförmiger Sitzfläche (a = 45 cm, c = 30 cm, h = 40 cm) neu beziehen lassen. Zum Beziehen muss man rundum 5 cm Stoff zugeben; der Stoff kostet 15,90 € pro m^2; pro Stuhl rechnet man mit 30 min Arbeitszeit.
Benutze die Angaben, stelle mindestens vier Fragen und beantworte sie.

LVL **8.** Die beiden parallelen Seiten eines Trapezes sind 4 m voneinander entfernt. Die längere der beiden Seiten ist 8 m lang, der Flächeninhalt beträgt 27 m^2. Stelle eine Frage, beantworte sie und erkläre den Lösungsweg.

LVL **9.** Die beiden parallelen Seiten eines Trapezes sind 6 cm und 10 cm lang. Der Flächeninhalt beträgt 24 cm^2. Ein Parallelogramm soll gleichen Flächeninhalt und gleiche Höhe haben. Wie lang ist seine Grundseite? Ist es unbedingt notwendig, die Höhe zu berechnen? Vergleiche mit anderen.

Vermischte Aufgaben

1. Berechne den Flächeninhalt der dreieckigen Fläche.

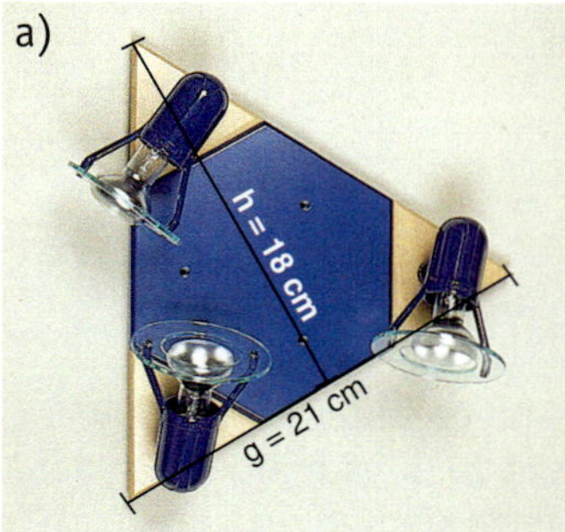

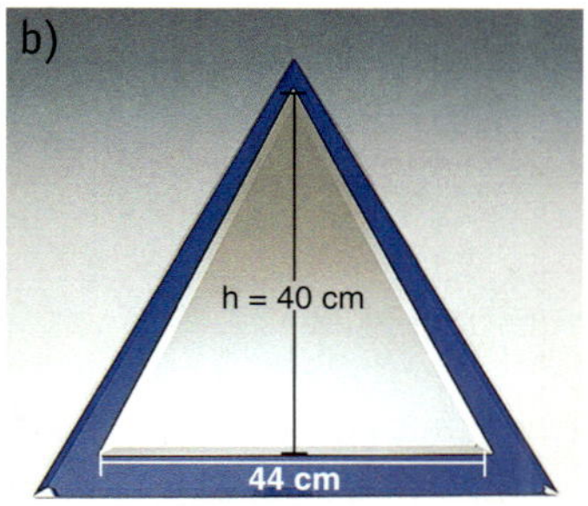

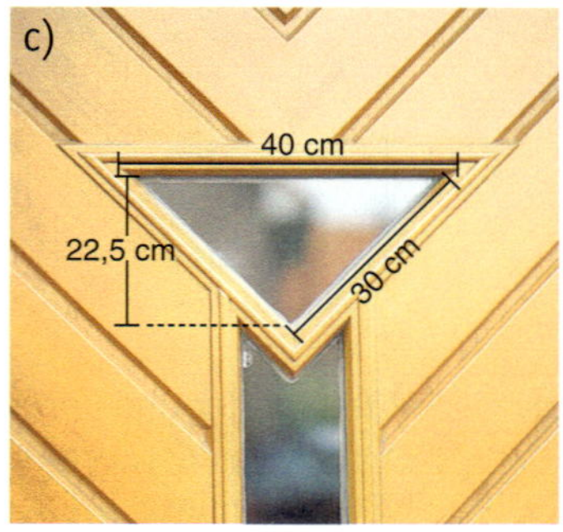

LVL **2.** Ein Möbelhaus bietet Tische mit dreieckiger Holzplatte an. Ein Konditor kauft für sein neues Café 25 Tische. Dabei kostet ein Tisch 145 €. Ab 5 m^2 Tischfläche gewährt das Möbelhaus allerdings 3% Rabatt.

a) Stelle drei Fragen und beantworte sie.

b) Welche Möglichkeiten gibt es, vier solcher Tische zusammenzustellen? Zeichne zwei Möglichkeiten.

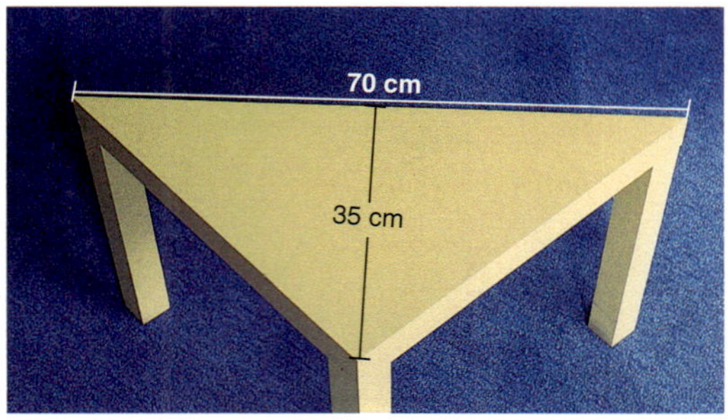

3. Frau Zenz will für ihre Küche ein kleines Eckregal aus Holz bauen. Sie hat die einzelnen Bauteile skizziert mit Angabe der Maße und der benötigten Anzahl.

a) Aus wie viel cm^2 Holz wird das Regal bestehen? Wie viel m^2 sind das?

b) Wie viel € kostet das Holz, wenn 1 m^2 Holz 6,95 € kostet?

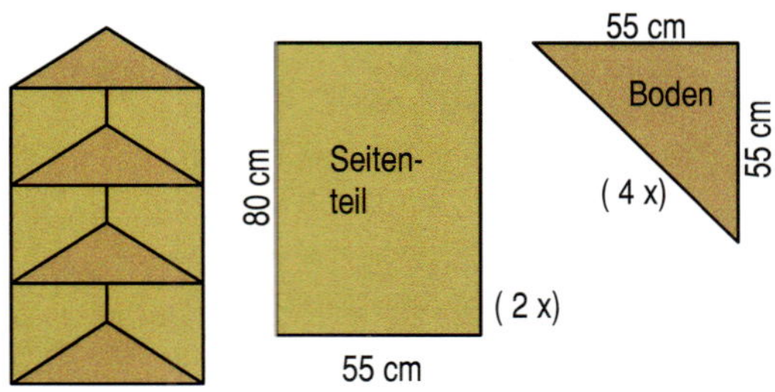

LVL **4.** Berechne den Flächeninhalt des Sandkastens. Es gibt verschiedene Möglichkeiten, das Sechseck in Teilflächen zu zerlegen, deren Flächeninhalt du schon berechnen kannst. Versuche zusammen mit anderen, alle zu finden.

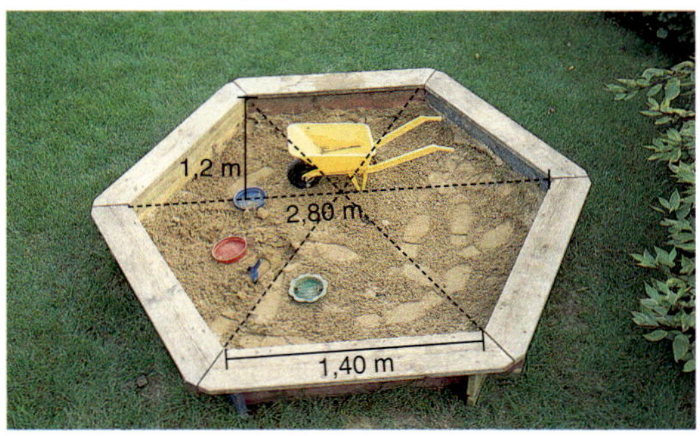

5. Zeichne ein Sechseck mit 5 cm Seitenlänge. Berechne den Flächeninhalt dieses Sechsecks mit Hilfe einer Zerlegung deiner Wahl. Miss benötigte Längen aus.

6. Der Hauseingang ist im Maßstab 1:80 abgebildet (1 mm für 8 cm in Wirklichkeit). Die beiden trapezförmigen Scheiben sind identisch. Miss alle benötigten Längen in der Abbildung aus, berechne die wirklichen Maße und berechne den Flächeninhalt aller Glasscheiben. Für die trapezförmigen Scheiben gibt es mehrere Möglichkeiten.

7. Bestimme den Flächeninhalt und den Umfang der Figur. Überschlage vorher, welche Figur den größten Flächeninhalt bzw. den größten Umfang hat.

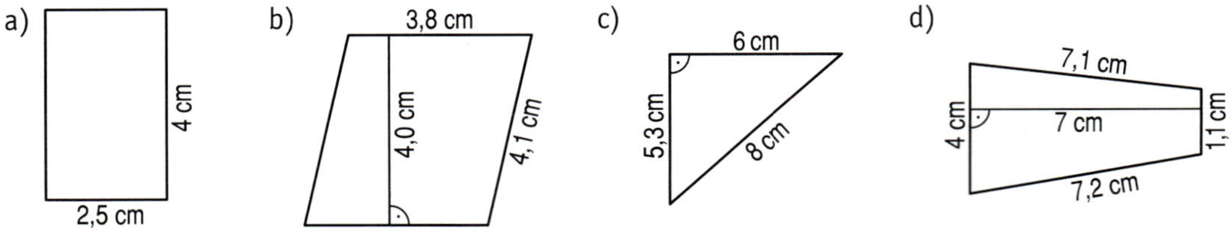

LVL **8.** Für die Kinder und Jugendlichen eines Ortes soll eine Inlinebahn errichtet werden. Die Gemeinde hat zwei Grundstücke zur Verfügung. Eines ist 12,60 m lang und 10,80 m breit, das andere ist 14,80 m lang und 9,20 m breit. Stelle drei Fragen und beantworte sie.

9. Übertrage die Figur in dein Heft. Zeichne eine Höhe. Miss die Länge der Höhe und der Seiten, die du brauchst, um den Flächeninhalt und den Umfang zu berechnen.

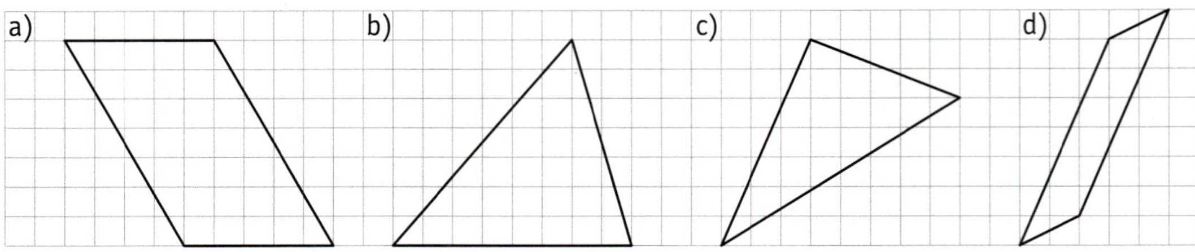

LVL **10.** Berechne den Flächeninhalt der Raute oder des Drachens. Es gibt verschiedene Möglichkeiten.
Notiere deinen Rechenweg und vergleiche mit anderen.

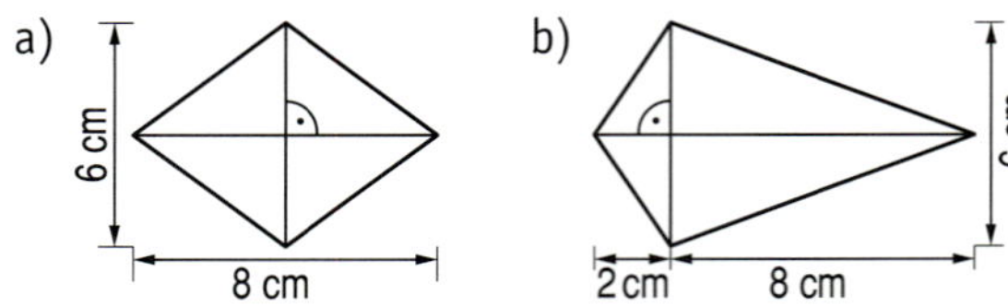

11. a) Zeichne die Parallelogramme. Miss die notwendigen Längen und berechne jeweils Flächeninhalt und Umfang.

b) Vergleiche deine errechneten Werte für Flächeninhalt und Umfang. Was fällt dir auf? Besprich deine Entdeckung mit anderen.

① $a = 7$ cm; $b = 4{,}5$ cm; $\alpha = 65°$ ② $a = 13$ cm; $b = 5{,}6$ cm; $\alpha = 50°$

③ $a = 14{,}5$ cm; $b = 6{,}8$ cm; $\alpha = 31°$ ④ $a = 13{,}4$ cm; $b = 4{,}4$ cm; $\alpha = 79°$

12. Die abgebildeten Puzzle-Teile lassen sich zum Buchstaben T zusammensetzen.

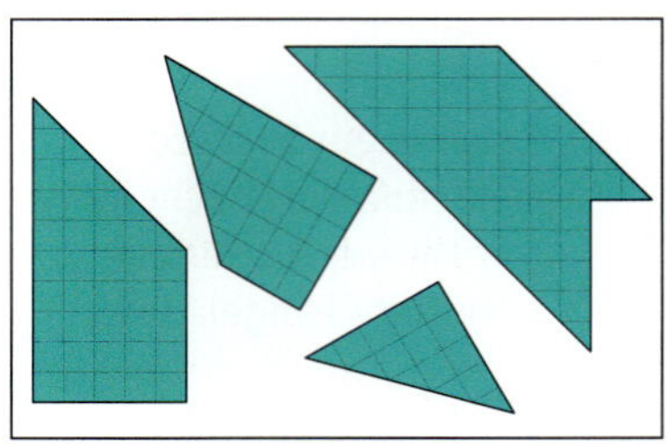

a) Stelle dir das Puzzle her und lege die Teile zu einem T.

b) Berechne den Flächeninhalt des Dreiecks und der beiden Trapeze.

c) Ermittle nun auch den Flächeninhalt des vierten Puzzle-Teiles. Es gibt mehrere Möglichkeiten. Vergleiche mit anderen.

13. a) Wie teuer ist das trapezförmige Grundstück? Entnimm die Maße der Zeichnung und bestimme den Flächeninhalt durch geschickte Zerlegung. 1 m^2 kostet 60 €.

b) Wie teuer ist der Zaun? 1 m kostet 25 €.

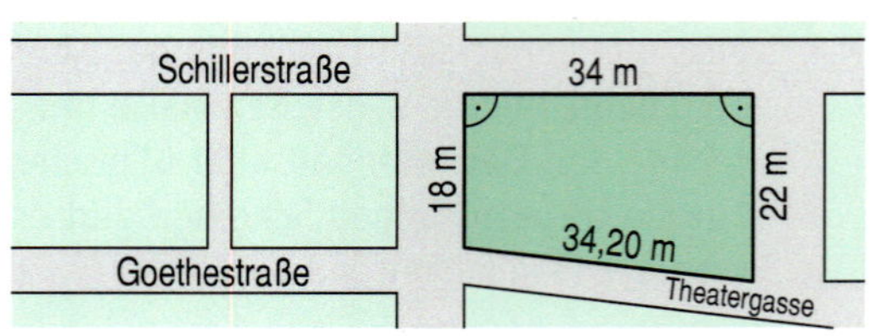

LVL

Flächenberechnung mit Tabellenkalkulation

Beispiele für Formeln*	
Formel	Bedeutung
=C5+D7	Inhalte der Zellen C5 und D7 werden addiert
=B4*100	Inhalt der Zelle B4 wird mit 100 multipliziert
=A6/B2	Zelle A6 dividiert durch Zelle B2
=SUMME(B3:B8)	Summe der Zellen B3 bis B8
=MIN(C4:C9)	Minimum (kleinster Wert) der Zellen C4 bis C9
=MAX(A3:D3)	Maximum (größter Wert) der Zellen A3 bis D3
=MITTELWERT(D8:D12)	Mittelwert der Größen in den Zellen D8 bis D12

	A	B	C	D
1	**Rechteck**			
2				
3	Seite a (cm)	Seite b (cm)	Umfang (cm)	Flächeninhalt (cm²)
4				
5	1	1	4	
6	2	1		
7	2	2		
8	3	1		
9	3	2		
10				

1. Lege mit einem Tabellenkalkulationsprogramm eine Berechnungstabelle an, gib für die Seitenlängen a und b eines Rechtecks die Maßzahlen 1, 2, 3 und 4 ein und berechne mit Formeln den jeweiligen Umfang und Flächeninhalt.

a) Gibt es Fälle, wo Umfang und Flächeninhalt dieselbe Maßzahl haben?

b) Wie ändern sich Umfang und Flächeninhalt, wenn man eine Seitenlänge (beide Seitenlängen) verdoppelt?

2. Ein Rechteck hat den Flächeninhalt 36 cm². Lege eine Tabelle an und gib verschiedene ganzzahlige Werte für die Seitenlängen a und b des Rechtecks ein.
Berechne mit Hilfe einer Formel den jeweiligen Umfang des Rechtecks.
Für welche Seitenlängen ist der Umfang am kleinsten, für welche am größten?
Beurteile das Ergebnis.

3. Ein Quader hat das Volumen 24 cm³. Lege eine Tabelle an und gib verschiedene ganzzahlige Werte für die Kantenlängen a, b und c des Quaders ein.
Berechne mit einer Formel die jeweilige Oberfläche des Quaders.
Für welche Kantenlängen wird die Oberfläche am kleinsten und für welche am größten? Beurteile das Ergebnis.

* Im Beispiel werden die Bezeichnungen des Programms EXCEL® verwendet.

LVL

Flächengröße von Deutschland

Über die abgebildete Landkarte von Deutschland wurden verschiedene Flächenformen gezeichnet. Bestimme die ungefähre Flächengröße von Deutschland, indem du die Seitenlängen der Flächen ausmisst und ihren Flächeninhalt berechnest.

Schlag nach … Um wie viel km^2 weicht deine Berechnung von dem tatsächlichen Flächeninhalt ab?

Maßstab 1 : 4 400 000

Bleib FIT!

Die Ergebnisse der Aufgaben ergeben drei Begriffe aus den Beneluxstaaten.

1. Gib als Dezimalzahl an:
a) $\frac{1}{2}$ b) $\frac{1}{4}$ c) $\frac{3}{8}$ d) $\frac{3}{5}$

2. Ein Arbeiter verdient in 160 Stunden 2 320 €. Berechne den Stundenlohn in Euro.

3. Eine Zugverbindung dauert von 14.37 Uhr bis 17.14 Uhr. Berechne die Fahrzeit in Minuten.

4. a) $125{,}5 \cdot 4{,}5$ b) $161{,}2 : 13$

5. Wie viele Gläser dieses Inhalts können mit 2 *l* Saft gefüllt werden: a) $\frac{1}{4}\,l$, b) $\frac{1}{5}\,l$?

6. Gib die Art des Winkels an.
a)
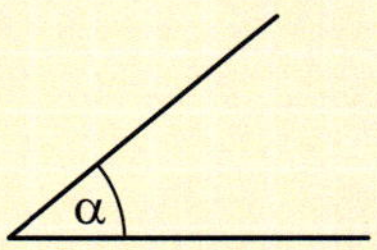

b)
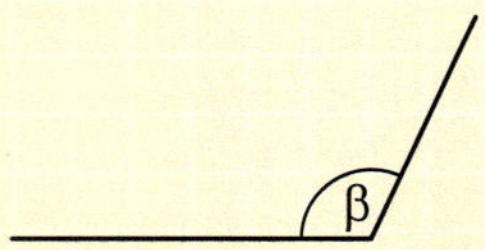

spitzer W. (20), rechter W. (30), stumpfer W. (40)

7. Um eine Baugrube auszuheben brauchen zwei Bagger 18 Stunden. Wie lange dauert die Arbeit, wenn 3 Bagger eingesetzt werden?

8. Bei einem Würfel ist die Gesamtlänge aller Kanten 108 cm.
a) Eine Kante hat die Länge ▪ cm.
b) Der Flächeninhalt einer Seitenfläche beträgt ▪ cm^2.
c) Das Volumen des Würfels beträgt ▪ cm^3.

9. Gib als Dezimalbruch an.
a) $3\frac{1}{2} \cdot 4{,}1$ b) $4\frac{3}{5} : 5$ c) $5\frac{1}{4} + 8{,}4$

10. a) $125\ cm^2$ = ▪ mm^2 b) $275\ cm^3$ = ▪ *l*
c) 1 375 m = ▪ km d) $125\ m^2$ = ▪ a

11. Eine Zahl wird mit 7,5 multipliziert, das Ergebnis ist 120. Wie groß ist die Zahl?

0,125	F
0,25	R
0,275	M
0,375	A
0,4	L
0,5	G
0,6	C
0,85	B
0,92	A
1,25	U
1,375	I
2,75	S
8	A
9	R
10	M
12	E
12,4	N
13,5	P
13,65	T
14,35	M
14,5	H
16	M
20	S
30	W
40	T
81	D
157	T
564,75	E
729	A
1 250	I
12 500	O

LVL Messen und Entdecken am Kreis

Bildet Gruppen. Jede wählt mindestens eine der 6 Situationen aus.

- Überlegt, wonach gefragt wird. Was könnt ihr messen oder ablesen und was berechnen?
- Einer aus jeder Gruppe berichtet über eure Ergebnisse und Entdeckungen vor der Klasse.

1.

2.

3.

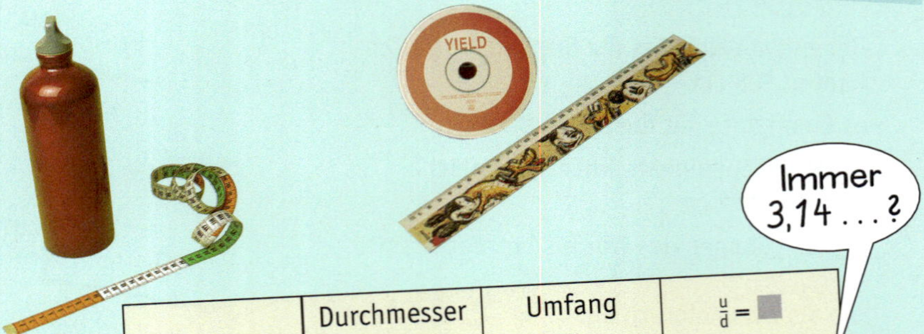

	Durchmesser d	Umfang u	$\frac{u}{d}$ = ■
Fahrradreifen	89,0 cm	279,6 cm	3,141...
Flasche	7,5 cm	23,6 cm	3,146...
CD	12,0 cm	37,7 cm	3,1

LVL

4. a) Messt im Ausschnitt des Kreises den Radius r, den Winkel α und die Strecke $\overline{AB}$.

b) Welchen ungefähren Wert erhaltet ihr für den Umfang des ganzen Kreises?

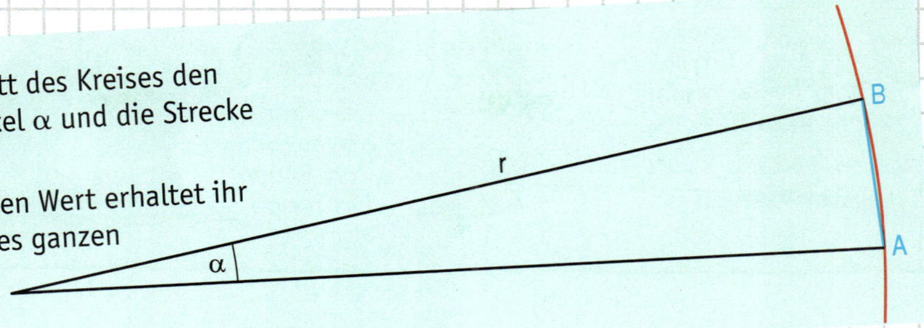

5.

6.

Für den Kreisumfang u gilt:

$u > 2\,d = 4\,r$

$u < 4\,d = 8\,r$

$u > 3\,d = 6\,r$

Umfang des Kreises

LVL **1.** *Partnerarbeit:* Beschreibt, wie im dargestellten Versuch der Umfang des Kreises bestimmt wird. Führt den Versuch in der Klasse durch. Tipp: Als Kreisscheibe eignen sich z. B. CDs, Bierdeckel und Fahrradreifen. Auf dem Rand sollte man einen Punkt markieren.

Das Verhältnis $\frac{u}{d}$ von **Umfang** u und Durchmesser d ist für alle Kreise gleich. Es ist die Zahl π (lies „Pi").
Ohne Taschenrechner rechnet man mit $\pi \approx 3{,}14$.

$u = \pi d$

$u = 2\pi r$

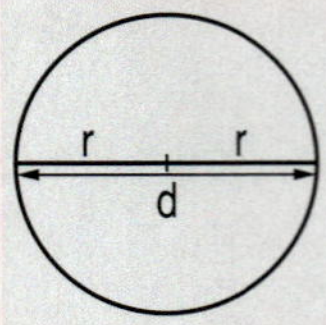

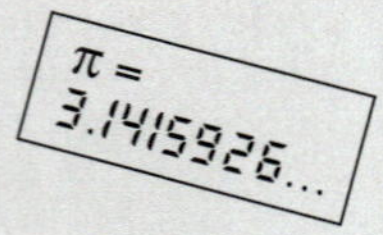

Berechne den Umfang des Kreises.

(1) Durchmesser d = 5,0 cm
Überschlag: $u = \pi \cdot d \approx 3 \cdot 5\text{ cm} = 15\text{ cm}$
Rechnung: $u = \pi \cdot 5{,}0\text{ cm} = 15{,}70\ldots\text{ cm}$
$u \approx 15{,}7\text{ cm}$

(2) Radius r = 3,84 m
Überschlag: $u = 2\pi r \approx 2 \cdot 3 \cdot 4\text{ m} = 24\text{ m}$
Rechnung: $u = 2\pi \cdot 3{,}84\text{ m} = 24{,}127\ldots\text{ m}$
$u \approx 24{,}13\text{ m}$

2. Sascha meint: „Wenn ich mit π = 3,14 den Kreisumfang berechne und auf mm runde, erhalte ich denselben Wert, den ich auch mit dem π-Wert des Taschenrechners bekomme." Stimmt das? Prüfe mit deinem Taschenrechner für a) d = 10 cm und b) r = 50 cm.

3. Berechne den Umfang des Kreises mit dem gegebenen Durchmesser. Runde auf mm.
a) d = 15 cm b) d = 30 cm c) d = 10,8 cm d) d = 21,4 cm e) d = 7,9 cm

4. Der Radius ist gegeben. Berechne den Umfang des Kreises. Runde auf cm.
a) r = 1 m b) r = 2,35 m c) r = 0,57 m d) r = 2,67 m e) r = 0,98 m

5. Berechne den Umfang in cm, runde auf mm.

a)

b)

c)
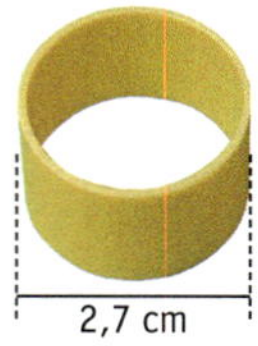

d)

6. Berechne den Radius und den Durchmesser mit einer Formel für den Kreisumfang. Es lohnt sich, die Formel zuerst nach r oder d umzuformen und dann alle 6 Werte zu berechnen.
u = 2,5 cm u = 7,5 cm u = 31,4 m u = 17,5 m u = 1,1 km u = 110 km

7. Beim Programmieren des Fahrrad-Computers muss der Radumfang in mm eingegeben werden. Bestimme den Radumfang

a) für die Kinderradreifen K1 und K2;

b) für die Mountainbike-Reifen M1 und M2;

c) für die Touringradreifen T1 und T2;

d) für die Rennradreifen R1 und R2.

So programmieren Sie schnell und richtig

Ihr Fahrrad-Computer arbeitet korrekt, wenn Sie den für Ihren Fahrradtyp passenden Radumfang (u) eingegeben haben. Bestimmen Sie zunächst die Reifengröße D:
D = 2 · Breite + Innendurchmesser des Reifens
Dann ermitteln Sie den Umfang u mit der Formel:
u = 3,14 · D

Typ	Reifenbreite	Innendurchmesser
K 1	47	406
K 2	47	507
M 1	50	559
M 2	54	559
T 1	32	622
T 2	40	622
R 1	18	622
R 2	20	622

8. Jan hat neue M2-Reifen für sein Mountainbike bekommen. Bisher hatte er den Computer für den Reifentyp M1 eingestellt.

a) Welchen Fehler macht Jans Fahrradcomputer bei 1 000 Radumdrehungen, wenn Jan ihn nicht neu programmiert?

b) Zeigt der Computer eine zu große oder zu kleine Geschwindigkeit an, wenn er nicht auf die neuen M2-Reifen programmiert wird?

9. Auf 1 km dreht sich ein Rad etwa 500-mal. Welchen Radius hat es? Runde auf cm.

10. Anne hat einen kreisrunden Spiegel mit einem Durchmesser von 50 cm.

a) Wie lang ist der Rand von Annes Spiegel? Runde auf Millimeter.

b) Boris' Spiegel hat einen halb so großen Durchmesser. Wie lang ist dessen Rand?

c) Katis Spiegel hat einen doppelt so großen Radius wie Annes Spiegel.

LVL **11.** Im Lexikon steht: Der Äquator der Erde ist ca. 40 000 km lang.

a) Diskutiert zu zweit, wie genau diese Länge angegeben ist.

b) Welcher Unterschied ergibt sich für den Erdradius, wenn ihr mit $\pi = 3{,}14$ bzw. $\pi = 3{,}1416$ rechnet?

c) Welcher gerundete Wert für den Erdradius sollte im Lexikon stehen?

12. Ein Satellit umkreist die Erde auf einer Kreisbahn im Abstand von ca. 36 000 km. Mache dir eine Skizze und berechne die Länge der Umlaufbahn des Satelliten um die Erde.

LVL **13.** Stell dir vor, um einen Fußball mit dem Umfang u = 70 cm legt man (am „Äquator") ein Seil. Dann legt man einen Drahtring, der 1 m länger als das Seil ist, so um den Ball, dass überall der gleiche Abstand zum Ball ist. Passt zwischen Ball und Draht eine flache Hand, eine Faust, eine Fußlänge?
Und wie ist das, wenn statt eines Fußballs die Erdkugel genommen würde? Kann dann eine Maus, eine Katze, ein Hund unter den Drahtring passen?

Flächeninhalt des Kreises

LVL **1.** a) Wie würdet ihr den Flächeninhalt eines Kreises näherungsweise bestimmen?

b) Macht mit Papier und Schere eine Kreiszerlegung wie im Bild mit vielen „Tortenstücken". Begründet, warum bei sehr vielen Stücken die neue Fläche fast ein Rechteck ist.

Ein Kreis mit dem Radius r hat den **Flächeninhalt:** $A = \pi r^2$

Welchen Flächeninhalt hat der Kreis?

(1) Radius r = 4,7 cm
Überschlag: $A = \pi r^2 \approx 3 \cdot 5^2\ \text{cm}^2 = 75\ \text{cm}^2$
Rechnung: $A = \pi \cdot 4{,}7^2\ \text{cm}^2 = 69{,}39...\ \text{cm}^2$
$A \approx 69{,}4\ \text{cm}^2$

(2) Durchmesser d = 7,8 m
Berechnung des Radius: r = 7,8 m : 2 = 3,9 m
Überschlag: $A = \pi r^2 \approx 3 \cdot 4^2\ \text{m}^2 = 48\ \text{m}^2$
Rechnung: $A = \pi \cdot 3{,}9^2\ \text{m}^2 = 47{,}78...\ \text{m}^2$
$A \approx 47{,}8\ \text{m}^2$

2. Berechne den Flächeninhalt des Kreises. Runde. a) r = 1,25 m b) r = 2,5 m c) r = 7,3 cm

3. Berechne zuerst den Radius, dann den Flächeninhalt des Kreises (2 Nachkommastellen).
a) d = 1 m b) d = 0,76 m c) d = 1,52 m d) d = 3,04 m

4. Miss den Durchmesser millimetergenau und berechne die Kreisfläche.

a) 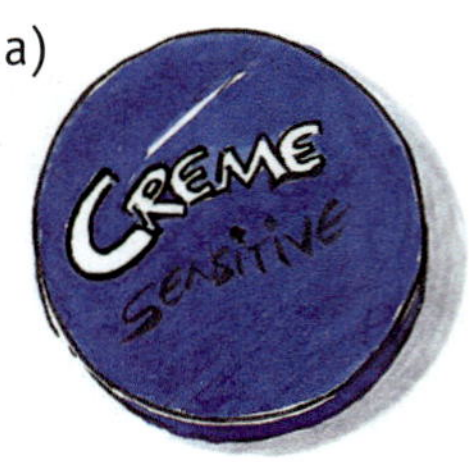

b) 

c) 

d) 

5. Ein Windrad hat 30 cm Durchmesser. Wie groß ist die Fläche, die die Windradflügel überstreichen?

6. Für r = 5 cm soll der Flächeninhalt eines Kreises auf zehntel cm^2 genau bestimmt werden. Reicht dafür der Näherungswert π = 3,14? Begründe deine Antwort mit zwei Rechnungen.

LVL **7.** Eine CD hat einen Durchmesser von 12 cm. Sie hat einen Innenbereich mit 1,5 cm Durchmesser, der nicht beschrieben werden kann. Berechne die beschreibbare CD-Fläche.

8. Eine kreisförmige Rasenfläche hat einen Umfang von 100 m.

a) Welchen Flächeninhalt hat die Rasenfläche? Runde auf m^2.

b) Hat ein Kreis mit 200 m Umfang den doppelten Flächeninhalt?

9. Mit wachsendem Radius wächst auch die Kreisfläche.

a) Berechne den Flächeninhalt des Kreises bis r = 5 m. Runde.

b) Zeichne den Graphen der Zuordnung Radius (r) → Flächeninhalt (A) mit den Tabellenwerten.

Radius	Flächeninhalt
0,5 m	■
1,0 m	■
1,5 m	■

Zum doppelten Radius die ■-fache Fläche?

c) Ist die Zuordnung r → A proportional, antiproportional oder keins von beiden? Begründe deine Antwort.

10. Manchmal reicht ein ungefährer „Schätzwert". Runde Radius oder Durchmesser auf Meter und berechne mit $\pi = 3$ den ungefähren Flächeninhalt des Kreises.

a) r = 1,75 m b) r = 3,17 m c) d = 14,49 m d) d = 18,95 m

11. Der runde Tisch hat einen Durchmesser von 90 cm. Der Durchmesser des Tabletts ist halb so groß.

a) Berechne den Flächeninhalt der Tischplatte und des Tabletts. Runde auf cm^2.

b) Wie viel Prozent der Tischplatte bedeckt das Tablett?

12. Eine kreisrunde Tischdecke mit d = 1,50 m liegt auf einem runden Tisch mit einem Durchmesser von 1,10 m.

a) Welche Flächeninhalte haben Decke und Tisch?

b) Wie viel Prozent der Decke liegt auf dem Tisch?

LVL **13.** In dem Stadion sollen die Tartanbahn und der Rasen erneuert werden. Die Tartanbahn ist 6 m breit, der Belag kostet 45 € pro m^2 inklusive Arbeitszeit. Der Rollrasen kostet 15 € pro m^2, für die Verlegung rechnet man 3,75 € pro m^2. Benutze die Angaben, stelle mindestens vier Fragen und beantworte sie.

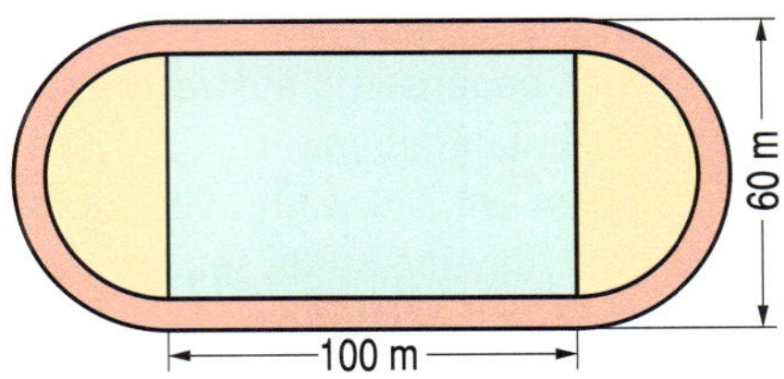

LVL **14.** Besprecht, fragt und löst in *Partnerarbeit:* Zwei TV-Empfänger A und B sind 50 km voneinander entfernt. Der Sender C ist gleichweit von A wie von B entfernt und in A und B zu empfangen. Auf wie viel km^2 ist der Sender C mindestens zu empfangen?

15. Zwei kreisförmige Blumenbeete wurden bepflanzt. Die Pflanzen für das größere Beet mit d = 24 m kosteten 1 000 €. Auf dem kleineren Beet mit einem Durchmesser von 18 m stehen für 750 € Pflanzen.

a) Wie viel € kostet auf jedem einzelnen Beet die Bepflanzung pro m^2?

b) Wie teuer wäre die Bepflanzung beider Beete zusammen gewesen, wenn beide mit Pflanzen zum niedrigeren Durchschnittspreis pro m^2 bepflanzt worden wären?

LVL **16.** In der Pizzeria „Vesuvio" kostet die große runde Pizza 5,40 € und die kleine runde 2,70 €. Katja fragt nach den Durchmessern und erhält als Antwort: 24 cm und 18 cm. Darauf bestellt sie sich zwei kleine. Begründe.

Vermischte Aufgaben

1. Berechne den Umfang (gerundet auf mm) und den Flächeninhalt (gerundet auf cm^2)

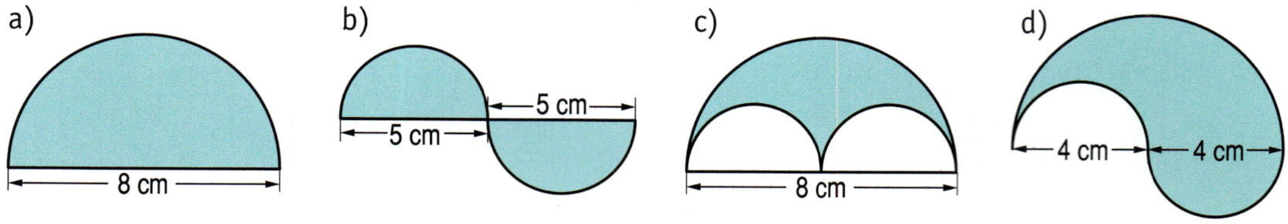

2. Jedes kleine Quadrat hat die Seitenlänge 1 cm. Berechne Umfang und Flächeninhalt der gefärbten Fläche.

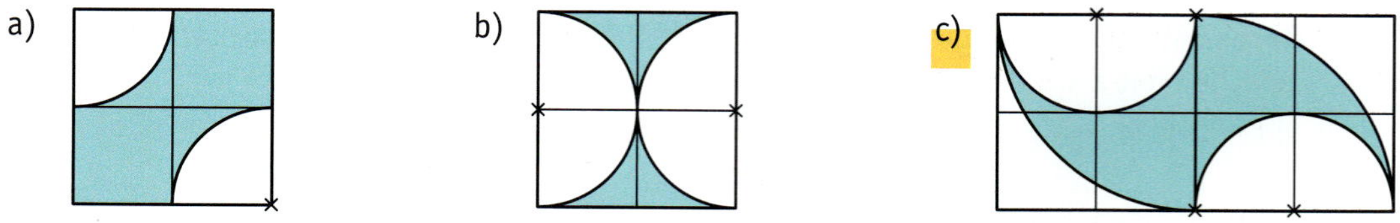

3. Auf der Insel Mainau im Bodensee steht ein Mammutbaum. Sieben Kinder können ihn rings umfassen (mittlere Armspanne 1,50 m).

a) Welchen Durchmesser hat der Baum etwa?

b) Wie viele Kinder können einen Baum mit doppelt so großem Durchmesser umspannen?

4. Eine kreisrunde Baumscheibe hat 10 m Umfang.

a) Berechne den Durchmesser. Runde auf cm.

b) Wie viele Kinder können sich darauf stellen? (Jedes Kind braucht etwa 40 cm × 40 cm.)

LVL **5.** *Gruppenarbeit:* Lest den Text genau durch. Erklärt euch gegenseitig auftretende Fragen und löst dann die Teilaufgaben.
Schon um 220 v. Chr. vermutete Eratosthenes, dass die Erde eine Kugel sei. Den Erdradius und den Erdumfang bestimmte er so: Am 21. Juni, als mittags die Sonne in Assuan senkrecht in einen Brunnen schien, wurde zur gleichen Zeit in Alexandria der Einfallswinkel α der Sonnenstrahlen gemessen (mit der Länge des Schattens eines Stabes). Der Winkel war ca. 7°. Die Entfernung von Assuan (früher Syëne) bis Alexandria beträgt 5 000 Stadien. Eratosthenes rechnete mit einer Stadienlänge von 150 m bis 170 m.

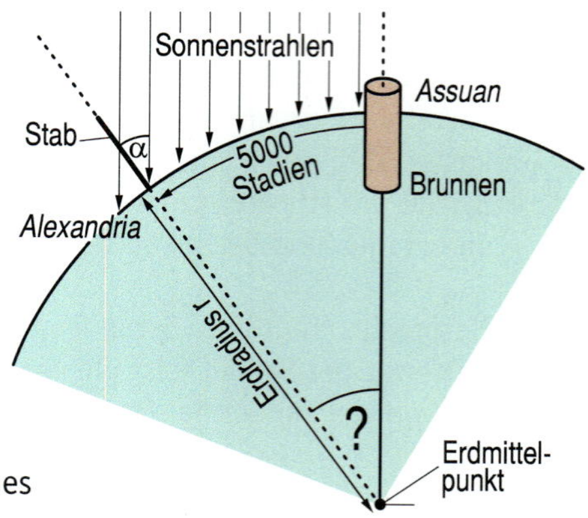

a) Wie groß ist der Winkel am Erdmittelpunkt?

b) Wie groß ist der Erdradius und der Erdumfang mindestens, wie groß höchstens?

c) Was findet ihr über Eratosthenes im Internet? In welchem Land lebte er, wofür wurde er besonders berühmt? Tragt eure Ergebnisse der Klasse vor.

LVL **6.** Experimentiert und überlegt zu zweit: Zwei gleiche Münzen: B liegt fest. A wird um B gerollt, bis A wieder so liegt wie zu Anfang. Wie viele Umdrehungen macht A?

Gestaltung des Aufenthaltsraumes einer Schule

LVL

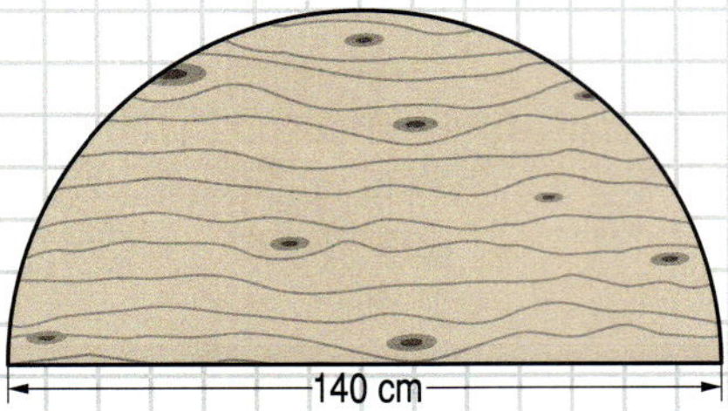

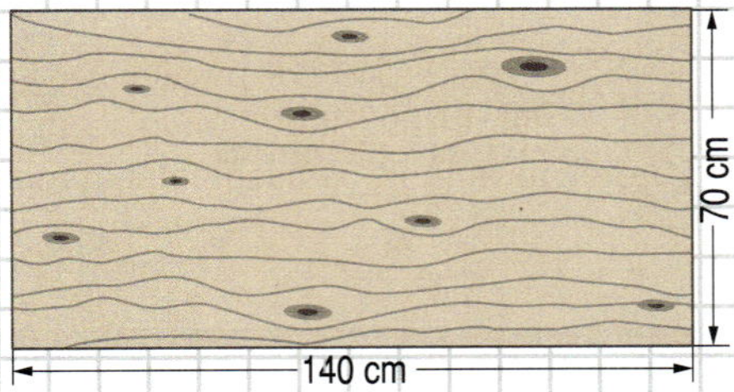

Eine Schule möchte einen Aufenthaltsraum, der 13,70 m lang und 6,50 m breit ist, neu möblieren. Sie kann halbkreisförmige und rechteckige Tische anschaffen. Plane die Gestaltung mit, benutze dazu die folgenden Informationen.

Preise der Möbelfirma

- Ein Stuhl kostet 108 €.
- Ein rechteckiger Tisch kostet 188 €.
- Ein halbkreisförmiger Tisch kostet 253 €.

Vorgaben der Schule

- Bei Veranstaltungen müssen 60 Personen Platz haben.
- Die Tische werden normalerweise zu Gruppentischen zusammengestellt.
- An den Tischgruppen müssen 34 Personen einen Platz finden.

Informationen zum Sitzen

- An einer kurzen Seite kann man nur alleine sitzen.
- Werden die Tische zu Sitzgruppen zusammengestellt braucht man pro Person $\frac{1}{3}$ m^2 Tischfläche zum Arbeiten.
- An einem kreisförmigen Tisch können an der runden Seite 3 Personen und an der geraden Seite 2 Personen sitzen.
- Beachte, dass man auch Platz zum Sitzen und Gehen braucht. Probiere aus.

Aufgaben

- Zeichne einen Plan für Sitzgruppen.
- Überlege, welche Tische man anschaffen soll.
- Zeichne einen Plan für Veranstaltungen.
- Erstelle einen Kostenvoranschlag.

LVL

Abgefahren?

Das ist Frau Müllers Auto im Maßstab 1:40.

Das ist das Cockpit von Frau Müllers Auto.

Gruppenarbeit:

- Überlegt, welche Informationen für die Beantwortung der Fragen wirklich wichtig sind.
- Wie könnt ihr mit Hilfe von Abbildungen auf dieser Seite an die wichtigen Informationen gelangen?
- Haltet euren Lösungsweg auf einer Folie fest und präsentiert ihn der Klasse.

Das ist ein Ausschnitt aus der Zulassung.

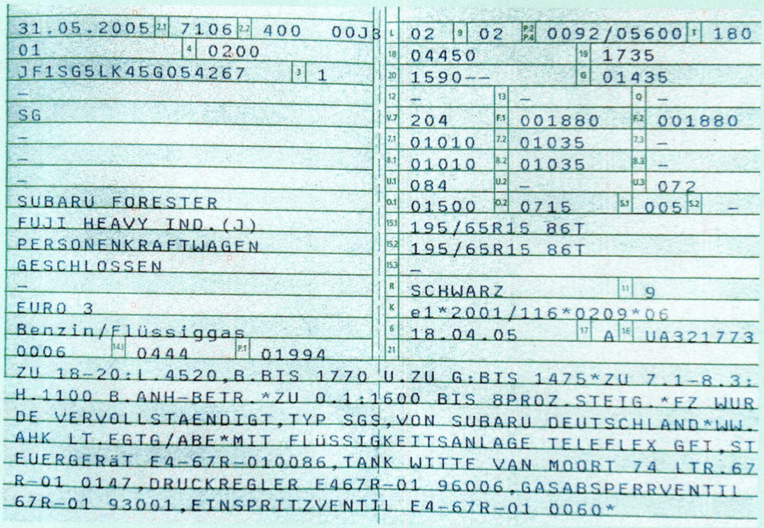

31.05.2005 [2.1] 7106 [2.2] 400 00J3	[L] 02 [9] 02 [P.2/P.4] 0092/05600 [T] 180
01 [4] 0200	[18] 04450 [19] 1735
JF1SG5LK45G054267 [3] 1	[20] 1590-- [G] 01435
–	[12] – [13] – [Q] –
SG	[V.7] 204 [F.1] 001880 [F.2] 001880
–	[7.1] 01010 [7.2] 01035 [7.3] –
–	[8.1] 01010 [8.2] 01035 [8.3] –
–	[U.1] 084 [U.2] – [U.3] 072
SUBARU FORESTER	[O.1] 01500 [O.2] 0715 [S.1] 005 [S.2] –
FUJI HEAVY IND.(J)	[15.1] 195/65R15 86T
PERSONENKRAFTWAGEN	[15.2] 195/65R15 86T
GESCHLOSSEN	[15.3] –
–	[R] SCHWARZ [11] 9
EURO 3	[K] e1*2001/116*0209*06
Benzin/Flüssiggas	[6] 18.04.05 [17] A [16] UA321773
0006 [14.1] 0444 [P.1] 01994	[21]

ZU 18-20:L.4520,B.BIS 1770 U.ZU G:BIS 1475*ZU 7.1-8.3:
H.1100 B.ANH-BETR.*ZU O.1:1600 BIS 8PROZ.STEIG.*FZ WUR
DE VERVOLLSTAENDIGT,TYP SGS,VON SUBARU DEUTSCHLAND*WW.
AHK LT.EGTG/ABE*MIT FLüSSIGKEITSANLAGE TELEFLEX GFI,ST
EUERGERät E4-67R-010086,TANK WITTE VAN MOORT 74 LTR.67
R-01 0147,DRUCKREGLER E467R-01 96006,GASABSPERRVENTIL
67R-01 93001,EINSPRITZVENTIL E4-67R-01 0060*

1. Berechne den Flächeninhalt.

a) Quadrat: a = 40 cm

b) Rechteck: a = 4,6 cm, b = 7 cm

c) Parallelogramm: g = 21 cm, h = 8,5 cm

d) Dreieck: g = 22 cm, h = 9 cm

e) Trapez: a = 7,4 cm, c = 3,1 cm, h = 4 cm

2. Für eine Cart-Bahn wird eine rechteckige Halle gebaut, 40 m lang und 32 m breit. Berechne die Fläche der Halle. Gib in m^2 und in Ar an.

3. Berechne den Umfang des Parallelogramms mit a = 35 cm und b = 16,5 cm.

4. Wie viel Umleimer benötigt man für eine dreieckige Platte mit a = 75 cm, b = 90 cm, c = 80 cm?

5. Bestimme die Höhe des Parallelogramms: g = 14,5 cm, A = 87 cm^2

6. Familie Neu richtet einen Freizeitraum ein.

a) Berechne die Größe der Sauna, der Dusche sowie des Kältebeckens.

b) Der Raum ist 6,20 m lang und 4,10 m breit. Berechne die Fläche in m^2.

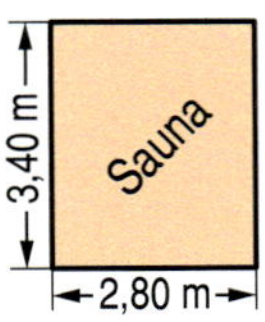

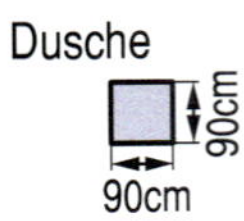

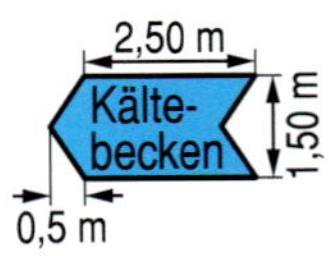

Vierecke und Dreiecke
Flächeninhalt

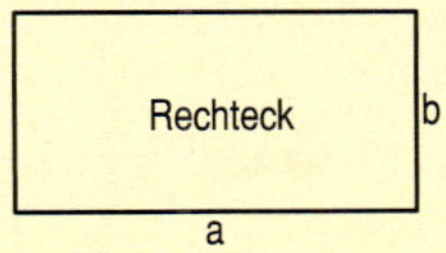

$A = a \cdot b$

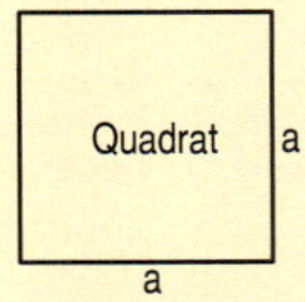

$A = a \cdot a = a^2$

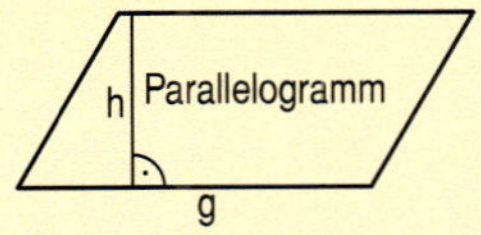

$A = g \cdot h$

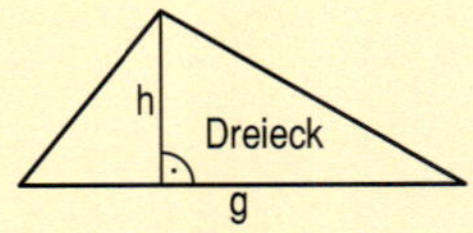

$A = \frac{g \cdot h}{2}$

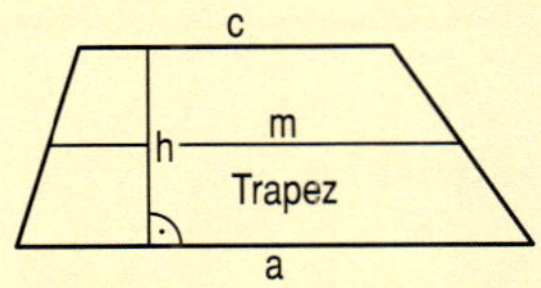

$A = \frac{(a+c) \cdot h}{2} = m \cdot h$

Umfang: u = Summe aller Seitenlängen

Kreis

Flächeninhalt: $A = \pi r^2$

Umfang: $u = \pi d$

$u = 2\pi r$

$\pi = 3{,}141592...$

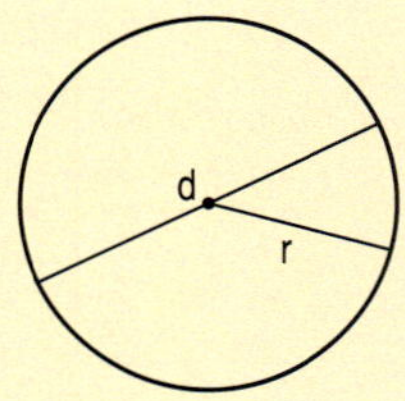

7. Eine Tisch-Stoppuhr hat ein kreisrundes Zifferblatt mit 15 cm Durchmesser. Berechne seine Fläche.

8. Berechne Umfang und Flächeninhalt eines Kreises mit a) r = 6,5 m b) d = 14,2 cm.

9. Kreisrunde Gläser einer Schweißbrille haben einen Durchmesser von 4,2 cm.

a) Berechne den Umfang. b) Berechne die Fläche der Gläser, die eingepasst werden.

10. Berechne die Kreisfläche einer Hammerwurf-Anlage (d = 2,135 m). Runde auf eine Nachkommastelle.

11.

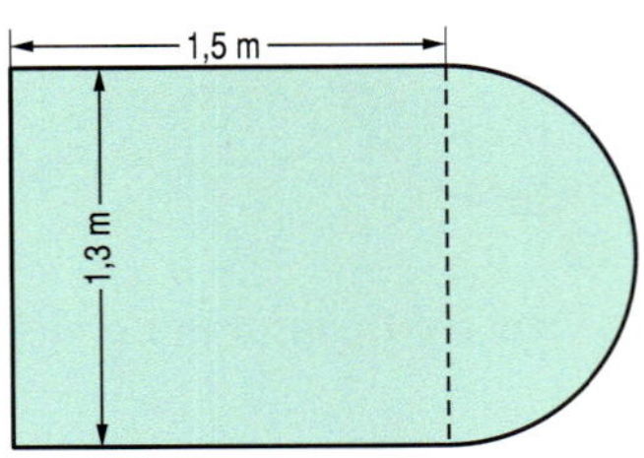

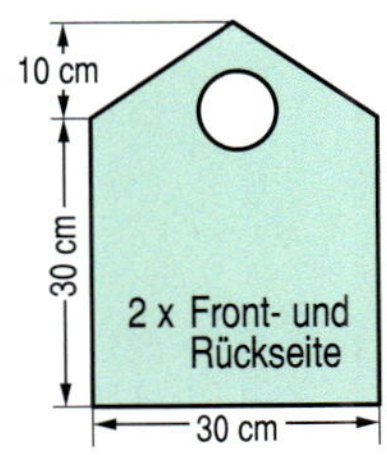

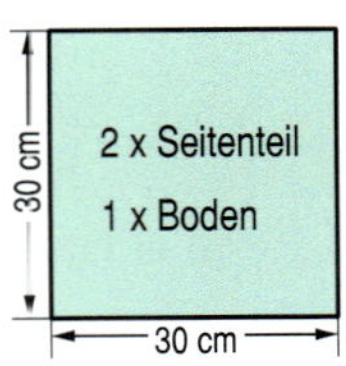

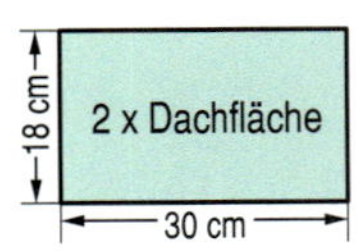

a) Berechne den Flächeninhalt der Schreibtischplatte. Runde auf 2 Stellen nach dem Komma.

b) Berechne den Flächeninhalt aller Holzflächen des Nistkastens. Das Einflugloch hat einen Durchmesser von 6 cm. Gib in cm^2 an.

DIAGNOSETEST

Grundaufgaben

1. a) Zeichne in ein Koordinatensystem die Punkte A (0|1), B(5|1), C(3|4) ein und verbinde sie zu einem Dreieck.

b) Berechne den Flächeninhalt des Dreiecks. Miss die benötigten Strecken.

2. Berechne den Umfang und den Flächeninhalt des Kreises mit dem Radius 4 cm.

3. Zeichne ein gleichschenkliges Trapez mit a = 7 cm, c = 4 cm und h = 3 cm auf Karopapier und berechne seinen Flächeninhalt.

4. Eine Kirchturmuhr besitzt einen kleinen Zeiger mit 80 cm Länge und einen großen Zeiger mit 1,25 m Länge. Welchen Weg legt die Spitze des großen Zeigers in einer Stunde zurück?

5. An ein Rechteck mit a = 5 cm und b = 3 cm wird an jede Seite ein Halbkreis angesetzt. Fertige eine Skizze an und berechne den Flächeninhalt der gesamten Figur.

Erweiterungsaufgaben

Wähle 5 Aufgaben

1. Die Räder eines Kinderfahrrades haben einen äußeren Durchmesser von 48 cm. Wie viele Umdrehungen macht das Rad auf einer 2 km langen Strecke?

2. Eine trapezförmige Tischplatte hat die Maße a = 140 cm, b = d = 70 cm, c = 70 cm (a und c sind parallel zueinander) und h = 60 cm.

a) Berechne den Flächeninhalt der Tischplatte.

b) Wie viel cm Umleimkante braucht man für einen Tisch?

3. a) Ein Dreieck hat einen Flächeninhalt von 17,1 cm² und eine Grundseite c = 7,6 cm. Berechne die zugehörige Höhe.

b) Das Dreieck A(1|1), B(8,6|1), C(■|■) hat im Koordinatensystem mit 1 cm Einheit denselben Flächeninhalt 17,1 cm². Welche Koordinaten kann der Punkt C haben?

4. Die Mittelinsel eines Kreisverkehrs hat eine Fläche von (gerundet) 200 m².

a) Berechne den Durchmesser, runde sinnvoll.

b) Wie lang ist die Randbegrenzung?

5. Berechne den Flächeninhalt der Figur

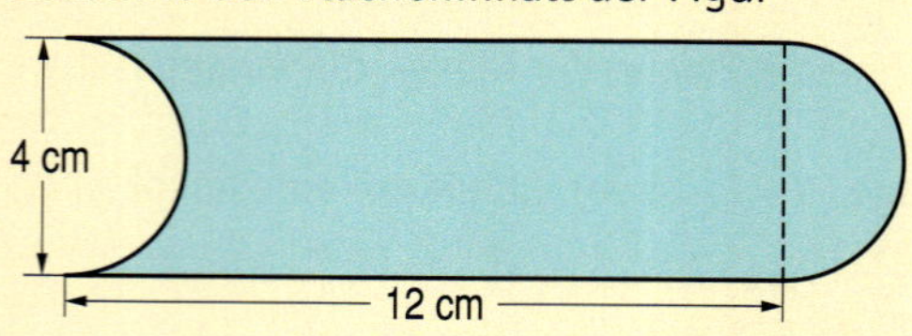

6. Berechne den Flächeninhalt der Figur.

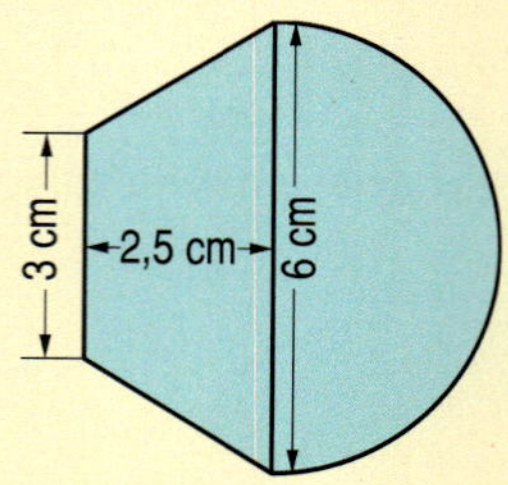

7. Ein Rechteck ist 10 m lang und 8,10 m breit. Welche Seitenlänge hat ein Quadrat mit gleichem Flächeninhalt?

8. Ein quadratischer Tisch hat eine Seitenlänge von 90 cm. Um wie viel cm² ist ein kreisförmiger Tisch mit 90 cm Durchmesser kleiner?

Prozent- und Zinsrechnung

5

unsere Ballspielgruppe

Abteilung	Mitgliederzahl
Basketball	60
Fußball	80
Handball	40
Tischtennis	20
Insgesamt	

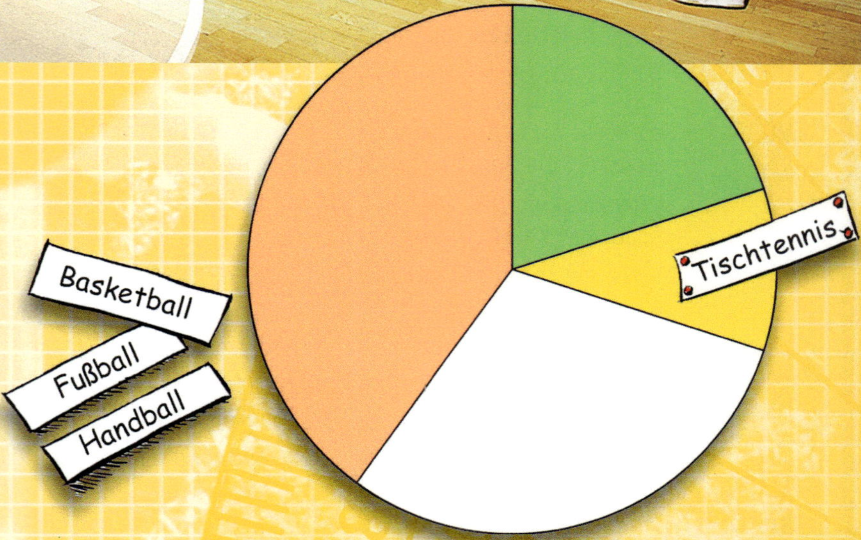

Mitgliederzahl	Prozentanteil	Kreissektor
20	10%	36°
40		
60		
80		

Grundbegriffe der Prozentrechnung

Von den Reisekosten, die 400 € betragen, muss Jnes nur 15%, also 60 € bezahlen.

Nur 12 Personen wurden zum Gespräch eingeladen. Das waren von 60 Personen 12%.

Oma sagte zu Jens, dass er ihr von den 30 € nur 10% zurückgeben muss, also 3 €.

LVL **1.** *Gruppenarbeit:* Hier sind drei Angaben mit Prozenten.

a) Notiert zu jedem Text den Grundwert (G), den Prozentwert (W) und den Prozentsatz (p%).

b) Untersucht alle Informationen auf Fehler. Verbessert die Angaben, wenn nötig.

LVL **2.** Überlegt zu zweit eine Rechengeschichte zu den Angaben. Deine Mitschülerinnen und Mitschüler sollen anschließend G, W und p% bestimmen.

a)	b)	c)
1 600 km	8 *l*	144 Punkte
40%	0,4 *l*	60%
640 km	5%	240 Punkte

3. Welche Größe ist der Grundwert, der Prozentwert und der Prozentsatz?

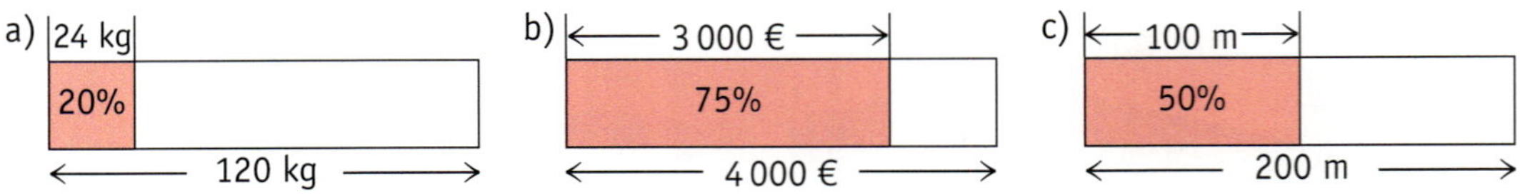

4. Schreibe erst als Bruch, dann als Dezimalbruch.

a) 8% b) 40% c) 22% d) 100% e) 5%

TIPP

Prozentsätze sind Brüche mit dem Nenner 100.

Beispiele: $1\% = \frac{1}{100} = 0{,}01$

$16\% = \frac{16}{100} = 0{,}16$

5. Schreibe den Dezimalbruch als Prozentsatz auf.

a) 0,18 b) 0,06 c) 0,57 d) 0,025 e) 0,128

6. Überlege zunächst, welcher Bruchteil in den folgenden Aussagen gemeint ist. Schreibe dann den Prozentsatz auf.

a) Jeder zweite Ballon ist rot.

b) Jeder zehnte Besucher erhält freien Eintritt.

c) Jeder vierte Lkw wies Mängel auf.

d) Jedes 20. Los ein Hauptgewinn!

LVL **7.** Besprecht diese Aussagen aus deutschen Zeitungen in der Gruppe. Findet Fehler heraus und verbessert die Angaben, wenn nötig.

a) Die Meldung „6% aller Münchner Theaterkarten sind Freikarten" stand wie folgt in der Zeitung: „Jede 6. Karte eine Freikarte."

b) In einer Internet-Werbung stand: „4 von 3 Deutschen können nicht rechnen."

c) „Fuhr vor einem Jahr noch jeder zehnte Autofahrer zu schnell, so ist es mittlerweile heute nur noch jeder fünfte. Doch auch 5% sind zu viel."

d) „Bis in die siebziger Jahre starben 20% der herzkranken Kinder in den ersten Lebensjahren. ‚Heute überleben 80%' sagt Dr. Bauer nicht ohne Stolz."

e) „Erforderlich ist eine Luftfeuchtigkeit von nie mehr als 50% und nie weniger als 55%."

LVL **8.** Kläre im Gespräch mit anderen, wie im Beispiel der Prozentsatz bestimmt wurde. Rechne dann ebenso.

a) 16 € von 200 € b) 20 kg von 400 kg

c) 45 € von 500 € d) 7 kg von 25 kg

Wie viel Prozent sind 12 kg von 200 kg?

$\frac{12}{200} = \frac{6}{100}$ p% = 6%

LVL **9.** a) Gina behauptet, dass sie mit *„Kommaverschieben"* von jeder Größe sehr schnell 1% bestimmen kann. Besprecht, wie Gina das macht. Bearbeitet eigene Beispiele und erläutert euer Vorgehen dann der Klasse.

TIPP
1% von 85 m
= 85,0 m : 100 = 0,85 m

b) Erstellt in der Gruppe ein Lernplakat mit der Überschrift: So bestimmt man 1%! Gestaltet es übersichtlich und ordentlich, präsentiert es dann.

c) Ein weiteres Lernplakat soll heißen: So bestimmt man 10%!

10. Bestimme immer ein Prozent.

a) 1% von 80 € b) 1% von 50 kg c) 1% von 210 m d) 1% von 30 €
e) 1% von 90 kg f) 1% von 530 m g) 1% von 2 € h) 1% von 6 m

11. Berechne.

a) 10% von 550 € b) 10% von 1 kg c) 10% von 0,4 *l*
d) 10% von 2,50 € e) 10% von 12,6 kg f) 10% von 210,7 *l*

TIPP
10% von 9 kg
= 9 kg : 10 = 0,9 kg

LVL **12.** Lina hat die Lernplakate aus der 7. Klasse aufgehoben. Erklärt euch gegenseitig den Inhalt.

Berechnung des **Prozentwertes W**

Wie viel Euro sind 15% von 800 €?
G = 800 €, p% = 15% = 0,15

Operatorschreibweise

$800\,€ \xrightarrow{\cdot \frac{15}{100}} ■\,€$

800 · 0,15 = 120

W = **120 €**

Dreisatz

100%	800 €
1%	8 €
15%	**120 €**

15% von 800 € sind 120 €

Berechnung des **Prozentsatzes p%**

Wie viel Prozent sind 36 kg von 400 kg?
G = 400 kg, W = 36 kg

Operatorschreibweise

$400\,\text{kg} \xrightarrow{\cdot \frac{36}{400}} 36\,\text{kg}$

$p\% = \frac{36}{400} = \frac{9}{100}$

p% = **9%**

Dreisatz

400 kg	100%
1 kg	0,25%
36 kg	**9%**

36 kg von 400 kg sind 9%

LVL **13.** *Partnerarbeit:* Einer löst die Aufgabe mit der Operatorschreibweise, der andere mit dem Dreisatz. Wechselt die Methode bei der nächsten Aufgabe. Welche Methode ist dir lieber?

a) Wie viel € sind 8% von 600 €? b) Wie viel kg sind 40% von 300 kg?
c) Wie viel € sind 50% von 80 €? d) Wie viel m sind 10% von 200 m?

14. Löse die Aufgabe mit einer Methode deiner Wahl.

a) Wie viel € sind 70% von 400 €? b) Wie viel *l* sind 3% von 150 *l*?
c) Wie viel kg sind 40% von 300 kg? d) Wie viel m sind 10% von 200 m?

15. Bestimme den Prozentsatz mit einer Methode deiner Wahl.

a) 16 € von 200 € b) 20 kg von 400 kg c) 65 m von 100 m d) 45 € von 500 €
e) 8 € von 50 € f) 35 kg von 250 kg g) 42 m von 150 m h) 56 € von 160 €

16. Stelle zwei Fragen und beantworte sie: An der Conrad-Schule sind 850 Schülerinnen und Schüler, 34 davon können nicht schwimmen, aber 17 sind schon Rettungsschwimmer.

LVL **17.** Gruppenarbeit mit 4 Schülerinnen bzw. Schülern: Auf der ersten Seite dieses Kapitels stehen Mitgliedszahlen der Sportgemeinschaft TSC. Wie viel Prozent der Ballspielgruppen-Mitglieder spielen Basketball, Fußball, Handball bzw. Tischtennis? Jeder schreibt zunächst den geschätzten Prozentsatz für jede Abteilung auf. Anschließend werden von jedem zwei Prozentsätze berechnet. Vergleicht am Ende eure Ergebnisse.

Prozentsätze über 100%

Ben hatte vor einem Jahr 12 DVDs. Jetzt ist seine Sammlung auf 200% angewachsen.

Vor einem Jahr hatte Gina 60 CDs. Jetzt hat sie die doppelte Anzahl.

Der Eintritt in den Freizeitpark kostete 7 €. Jm neuen Jahr ist er um 100% gestiegen.

LVL **1.** *Partnerarbeit:*

a) Stellt zu jeder oben stehenden Information eine Frage und findet einen Rechenweg zur Beantwortung der Frage.

b) Notiert zu jeder Aufgabe den Grundwert (G), den Prozentwert (W) und den Prozentsatz (p%).

2. a) Übertrage die Tabelle in dein Heft und ergänze sie um 5 weitere Zeilen.

b) Fertige eine weitere Tabelle, beginne bei 210%, erhöhe dann in jeder neuen Zeile den Prozentsatz um 5%. Schreibe 6 Zeilen.

c) Schreibe die Prozentsätze auf, die zum 5-fachen, 6-fachen, ..., 10-fachen einer Ausgangsgröße gehören.

$80\% = \frac{80}{100} = 0{,}8$

$90\% = \frac{90}{100} = 0{,}9$

$100\% =$

Bei Prozentsätzen über 100% ist der Prozentwert (W) größer als der Grundwert (G).

200% von G bedeutet das Doppelte von G. $200\% = \frac{200}{100} = 2$

250% von G bedeutet das Zweieinhalbfache von G. $250\% = \frac{250}{100} = 2{,}5$

3. Berechne die fehlende Größe. Notiere anschließend den Grundwert (G), den Prozentsatz (p%) und den Prozentwert (W). Erfinde eine Rechengeschichte.

a) $62\ l \xrightarrow{\cdot 2{,}5}$ ■ b) ■ $\xrightarrow{\cdot 3}$ 9,60 € c) 12 kg $\xrightarrow{\cdot ■}$ 72 kg

4. Die normale Sonnenscheindauer in Berlin/Brandenburg beträgt im Oktober ca. 105 Stunden. Im Jahr 2005 waren es jedoch 150% davon. Wie viele Stunden schien die Sonne im Oktober 2005 in Berlin/Brandenburg?

LVL **5.** Im Jahr 1999 hat die Erdbevölkerung die 6-Milliardenmarke überschritten. Das war eine Verdoppelung der Erdbevölkerung seit 1960. Hochrechnungen sagen für das Jahr 2050 ein Anwachsen auf ca. 9 Mrd. Menschen voraus. Stellt in der Gruppe drei Fragen und beantwortet sie. Veranschaulicht das Wachstum der Erdbevölkerung in einem Diagramm. Präsentiert eure Ergebnisse.

6. Die Firma Frei produziert 20 000 Brillengläser am Tag. Durch den Einsatz einer neuen Schleifmaschine kann die Produktion auf 160% gesteigert werden.

7. Bei Emmerich transportiert der Rhein im Mittel 2 270 m^3 Wasser in einer Sekunde. Beim Hochwasser im Jahr 1995 stieg die Menge auf das 5-fache.

a) Auf wie viel Prozent stieg die Wassermenge?

b) Um wie viel Prozent stieg die Menge?

c) Wie viele Kubikmeter Wasser transportierte der Rhein pro Sekunde bei dem Hochwasser?

8. Der mittlere Pegelstand des Rheins beträgt 288 cm. Beim letzten Hochwasser war der Pegelstand auf ca. 342% angestiegen. Wie hoch stand das Wasser?

Berechnung des Prozentwertes W

Lutz

8% von 700 €

$700\ € \xrightarrow{\cdot \frac{8}{100}} \blacksquare\ €$

$700\ € \xrightarrow{:100} \blacksquare \xrightarrow{\cdot 8} \blacksquare$

Leo

8% von 700 €

100%	700 €
1%	
8%	

Lisa

8% von 700 €

8% = 0,08

700 · 0,08 =

1. Lutz, Leo und Lisa berechnen den Prozentwert W auf unterschiedliche Weise. Beende die Rechnungen von Lutz, Leo und Lisa. Besprich mit anderen in deiner Klasse, welchen Vorteil Lisas Rechnung hat. (LVL)

2. Berechne den Prozentwert W wie Lisa.

a) 9% von 500 € b) 14% von 800 kg c) 21% von 2 000 *l* d) 11% von 600 €

3. (LVL) a) Kläre im Gespräch mit anderen, wie die Schülerin in der nebenstehenden Abbildung vorgegangen ist.

b) Erfindet ähnliche Aufgaben und löst sie. Kontrolliert gegenseitig eure Lösungen. Achtet auf sinnvolles Runden.

4. Berechne den Prozentwert (W). Runde das Ergebnis.

a) 15% von 326,75 € b) 26% von 3 274,25 €

c) 98% von 628,45 € d) 4% von 12,55 €

5. Berechne den Prozentwert.

a) G = 216 kg, p% = 6%
b) G = 87 m, p% = 10%
c) G = 125 *l*, p% = 35%
d) G = 541 €, p% = 55%
e) G = 18,6 kg, p% = 4,5%
f) G = 204,8 cm, p% = 10,5%
g) G = 0,4 *l*, p% = 55%
h) G = 2,16 €, p% = 0,8%
i) G = 2,5 kg, p% = 0,35%

6. Dem nebenstehenden Kreisdiagramm kannst du die prozentuale Verteilung von **W**asser, **F**ett und **E**iweiß in Schmelzkäse entnehmen. Der **R**est sind Kohlenhydrate und Salze. Wie viel Gramm Wasser, Fett, Eiweiß, sowie Kohlenhydrate und Salze enthält ein 450 g schweres Stück Käse?

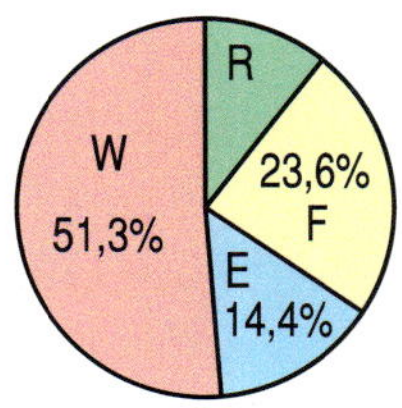

7. Im Juni 2006 wurden 31 337 Personen über 14 Jahren nach ihren Freizeitaktivitäten befragt.

a) Wie viele Personen nannten jeweils die angegebene Freizeitaktivität?

b) (LVL) Erfragt in eurer Klasse die beliebtesten Freizeitaktivitäten und erstellt dafür ein Säulendiagramm. (Mehrfachnennungen sind möglich.)

Die beliebtesten Freizeitaktivitäten

1. Musik hören	90,8 %
2. Fernsehen	86,5 %
3. Essen gehen	75,7 %
4. Zeitung lesen	72,7 %
5. Parties, Freunde	70,0 %
6. Zeitschriften lesen	68,4 %
7. Auto fahren	56,1 %
8. Rad fahren	55,3 %

8. Berechne den Prozentwert.

	a)	b)	c)	d)	e)	f)
Grundwert	360 m	2 460 €	84,50 €	2 700 *l*	4,5 kg	840 m^2
Prozentsatz	12,5%	16%	3%	11,5%	24%	36,4%

Berechnung des Prozentsatzes p%

LVL **1.** Kevin, Pelin und Max berechnen den Prozentsatz p% auf unterschiedliche Weise. Beende die Rechnungen von Kevin, Pelin und Max. Besprich mit anderen in deiner Klasse, welche Vor- und Nachteile die Methoden haben.

2. Berechne den Prozentsatz wie Max.
a) 45 € von 500 € b) 112 kg von 800 kg c) 420 *l* von 2 000 *l* d) 66 € von 600 €

3. Schreibe den Dezimalbruch als Prozentsatz, bzw. den Prozentsatz als Dezimalbruch.
a) 0,27 b) 8% c) 0,06 d) 150% e) 0,045 f) 0,3% g) 2,6 h) 12,4%

4. Berechne den Prozentsatz jeweils mit einer anderen Methode. Runde das Ergebnis, wenn notwendig, auf eine Stelle nach dem Komma. Welche Methode ist dir am liebsten?
a) 33 € von 300 € b) 15 € von 28 € c) 13,50 € von 90 €
d) 85 kg von 270 kg e) 78 kg von 112 kg f) 0,25 kg von 4,7 kg
g) 236 € von 1 500 € h) 169,20 € von 235 € i) 250 € von 120 €

LVL **5.** Kläre im Gespräch mit Mitschülerinnen und Mitschülern, wie die beiden in der nebenstehenden Abbildung vorgegangen sind.

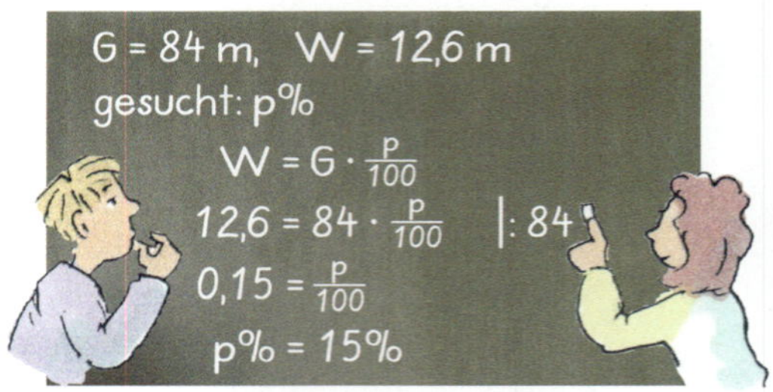

6.
a) G = 350 €, W = 42 €
b) G = 28 g, W = 12,6 g
c) G = 220 kg, W = 36,3 kg
d) G = 150 m, W = 36 m
e) G = 135 €, W = 150 €
f) G = 75 kg, W = 12 kg

7. Wie viel Prozent der Vereinsmitglieder sind Frauen, Männer bzw. Kinder? Runde den Prozentsatz auf eine Stelle nach dem Komma.

Aktive Vereinsmitglieder
Frauen: 86
Männer: 102
Kinder: 52

8. In einer Klasse mit 28 Jugendlichen spielen 6 Fußball, 4 reiten und einer spielt Handball. Berechne den Prozentsatz für jede Sportart.

LVL **9.** Die Festplatte von Lindas Computer hat eine Speicherkapazität von 50 GB (Gigabyte). Durch Programme und Dateien sind 36,5 GB belegt. Zum Geburtstag bekommt sie einen neuen Computer, dessen Festplatte 300 GB speichern kann. Linda wird alle Programme und Dateien von der alten auf die neue Festplatte übernehmen. Stelle vier Fragen, beantworte sie in Zusammenarbeit mit Mitschülerinnen und Mitschülern und dokumentiere die gemeinsame Vorgehensweise.

Berechnung des Grundwertes G

LVL **1.** Fatma, Gina und Arshak berechnen den Grundwert G auf unterschiedliche Weise. Beende die Rechnungen von Fatma, Gina und Arshak. Besprich mit anderen in deiner Klasse, welche Vor- und Nachteile die Methoden haben.

2. Berechne den Grundwert wie Arshak.

a) 35% sind 210 € b) 9% sind 56,25 kg c) 270% sind 64,8 kg d) 120% sind 4,80 €

3. Berechne den Grundwert. Runde das Ergebnis auf Cent.

a) 17% von ▒ € = 84,20 € b) 63% von ▒ € = 29 € c) 3% von ▒ € = 5 €
d) 6% von ▒ € = 19,54 € e) 15% von ▒ € = 7 € f) 170% von ▒ € = 6 €

LVL **4.** Schreibe die Aufgabe in dein Heft. Kläre im Gespräch mit anderen, wie der Schüler in der nebenstehenden Abbildung vorgegangen ist.

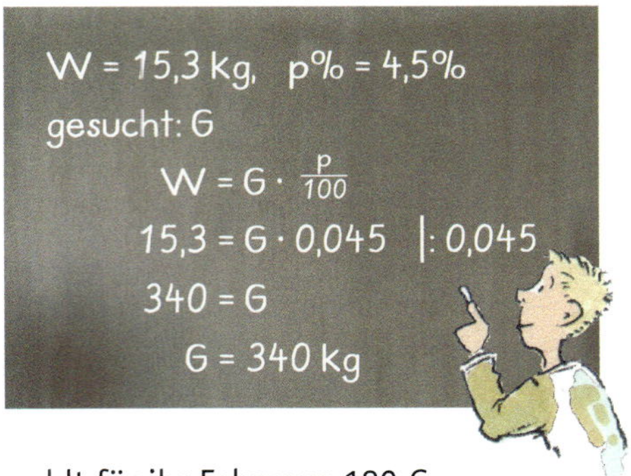

5. Berechne den Grundwert.

a) W = 212 kg, p% = 11% b) W = 52 t, p% = 6% c) W = 654 g, p% = 35%
d) W = 352,25 €, p% = 16% e) W = 7,8 km, p% = 21% f) W = 2,5 *l*, p% = 0,5%

6. Frau Waldmann fährt schon einige Jahre ohne Unfall. Sie zahlt für ihr Fahrzeug 189 € an die Haftpflichtversicherung, das entspricht 45% der Grundprämie.

LVL **7.** Preisagenturen verkaufen häufig Autos unter Listenpreis. Die Listenpreise gelten bundesweit. Martin beschwert sich: „Wer kann denn da nicht rechnen? Drei Schilder und nur eines ist richtig."

①	②	③
Großraum München 11 985 € (15% unter Listenpreis) **Großraum Berlin** 12 267 € (13% unter Listenpreis)	**Großraum München** 9 036 € (14,5% unter Listenpreis) **Großraum Berlin** 9 222 € (13% unter Listenpreis)	**Großraum München** 10 332 € (16% unter Listenpreis) **Großraum Berlin** 10 599 € (14% unter Listenpreis)

Vermischte Aufgaben

1. Schreibe den Prozentsatz als Dezimalbruch oder als natürliche Zahl.
a) 80% b) 120% c) 100% d) 45% e) 300% f) 7% g) 235%

2. Was ist gleich? Schreibe z. B. „das Doppelte = 200%".

die Hälfte · das Dreifache · ein Hundertstel · ein Zehntel · das Eineinhalbfache · der fünfte Teil · drei Viertel

75% · 150% · 300% · 10% · 1% · 50% · 20%

3. Berechne.
a) 3% von 800 m b) 17% von 4 000 € c) 25% von 480 kg d) 150% von 60 *l*

LVL **4.** Mydia liest gerne Krimis; heute abend den 270 Seiten dicken Roman „Ganovenblues". Als sie das Buch zuschlägt, sagt sie: „Jetzt habe ich 66,7% geschafft." Überlege mit anderen: Bis zu welcher Seite ist sie heute abend gekommen, und wie hat sie den Prozentsatz ohne Taschenrechner herausbekommen?

LVL **5.** Bestimme von jeder Stadt den Anteil weiblicher Einwohner in Prozent. Bei zwei Städten liegen Druckfehler vor.

Stadt	St. Aken	Bildau	Creve	Dollheim	Estin	Finwald	Gosen	Horsau
Einwohner	22 400	85 300	121 400	56 800	94 700	240 300	71 600	189 500
weiblich	11 650	40 940	92 260	30 100	43 560	132 160	15 750	94 750

LVL **6.** Das abgebildete Aquarium fasst 630 *l*, wenn es bis an den Rand gefüllt ist. Im Augenblick wird es gereinigt; die Fische drängeln sich auf 20 cm Wasserhöhe. Überlege zusammen mit Mitschülerinnen und Mitschülern drei Fragen und berechne mit ihnen gemeinsam die Antworten. Dokumentiere anschließend den Rechenweg.

7. Übertrage die Tabelle ins Heft und vervollständige sie.

Grundwert G	2 470	750		32 500		5 340
Prozentsatz p%	15%		7%		75%	55%
Prozentwert W		360	2 205	11 375	210	

8. Von welcher Länge sind 3%
a) 15 m, b) 222 m, c) 96 m, d) 24 km, e) 258 km, f) 4122 km?

9. Elektromeister Karsten Dähne hütet seinen Nettoverdienst wie ein Geheimnis. Wir wissen aber, dass er 588 € für die Wohnungsmiete bezahlt. Außerdem hat er einmal unbedacht gesagt, dass 24% seines Nettoeinkommens für die Miete „draufgeht". Erkläre Mitschülerinnen und Mitschülern, wie du Herrn Dähnes Nettoverdienst herausfindest.

Bleib FIT!

Die Ergebnisse der Aufgaben ergeben vier Städte aus vier Ländern in den Alpen.

1. Runde auf die angegebene Einheit.
a) 41 357 auf Hunderter
b) 67,415 auf Zehntel
c) 308,19 auf Zehner
d) 4 498 auf Tausender

2. Bestimme die fehlenden Koordinaten.

P(3|■)
Q(■|■)
R(■|1)
S(■|−1)
T(■|■)

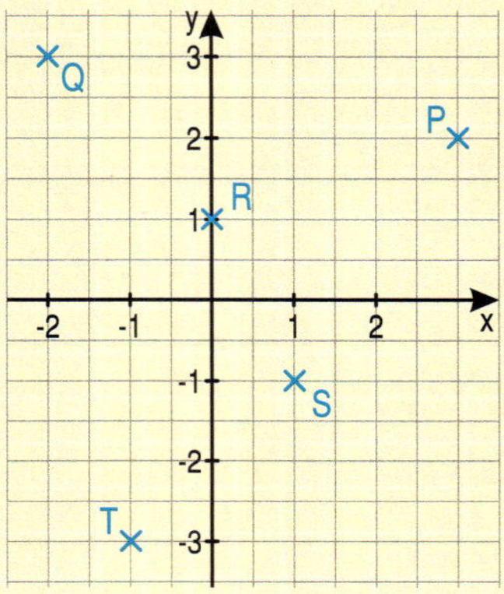

3.
a) 4 000 ml = ■ l b) 5,8 hl = ■ l
c) 3,21 m^3 = ■ l d) 900 l = ■ m^3
e) 4 850 l = ■ hl f) 0,29 l = ■ ml

4. Berechne den Mittelwert.

a)	8,34 m	9,16 m	6,27 m	11,43 m	■ m
b)	4,6 kg	900 g	1,64 kg	2 kg 500 g	■ kg
c)	11,60 €	14,40 €	8,66 €	15,74 €	■ €

5. Berechne den Umfang der Fläche.

a)
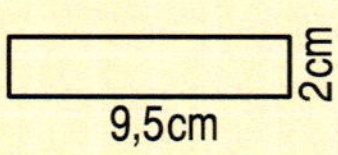

u = ■ cm

b)
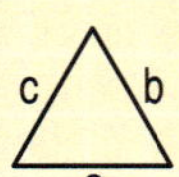

u = ■ cm

c)
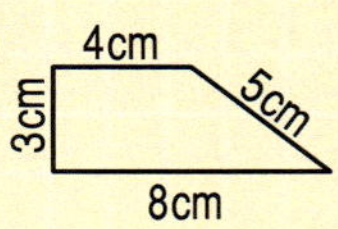

u = ■ cm

d)
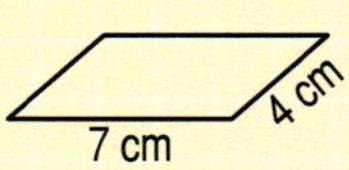

u = ■ cm

e)
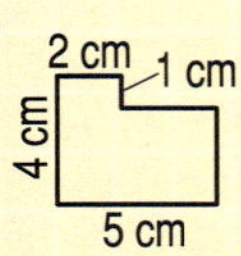

u = ■ cm

f)
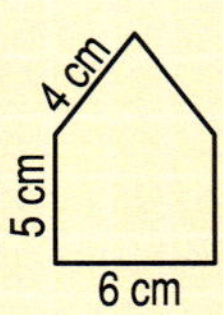

u = ■ cm

−3 U
−2 N
−1 H
0 X
0,9 N
1 C
2 O
2,41 U
3 I
4 R
8,8 R
12,6 C
18 A
20 E
21 M
22 R
23 K
24 N
48,5 S
67,4 H
70 R
89,2 Z
144 D
156 R
180 F
290 B
298 W
310 A
580 I
3 210 N
3 844 T
4 000 M
41 300 T
41 400 C

Vermehrter und verminderter Grundwert

LVL **1.** *Partnerarbeit:* Die bisherige Ladenmiete von 400 € wird zum neuen Jahr um 25% erhöht. Wie hoch ist die neue Miete?

a) Berechnet die neue Miete und stellt euren Lösungsweg der Klasse vor.

b) Julian meint: „Die neue Miete ist 125% der alten Miete. Damit kann ich in einem Schritt die neue Miete berechnen." Besprecht Julians Methode und rechnet damit.

	Erhöhung
Grundwert 100%	25%
vermehrter Grundwert: 125%	

LVL **2.** Eine Pizza kostete bisher 6 €. Ihr Preis wird um 10% erhöht. Was kostet sie jetzt? Laura hat nebenstehende Rechnung aufgeschrieben. Besprecht ihren Rechenweg und schreibt eine Antwort auf.

Prozentfaktor:
100% + 10% = 110% = 1,1
neuer Preis: 6 € · 1,1 = 6,60 €

Den vermehrten Grundwert kann man auf zwei Weisen berechnen:

1. Man bestimmt den Prozentwert und addiert ihn zum Grundwert.

2. Man bestimmt den **Prozentfaktor** (100% + p%) und multipliziert damit den Grundwert.

3. Um wie viel Euro erhöht sich der alte Preis? Berechne den neuen Preis. Überlege, wie du vorgehst.

a) Alter Preis: 370 €
Preiserhöhung: 6%

b) Alter Preis: 1 290 €
Preiserhöhung: 14%

c) Alter Preis: 56 €
Preiserhöhung: 8%

4. Der SC Kleiningen hat im vorigen Jahr mit 6 Aktiven eine Judogruppe aufgemacht. In diesem Jahr erhöhte sich die Zahl der Aktiven um 150%.

a) Wie viele Aktive hat nun die Judogruppe?

b) Der Vorstand rechnet im nächsten Jahr mit einem Zuwachs an Aktiven um 80%. Stelle eine Frage und rechne dann.

LVL **5.** Erfindet in Partnerarbeit zu einem Paar (Erhöhung und alter Preis) eine Rechengeschichte. Löst sie danach. Präsentiert die Rechengeschichte der Klasse. Stellt dabei auch das Ergebnis und den Lösungsweg anschaulich dar.

Erhöhung	Alte Preise
6%	750 €
4%	4,30 €
3,5%	6 500 €
	0,55 €

6. Ein Pkw verbraucht 8,4 *l* auf 100 km. Mit dem Dachträger steigt der Verbrauch um 12%. Stelle zwei Fragen und rechne dann.

LVL **7.** *Partnerarbeit:* Ein Preis von 200 € wird um 10% erhöht. Mit welcher Tippfolge erhaltet ihr mit euren Taschenrechnern die richtige Lösung? Welchen Rechenweg findest du am besten?

(1) 200 [+] 10 [%] [=]
(2) 200 [×] 110 [%] [=]
(3) 200 [×] 1,1 [=]

8. Auf den Warenpreis werden noch 19% Mehrwertsteuer aufgeschlagen. Berechne den Endpreis mit einer Methode deiner Wahl.

a) 126,20 € b) 14,10 € c) 256,44 € d) 1 028,78 € e) 3 256,90 € f) 37,40 €

9. Bei einer Internetversteigerung für einen guten Zweck werden Waren für 100 € angeboten. Der Preis erhöht sich allerdings jeden Tag um 2%. Am wievielten Tag kostet die Ware das erste Mal mehr als 110 €?

LVL **10.** Entwickelt in der Gruppe ein Lernplakat, wie man bei einer Preissenkung den verminderten Grundwert auf zwei Weisen berechnen kann. Erklärt am Beispiel des Mantels die beiden Rechenwege. Präsentiert das Ergebnis euren Mitschülerinnen und Mitschülern.

11. Ein Computer kostet 999 €. Der Preis wird um 25% gesenkt. Stelle zwei Fragen und berechne sie.

12. Um wie viel Euro vermindert sich der alte Preis? Berechne auch den neuen Preis.

a) Alter Preis: 235 €
Preissenkung: 4%

b) Alter Preis: 4 800 €
Preissenkung: 9%

c) Alter Preis: 122,45 €
Preissenkung: 6%

LVL **13.** Erfindet in Partnerarbeit zu je einem Paar (Minderung/alter Preis) zwei Rechengeschichten. Löst sie danach. Stellt eine Rechengeschichte euren Mitschülerinnen und Mitschülern vor und erklärt ihnen den Lösungsweg.

Minderung	Alte Preise
5%, 3%, 12%	460 €, 12,50 €, 2 100 €, 1,50 €

LVL **14.** Im Sportgeschäft „Allround" kostet der Superski KR-23 XL 380 €. Zu Beginn der Skisaison wird der Preis um 15% erhöht. Am Ende der Saison wird der neue Preis wieder um 15% gesenkt. Kira meint, dass sie nicht rechnen müsse, denn dann kostet der Ski wieder 380 €. Hat Kira recht? Diskutiere mit anderen und überprüfe Kiras Meinung durch Rechnung.

15. Berechne den neuen Preis mit dem Prozentfaktor.

a) Alter Preis: 380 €
Preissenkung: 6%

b) Alter Preis: 1100 €
Preissenkung: 10%

c) Alter Preis: 426 €
Preissenkung: 12%

d) Alter Preis: 12,80 €
Preissenkung: 4,2%

e) Alter Preis: 23,50 €
Preissenkung: 6%

f) Alter Preis: 6,20 €
Preissenkung: 30%

LVL **16.** Mike raucht immer noch. Jeden Tag sind es 24 Zigaretten. Dafür muss er täglich 5,50 € aufbringen. Da sich der Zigarettenpreis um 25% erhöhen soll, beschließt Mike, das Rauchen um 25% zu reduzieren, dann bezahlt er genau so viel wie vorher. Hat Mike recht? Diskutiere das Problem in der Gruppe. Erarbeitet auf einem DIN-A3-Blatt einen nachvollziehbaren Rechenansatz und präsentiert ihn in der Klasse.

17. Ein Preis wird um den vorgegebenen Bruchteil reduziert. Gib den passenden Prozentsatz an.

a) $\frac{1}{4}$ b) $\frac{1}{2}$ c) $\frac{1}{5}$ d) $\frac{3}{10}$ e) $\frac{3}{4}$ f) $\frac{3}{5}$ g) $\frac{3}{8}$

18. Berchne den neuen Preis. Wie gehst du vor?

a) Ein Schrank kostet 1 200 €. Frau Ehlert findet den gleichen Schrank auf dem Schnäppchenmarkt um $\frac{1}{4}$ billiger.

b) Der Eintrittspreis für eine Ausstellung betrug bisher 8 €. Der Preis wird um $\frac{1}{5}$ erhöht.

Vermischte Aufgaben

1. Berechne den Betrag der Preiserhöhung und den neuen Preis.

	a)	b)	c)	d)	e)	f)	g)
alter Preis	200 €	64 €	216 €	57 €	78 €	640 €	45 €
Erhöhung	5%	12%	4%	16%	43%	18%	45%

2. Zum angegebenen Preis werden 19% Mehrwertsteuer hinzugerechnet. Berechne den Endpreis.

a) 5,25 € b) 255,04 € c) 4 560,10 € d) 26,74 € e) 480,06 €
f) 14,74 € g) 86,30 € h) 270,45 € i) 1,12 € j) 4 246,50 €

LVL **3.** Lars hat zum vermehrten bzw. verminderten Grundwert sechs Hausaufgaben zu lösen. Er soll den alten Preis, den neuen Preis, den Prozentsatz der Erhöhung oder Minderung in einer Tabelle notieren. Außerdem muss er noch entscheiden, ob es sich um eine Preiserhöhung oder einen Preisnachlass handelt. Besprich die Aufgaben mit deiner Nachbarin, deinem Nachbarn und führt dann die Aufgabe für Lars aus.

① $49{,}95\,€ \cdot 0{,}6 =$

② $20{,}50\,€ \cdot 1{,}2 =$

③ $420\,€ - 4{,}2\,€ \cdot 4 =$

④ $\boxed{\text{alter Preis}} \cdot 1{,}05 = 210\,€$

⑤ $\frac{140\,€ \cdot 5}{100} + 140\,€ =$

⑥ $60\,€ - 6{,}00\,€ =$

4. Berechne den Betrag der Preisminderung und den neuen Preis.

	a)	b)	c)	d)	e)	f)
alter Preis	49,95 €	175 €	112,90 €	155,99 €	29,75 €	12,95 €
Minderung	40%	25%	5%	20%	14%	6%

5. Ein Paar Schuhe kostet 50 €. Der Preis wird um 10% erhöht. Zum Schlussverkauf wird der neue Preis um 10% gesenkt.

a) Wie viel Euro kosten die Schuhe nach der Preiserhöhung?

b) Wie teuer sind die Schuhe im Schlussverkauf?

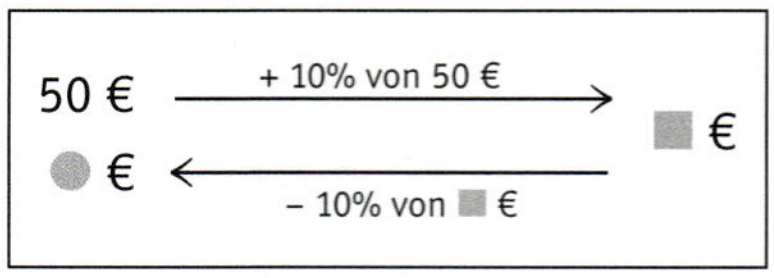

6. Bestimme den Prozentfaktor.

a) Erhöhung um 7% b) Minderung um 9% c) Erhöhung um 15% d) Minderung um 30%

7. Berechne mit dem Prozentfaktor den neuen Preis.

a) 2 560 €, Erhöhung um 12% b) 875 €, Minderung um 5% c) 412 €, Erhöhung um 20%
d) 750 €, Erhöhung um 25 % e) 4 870 €, Minderung um 15 % f) 21 000 €, Minderung um 18 %

8. Berechne den Preis vor der Erhöhung.

	a)	b)	c)	d)
neuer Preis	90,20 €	17,55 €	131,67 €	6,24 €
Erhöhung	10%	8%	4,5%	140%

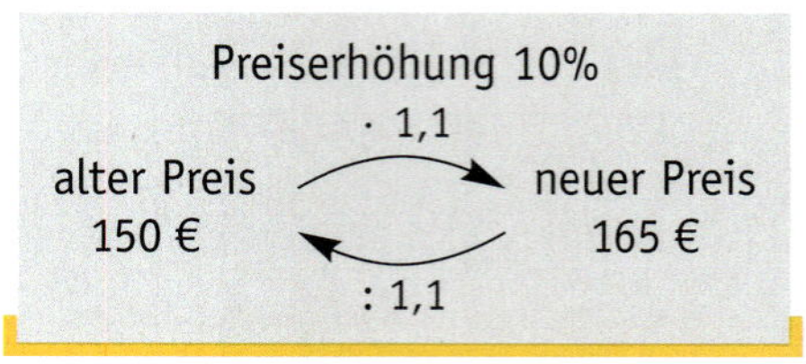

9. Wie teuer war die Ware vorher?

a) Mantel: neuer Preis 200 €; Rabatt 20% b) Waschmaschine: neuer Preis 382 €; Preissenkung 15%

LVL **10.** Der Lohn von Alex ist um 100% gestiegen, der von Birgit um 50% gefallen. Jetzt verdienen sie gleich viel. Stelle eine Frage und beantworte sie in Zusammenarbeit mit anderen.

Grafische Darstellung

1. Zeichne 5 Kreise mit 3 cm Radius und färbe jeweils den genannten Anteil (1% $\triangleq$ 3,6°).
1. Kreis 10%   2. Kreis 25%   3. Kreis 50%   4. Kreis 75%   5. Kreis 80%

2. Abgebildet sind Essgewohnheiten. Pause das Kreisdiagramm ab und prüfe, ob die Person sich an die Empfehlungen von Dr. Kühn-Schmidt hält.

a) Frau Wienand, Hochschullehrerin

b) Frau Bergener, Bankangestellte und Marathonläuferin

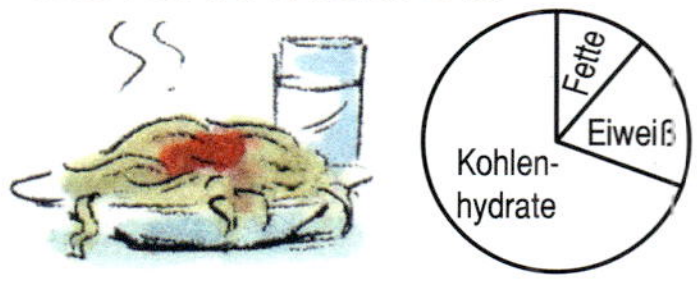

c) Herr Winkelmann, Sekretär

d) Herr Hauptmann, Unternehmer

Ärztlicher Rat

Frau Dr. Kühn-Schmidt ist Chefärztin am städt. Krankenhaus. Sie rät: Nährstoffanteile in der Ernährung sollen ausgewogen sein. Die tägliche Kost sollte enthalten

Kohlenhydrate	50% – 60%
Eiweiße	12% – 15%
Fette	25% – 35%

Das gilt für eine Person mit leichter körperlicher Tätigkeit.

Ausdauersportler sollten mehr Kohlenhydrate und Eiweiß zu sich nehmen.

3. So ist in der Klasse 8b (30 Schülerinnen und Schüler) die Klassensprecherwahl ausgegangen (1 mm für 1%).

a) Wie viel Prozent der Stimmen haben die vier Kandidatinnen und Kandidaten jeweils bekommen?

b) Berechne die Stimmen, die die vier Kandidatinnen und Kandidaten jeweils bekommen haben.

c) Zeichne ein Kreisdiagramm zur Stimmverteilung.

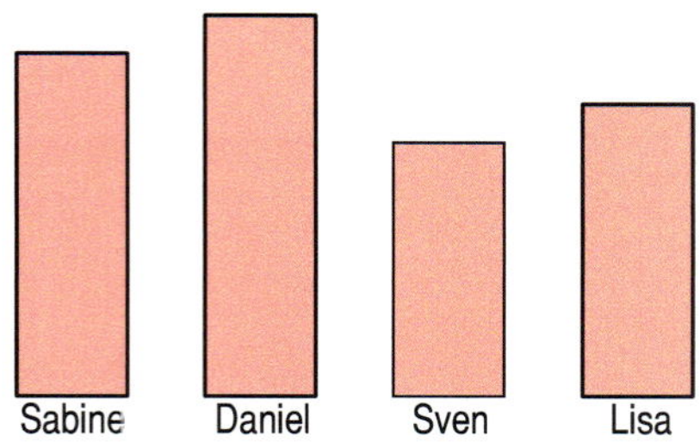

4. Wasser sparen ist möglich.

a) Wie viel Liter Wasser werden durchschnittlich bei B benötigt?

b) Um wie viel Prozent verringert sich der durchschnittliche Wasserbedarf bei C gegenüber A?

c) Berechne die jährliche Ersparnis von C gegenüber A bei einem Wasserpreis von 1,71 €/m³ und 2,03 €/m³ Abwassergebühr.

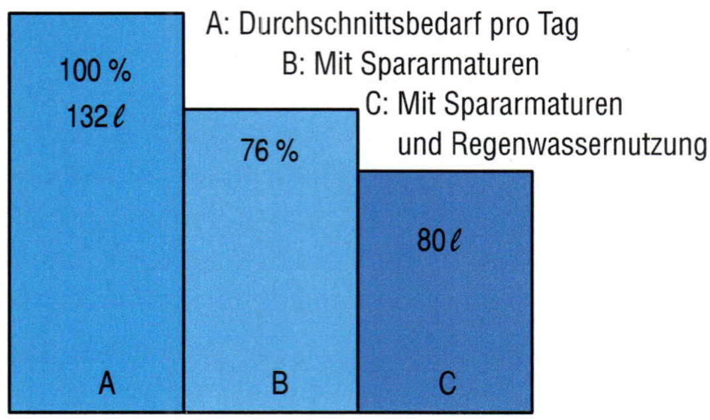

5. Der Grafik kannst du entnehmen, wozu die durchschnittliche Verbrauchsmenge von 132 *l* Wasser pro Tag und Einwohner genutzt wird.

a) Stimmt das: Nur ca. 2% der Tagesmenge werden zum Kochen und Trinken verwendet?

b) Wie viel Liter Wasser werden täglich nur zum Entfernen von „Schmutz" verwendet? Wie viel Prozent sind das von der Tagesmenge?

c) Berechne die Prozentanteile für alle Angaben und stelle den Sachverhalt in einem Kreisdiagramm dar.

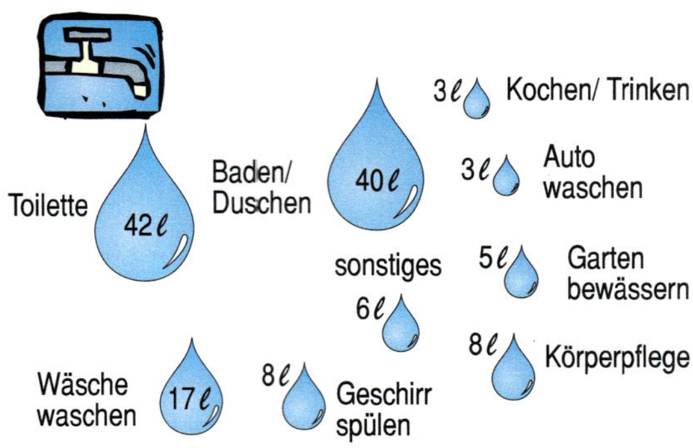

LVL

Grafische Darstellung mit Tabellenkalkulation

1. Die Klasse 8a hat an der Frankfurter Straße (4-spurig, Radweg) 30 Minuten lang den Verkehr gezählt. Das Ergebnis steht im Kasten rechts.
Die Daten werden im Computerraum mit einem Tabellenkalkulationsprogramm erfasst und grafisch dargestellt.
Versuche mit anderen, dem Weg von ① bis ⑫ zu folgen und die Grafik in der Mitte zu erzeugen.

Pkw	344
Lkw	108
Busse	19
Krafträder	57
Fahrräder	86

① Tabellenkalkulationsprogramm aufrufen

② In A1 „Fahrzeuge" schreiben, in B1 „Anzahl", in C1 „Prozent"

③ In A2 – A7 jeweils „Pkw", „Lkw", „Busse", „Krafträder", „Fahrräder" und „gesamt" schreiben

④ in B2 – B6 jeweils die Zahlen „344", „108", „19", „57", „86" schreiben.

⑤ B7 anklicken, das Zeichen „Σ" (Summe) auf der oberen Leiste anklicken, mit dem grünen Haken „✓" bestätigen

⑥ C2 anklicken, „=" schreiben, B2 anklicken, „/" auf der Tastatur drücken, B7 anklicken, bestätigen (✓)

⑦ In Prozent umrechnen: Format | Zellen | Zahlen | Prozent } anklicken; Dezimalstellen : 1; O.K.

⑧ B7 festhalten: 2faches „Dollar"-Zeichen in der Leiste oben vor B und 7 B7, bestätigen („✓")

⑨ Kopieren: Bearbeiten | Kopieren anklicken, C2 [56,0%] an dieser Stelle bis C7 nach unten ziehen

⑩ A1 – A6 und C1 – C6 markieren, [Strg] (Taste links unten) gedrückt halten.

⑪ Feld auf der Leiste oben anklicken: Diagrammtyp und -untertyp wählen, über „weiter" Diagrammtitel eintragen

⑫ [Fertig stellen] anklicken, Bild vergrößern, Beschriftung nach doppeltem Anklicken verändern

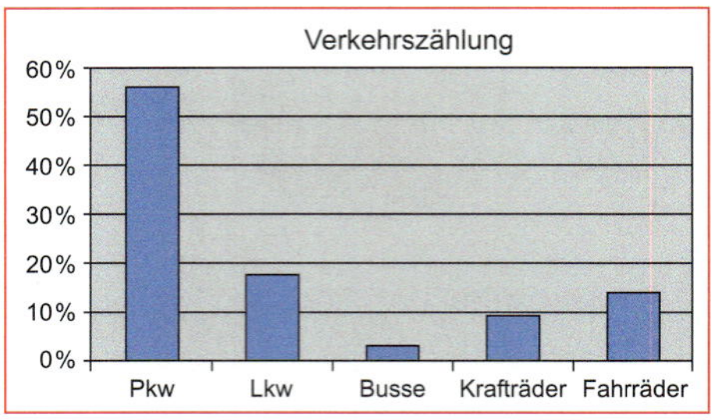

2. An einer Hauptschule ergibt sich unter den Schülerinnen und Schülern folgende Altersverteilung:
284 Schülerinnen und Schüler sind Kinder (unter 14 Jahren),
102 Schülerinnen und Schüler sind Jugendliche unter 16 Jahren,
80 Schülerinnen und Schüler sind Jugendliche über 16 Jahren,
34 Schülerinnen und Schüler sind Erwachsene (über 18 Jahre).
Stelle den Sachverhalt dar in einem a) Balkendiagramm; b) Streifendiagramm; c) Kreisdiagramm.

3. Im Jahresmittel stehen Deutschland durch Niederschlag und Wasserzufluss ca. 164 Mrd. m^3 Wasser zur Verfügung. Aus der Tabelle kannst du die Anteile entnehmen, die dem Wasserkreislauf entnommen und dann wieder zugeführt werden.

a) Wie viel Prozent der verfügbaren Wassermenge werden insgesamt genutzt?

b) Bestimme den prozentualen Anteil, den die angegebenen Wassernutzer an der verfügbaren Wassermenge haben und stelle den Sachverhalt in einem Kreisdiagramm dar.

Wassernutzer	
Wärmekraftwerke:	28,8 Mrd. m^3
Bergbau und verarbeitendes Gewerbe:	11,1 Mrd. m^3
Öffentliche Wasserversorgung:	5,8 Mrd. m^3
Landwirtschaft:	1,7 Mrd. m^3

LVL

An der Lessing-Hauptschule

Das ist die Lessing-Hauptschule.
Vor dem Eingang steht der Hausmeister Martin Schmidt, und außerdem ist die Schulsekretärin Martina Schwabbauer zu sehen. Sie sind neben den Lehrkräften die einzigen Beschäftigten der Schule.

1. Von den in der Schule tätigen Personen sind 92,4% Schülerinnen und Schüler sowie 7,2% Lehrkräfte einschließlich der Schulleitung.
Wie viele Schülerinnen und Schüler und wie viele Lehrkräfte gibt es an der Lessing-Hauptschule?

2. Im nächsten Jahr werden an der Lessing-Hauptschule zwölf Schülerinnen und Schüler mehr und zwei Lehrkräfte weniger sein.

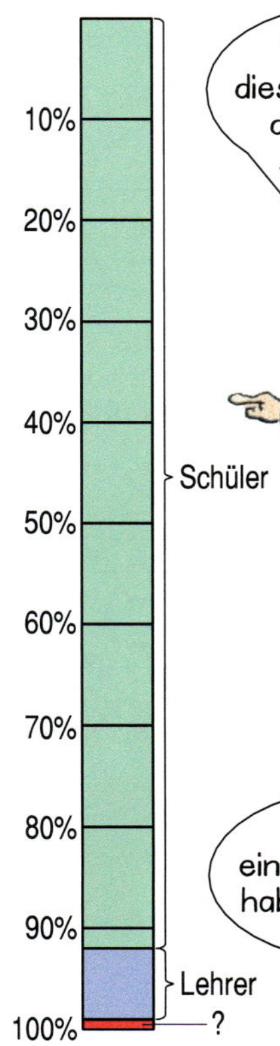

3. Vergleiche das Zahlenverhältnis „Lehrkräfte zu Schülern" an der Lessing-Hauptschule in diesem und im nächsten Jahr mit dem entsprechenden Verhältnis an deiner Schule.

4. In diesem Schuljahr werden an der Lessing-Hauptschule für den 8. Jahrgang neue Mathematikbücher zum Preis von 16,90 € pro Stück benötigt.
Du wirst gebeten, eine Kalkulation über die ungefähren Kosten zu erstellen. Berücksichtige dabei einen Preisnachlass von 4% bei Barzahlung.

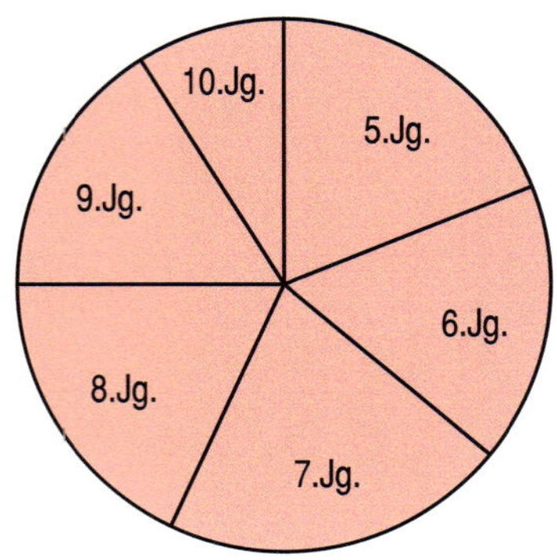

Verteilung auf die Jahrgänge

LVL

Sabrinas und Sebastians Träume und Albträume

1.	Welchen Betrag muss Sabrina an Zinsen auszahlen, wenn sie die Spargelder einen Monat lang in der angegebenen Höhe verwaltet?

2.	Welchen Betrag nimmt Sebastian an Zinsen ein, wenn die von ihm verwalteten Leihgelder einen Monat lang verliehen sind?

3.	Wie viel Geld verdienen Sabrina und Sebastian mit ihrer kleinen „Bank“ in einem Jahr, wenn das Geschäft so läuft wie oben dargestellt?

4.	Was kann man Sabrina und Sebastian in den geträumten Extremfällen raten?

Zinsrechnung

LVL **1.** *Gruppenarbeit* mit Linas Text zur Zinsrechnung:

a) Lest euch den Text genau durch. Erklärt euch Fragen gegenseitig und besprecht das Beispiel.

b) Schreibt eine Formel zur Berechnung der Zinsen für ein Jahr mit den neuen Abkürzungen K, Z und p% auf.

Die Zinsrechnung

Zinsrechnung ist angewandte Prozentrechnung. Gespartes oder geliehenes Geld heißt **Kapital**.

Für das Kapital zahlt oder bekommmt die Bank **Zinsen**.
Der **Zinssatz** gibt an, wie viel Prozent des Kapitals man in einem Jahr (Jahreszinsen) erhält oder zahlt.

Bei der Zinsrechnung entspricht das **Kapital K** dem Grundwert G, der **Zinssatz p%** dem Prozentsatz p% und die **Zinsen Z** dem Prozentwert W.

Beispiel: Wie viel Zinsen bringt ein Kapital von 500 €, wenn es bei einem Zinssatz von 2% ein Jahr lang verzinst wird?

Antwort: 500 € Kapital ergeben bei 2% Zinssatz jährlich 10 € Zinsen.

2. Pascal hat 440 € auf seinem Sparkonto. Die Bank zahlt 1,8% Zinsen. Wie viel Zinsen erhält er nach einem Jahr?

3. Herr Fels leiht 5 000 € bei der Bank zu einem Zinssatz von 11%. Wie hoch sind die Zinsen für ein Jahr?

4. Herr Marx leiht 3 000 € bei der Bank zu einem Zinssatz von 11% pro Jahr. Auf dem Sparbuch bekommt er 2% Zinsen für ein Jahr. Stelle Fragen dazu und antworte.

5. Der Zinssatz für Spareinlagen beträgt 2%, für Kredite beträgt der Zinssatz 9%.

a) Lina hat 300 € gespart. Wie viel Zinsen erhält Lina für ihren Sparbetrag nach einem Jahr?

b) Lars leiht sich bei der Bank 300 €. Wie viel Zinsen bezahlt er nach einem Jahr?

LVL c) Überlege mit anderen, unter welchen Bedingungen Lina doppelt so viel Zinsen bekäme.

6. Stelle zu jedem Bild eine Frage, dann rechne.

LVL **7.** Sparst du dein Geld auf einer Bank, bekommst du dafür Zinsen von der Bank. Überlegt gemeinsam, weshalb der Zinssatz für Spareinlagen geringer ist als für Kredite. Berechnet, welche Ausgaben bzw. Einnahmen die Spar- und Kreditkasse hat. Präsentiert eure Überlegungen und Berechnungen den anderen Mitschülerinnen und Mitschülern.

Spar- und Kreditkasse	
Spareinlagen gesamt:	70 000 000 €
Zinssatz:	3%
Kredite gesamt:	60 000 000 €
Zinssatz:	11%

8. Im Wirtschaftsteil vieler Zeitungen kannst du dir einen Überblick über aktuelle Zinsen für Kredite verschaffen. Wie viel Euro Zinsen müsste man mindestens, wie viel höchstens an Zinsen in einem Jahr bezahlen? Wie viel Zinsen insgesamt?

Geld und Kapital	
Kreditsumme:	5 000 €
3 Jahre	5,5% – 12,4%

Kapital, Zinssatz, Zinsen

LVL **1.** *Gruppenarbeit:* Entwickelt gemeinsam ein Lernplakat, wie man das Kapital und den Zinssatz mit unterschiedlichen Methoden berechnen kann. Erklärt am Beispiel der oberen Aufgabe die Rechenwege.

2. Herr Knab bekommt am Ende des Jahres bei einem Zinssatz von 3% genau 284 € Zinsen. Welcher Betrag wurde ein Jahr lang verzinst?

3. Berechne das Kapital. Wie gehst du vor?

a) Zinssatz: 4%
Jahreszinsen: 580 €

b) Zinssatz: 6%
Jahreszinsen: 300 €

c) Zinssatz: 3,2%
Jahreszinsen: 398,40 €

4. Vergleiche die Angebote. Bei welcher Bank ist das Sparen am vorteilhaftesten?

① **Sparen Sie bei uns!** Für 5 000 € erhalten Sie im Jahr 275 € Zinsen	② **Kapital gut angelegt!** 195 € im Jahr für nur 3 000 €	③ **Neues Angebot:** 5% Zinsen für Anlagen ab 2 000 €

5. *„Kaufen Sie jetzt, zahlen Sie in einem Jahr."* bietet ein Fotogeschäft an. Wenn man eine Kamera „Digipix 5" kauft, muss man entweder sofort 395 € zahlen oder 415 € in einem Jahr. Die Bank auf der anderen Straßenseite bietet Kleinkredite an. Bis zu welchem Zinssatz wäre ihr Angebot günstiger als das Angebot des Fotogeschäfts?

6. Die Firma Infesto hatte ein Jahr lang einen Kredit. Jetzt muss sie einschließlich Zinsen von 4800 € insgesamt 44 800 € zurückzahlen.

a) Wie hoch ist der Kreditbetrag?
b) Wie hoch ist der Zinssatz?

7. Berechne den fehlenden Wert: Kapital, Zinssatz oder Zinsen.

a) Für 750 € gibt es 45 € Zinsen.
b) 15% sind 3 000 € Zinsen.

8. Berechne zuerst die Jahreszinsen, dann den Rückzahlungsbetrag, der nach einem Jahr fällig ist.

a) Kapital 1 500 €
Zinssatz 6,5%

b) Kapital 250 €
Zinssatz 12%

c) Kapital 3 600 €
Zinssatz $9\frac{1}{2}$%

LVL **9.** Frau Hirt hat 82 000 € geerbt und überlegt, wie sie das Geld anlegen soll. Sie kann es auf einem Konto anlegen, so dass jährlich Zinsen anfallen. Sie kann dafür aber auch eine kleine Wohnung kaufen und diese für jährlich 4 200 € vermieten.
Überlegt in Partnerarbeit, welche Entscheidung für Frau Hirt vorteilhafter ist und stellt eure Überlegungen und Berechnungen in der Klasse vor.

1. a) 12% von 260 € b) 62% von 920 €
c) 9% von 1 260 m d) 200% von 38 m

2. Von den 624 Besuchern der Ebert-Schule kommen 46% mit dem Bus, 22% kommen zu Fuß zur Schule. Wie viele Besucher sind das jeweils?

3. a) 26 € von 520 € b) 7 m von 56 m
c) 35 kg von 90 kg d) 2 € von 25,50 €

4. Für einen Aufnahmetest haben von 75 Bewerbern 52 Bewerber den Test bestanden. Wie viel Prozent sind das? Runde.

5. a) 5% sind 45 € b) 3% sind 27 €
c) 8% sind 24 kg d) 200% sind 64 m

6. Zur Nachmittagsvorstellung war das Kino mit 357 Zuschauern zu 75% belegt. Wie viele Zuschauer fasst das Kino insgesamt?

7. Um wie viel Euro ändert sich der alte Preis? Berechne dann den neuen Preis.
a) alter Preis: 264 €, Preiserhöhung: 4%
b) alter Preis: 140 €, Preissenkung: 8%
c) alter Preis: 34 €, Preiserhöhung: 12%
d) alter Preis: 16 €, Preissenkung: 4,5%

8. Alle Preise werden um 6% gesenkt. Neuer Preis?
a) 85 € b) 45,80 € c) 124,50 € d) 12,90 €

9. Berechne die Jahreszinsen.
a) Kapital 800 €, Zinssatz 6%
b) Kapital 1 250 €, Zinssatz 8,5%

10. Eine Bank verlangt 11% Zinsen für Kredite. Frau Moser leiht sich 2 500 € für ein ganzes Jahr. Berechne die Jahreszinsen.

Prozentrechnung

$G \xrightarrow{\cdot p\%} W$ $\quad W = G \cdot \frac{p}{100}$

Grundwert Prozentsatz Prozentwert

Berechnung des Prozentwertes W

G = 120, p% = 5%, **W = ?**

$W = G \cdot \frac{p}{100}$ $\quad$ **W** $= 120 \cdot 0{,}05 = 6$

Berechnung des Prozentsatzes p%

G = 200, W = 40, **p% = ?**

$W = G \cdot \frac{p}{100}$ $\quad 40 = 200 \cdot \frac{p}{100} \quad |:200$

p% $= \frac{40}{200} = 0{,}20 = 20\%$

Berechnung des Grundwertes G

W = 30, p% = 25%, **G = ?**

$W = G \cdot \frac{p}{100}$ $\quad 30 = G \cdot 0{,}25 \quad |:0{,}25$

G = 120

Vermehrter, verminderter Grundwert

Der Preis von 200 € wird um 15% *erhöht.* Der neue Preis ist dann 115% des alten Preises.
neuer Preis:
200 € · 1,15 = 230 €

Der Preis von 200 € wird um 15% *gesenkt.* Der neue Preis ist dann 85% des alten Preises.
neuer Preis:
200 € · 0,85 = 170 €

Zinsrechnung

Das **Kapital** ist gespartes oder geliehenes Geld. Der **Zinssatz** gibt an, wie viel Prozent des Kapitals für 1 Jahr an **Zinsen** zu zahlen sind.

Zinsen für 1 Jahr:

$K \xrightarrow{\cdot p\%} Z$ $\quad Z = K \cdot p\%$

Kapital Zinssatz Jahreszinsen

11. Das Haus von Familie Wenzel hat eine Wohnfläche von 90 m². Durch einen Anbau hat sich die Wohnfläche um 30% vergrößert.
a) Wie viel Prozent beträgt die Größe der neuen Wohnfläche von der alten Wohnfläche?
b) Wie viel Quadratmeter Wohnfläche hat Familie Wenzels Haus jetzt?

12. Berechne 1% und 10% von der Größe im Kopf. a) 210 € b) 55 kg c) 21,82 € d) 7,45 kg

13. Herr Martens hat einen Bruttolohn von 1 640 €. Für Steuern und Versicherungen werden ihm 28% abgezogen. Wie viel Euro werden Herrn Martens netto ausgezahlt?

14. Von einem 812 m² großen Grundstück sind 192 m² bebaut. Wie viel Prozent sind das?

DIAGNOSETEST

1. Bei der industriellen Verarbeitung von Tomaten bleiben 40% der Masse als Abfall. Wie viel Kilogramm sind das, wenn 5 000 kg Tomaten verarbeitet werden?

2. Von den etwa 80 Mio. Einwohnern Deutschlands leiden etwa 10 Mio. an der Zuckerkrankheit (Diabetes). Sind das 8%, 10% oder $12\frac{1}{2}$% der Bevölkerung?

3. Vollmilchschokolade besteht zu etwa 12% aus Kakaomasse. Wie viel Kilogramm Vollmilchschokolade kann man mit 60 kg Kakaomasse produzieren?

4. Karin hat ein Jahr lang 450 € auf ihrem Sparkonto mit 3% Zinssatz. Wie viel Euro Zinsen bekommt sie am Jahresende?

5. Die KKF-Bank bietet Kredite zu 6,5% Jahreszinssatz an. Frau Schallbruch leiht 3 000 € für 1 Jahr. Wie viel Euro muss sie am Ende des Jahres insgesamt zurückzahlen?

Wähle weitere 5 Aufgaben aus.

1. a) In Deutschland (2005) ist das durchschnittliche Monatsgehalt eines Arbeiters 2 264 €. Das sind etwa 60% des Betrags, den ein Angestellter durchschnittlich pro Monat verdient. Wie hoch ist das durchschnittliche Monatsgehalt eines Angestellten?
   b) Ein Bundesliga-Fußballspieler verdient durchschnittlich 83 300 € im Monat. Wie viel Prozent davon verdient ein Angestellter bzw. ein Arbeiter durchschnittlich?

2. Die Schülerbücherei der Schiller-Schule wurde nach Gebieten geordnet, und die Bücher wurden gezählt. Bestimme die prozentualen Anteile der einzelnen Gebiete und stelle sie in einem Kreisdiagramm dar.

Sachbücher	132
Jugendromane	56
Kriminalromane	32
Klassische Werke	30

3. Im Jahre 2000 wurden in Deutschland 766 999 Kinder geboren. Drei Jahre später war die Zahl der Geburten um 8% gesunken. Wie viele Geburten waren es 2003? Wie viel Prozent der Gesamtbevölkerung von ca. 80 Mio. waren 2003 Neugeborene?

4. Wenn in einem Mietvertrag die Wohnfläche nicht genau, sondern nur „ungefähr" angegeben ist, dann darf die angegebene Quadratmeterzahl um maximal 10% vom genauen Wert abweichen. Wie groß darf eine Wohnung sein, deren Fläche mit „circa 150 m^2" angegeben ist?

5. Julia träumt von einem Lottogewinn. Sie würde ihn auf ein Konto einzahlen mit 5% Zinssatz und dann von 60 000 € jährlichen Zinsen leben. Wie hoch ist der Lottogewinn in Julias Traum?

6. Berechne die Rückzahlung nach einem Jahr.

Kredit A	Kredit B	Kredit C
8 000 € zu 13% einmalige Gebühr nur 400 €	10 000 € zu 14% 5 000 € zu 16% keine Gebühren	20 000 € zu 13% 10 000 € zu 15% 450 € Gebühren

7. Um eine dringende Anschaffung für seine Firma bezahlen zu können, muss Herr Thiel bei seiner Bank einen Kredit zu 9% für ein Jahr aufnehmen. Am Ende des Jahres zahlt er die Kreditsumme und 585 € Zinsen zurück. Berechne die Kreditsumme.

6

Körper zeichnen und berechnen

LVL **Im Schwimmbad**

1. Die Startblöcke sind aus Beton gegossen. Berechne das Volumen und die Masse von einem Startblock. 1 cm^3 Beton wiegt 2,4 g.

2. Das Schwimmbecken ist in drei Bereiche unterteilt: Nichtschwimmer-, Schwimmerbecken und Sprunggrube.

a) Berechne das Volumen der Sprunggrub

b) Das Nichtschwimmerbecken ist auf eine Länge von 15 m ansteigend. Berechne das Volumen für dieses Becken.

c) Berechne das Volumen des Schwimmerbeckens. Dazu gehört auch der schräge Übergang zum Nichtschwimmerbecken. Hier verringert sich die Wassertiefe vor 1,80 m auf 1,20 m.

Boden der Sprunggrube	A = 18 m · 9,5 m =
Boden des Schwimmerbeckens	A = 15 m · 32 m =
Wand Stirnseite des Schwimmerbeckens	A = 15 m · 1,80 m

3. Pro m^2 berechnet der Sachbearbeiter bei d Gemeinde 32 Fliesen zum Preis von 20 €.

a) Wie viele Fliesen wurden insgesamt ver baut?

b) Gib die Kosten für die Fliesen an.

LVL

4. Der Boden im Nichtschwimmer- und der Boden im Übergang zum Schwimmerbecken sind schräg, darum auch aus Kunststoff. Wie groß ist die Kunststofffläche insgesamt?

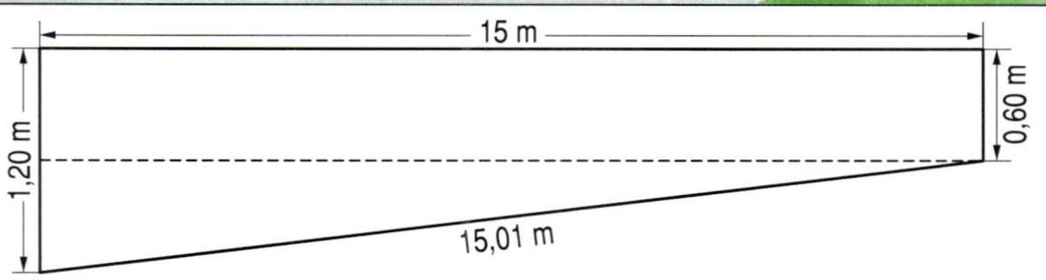

5. a) Überprüfe, ob wirklich so viel Wasser, wie vom Bademeister angegeben, in das Babybecken passt.

b) Berechne die Wasserkosten, die durch das Babybecken in einer Badesaison (4 Monate) verursacht werden.

Quader und Würfel

LVL **1.** Sammelt in Partnerarbeit Informationen zu Quader und Würfel. Fertigt dazu eine Zusammenfassung im Heft an mit folgenden Teilüberschriften: Zeichnen von Netz und Schrägbild, Berechnen von Oberfläche und Volumen.

2. Zeichne das Schrägbild des Quaders.

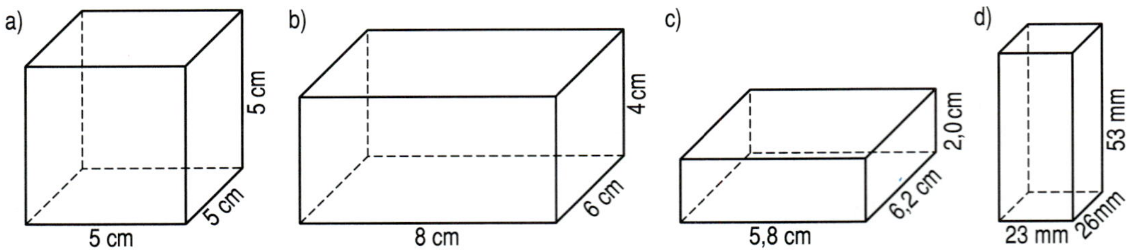

3. a) Zeichne ein Schrägbild und ein Netz des Würfels mit der Kantenlänge a = 3 cm.

b) Zeichne ein Schrägbild und ein Netz des Quaders mit den Kantenlängen 2 cm, 3 cm und 4 cm.

4. Berechne die Oberfläche und das Volumen des Würfels mit der Kantenlänge a.

a) a = 5 cm b) a = 37 mm c) a = 5,9 cm d) a = 0,6 dm e) a = 1,2 m

5. Berechne die Oberfläche und das Volumen des Quaders.

a) a = 4,8 cm; b = 5,2 cm; c = 3,4 cm b) a = 8,3 dm; b = 7,5 dm; c = 5,1 dm

c) a = 3,2 m; b = 1,8 m; c = 2,5 m d) a = 30 mm; b = 24 mm; c = 18 mm

6. Berechne die Oberfläche des abgebildeten Gegenstandes (Längen in mm).

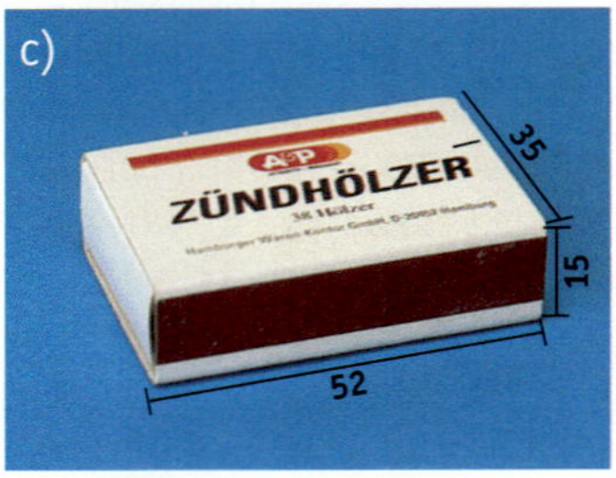

7. Wie viel wiegt der Quader (alle Längen in cm)?

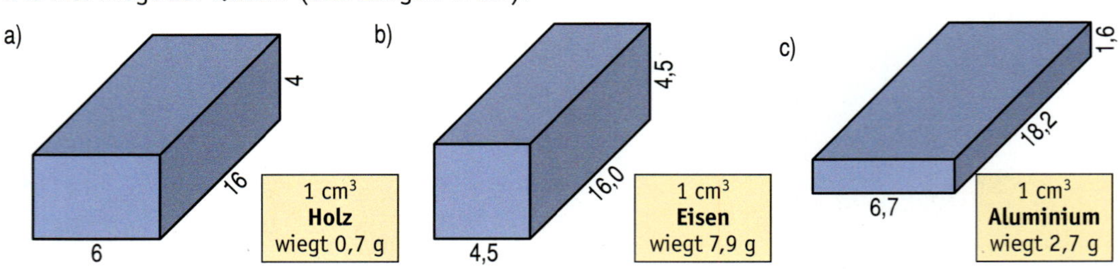

LVL **8.** Ein Quader hat ein Volumen von 48 cm³. Finde drei verschiedene Möglichkeiten für die Kantenlängen a, b, und c des Quaders.

9. Von einem Quader sind das Volumen und zwei Kantenlängen gegeben, berechne die dritte.

a) V = 72 cm³; a = 3 cm; b = 6 cm b) V = 3 024 cm³; a = 12 cm; c = 18 cm

LVL

Bau eines Sandkastens

1. Wie teuer waren die acht Holzbalken aus Eiche (20 cm x 20 cm) für die Einfassung, wenn der günstige Kubikmeterpreis 190 € betrug?

2. Die Holzbalken sollen gegen Feuchtigkeit mit einem Holzschutzmittel gestrichen werden. Pro Anstrich werden 3 Liter für 1 m^2 benötigt, üblich ist zweimaliges Auftragen.

3. Wie viel Kubikmeter Erde müssen für den Sandkasten ausgeschachtet werden, wenn die Grube 40 cm tief werden soll?

4. Wie viel Kubikmeter Sand wurden bestellt, wenn der Sand 35 cm hoch in dem Sandkasten stehen soll?

	Dichte in $\frac{g}{cm^3}$
Fichtenholz	ca. 0,5
Eichenholz	ca. 0,8
Sand (trocken)	ca. 1,3
Kies	1,5 – 1,9
Mutterboden	ca. 1,7

5. In eine Schubkarre kann man etwa 80 kg Sand füllen. Wie oft muss man mit einer Schubkarre hin- und herfahren, wenn der Sand nicht direkt in den Sandkasten gefüllt werden kann?

6. Berechne die gesamten Material- und Fuhrkosten: Das Anfahren des Holzes hat 60 € gekostet. Der Sand kostet pro m^3 28 €, der Transport 82 €. Ein 10-*l*-Eimer des Holzschutzmittels kostet 18,50 €.

LVL

VERPACKUNGEN

1. Welche Körperformen haben die Verpackungen?
Beschreibe die Grundflächen.
Skizziere die Netze der abgebildeten Verpackungen.
Skizziere Schrägbilder der Verpackungen.

2. Denke dir eine eigene Verpackungsform aus und stelle ein Modell aus Karton her. Die folgenden Tipps helfen dir dabei:

① Entwurf für Verpackungsform als Schrägbild skizzieren.
② Probemodell aus Papier herstellen:
Netz auf Papier zeichnen
⟶ Klebelaschen und eventuell Öffnung/Deckel einplanen
⟶ ausschneiden ⟶ zum Körper falten
⟶ falls notwendig Korrekturen am Netz vornehmen.
③ Modell aus Karton* herstellen:
Netz und Klebelaschen auf Karton übertragen ⟶ ausschneiden
⟶ falten ⟶ zusammenkleben ⟶ Oberfläche nach Wunsch gestalten.

* Karton gibt es in verschiedenen Stärken zu kaufen. Empfehlenswert ist hier 160-g- bis 240-g-Karton.

Prismen

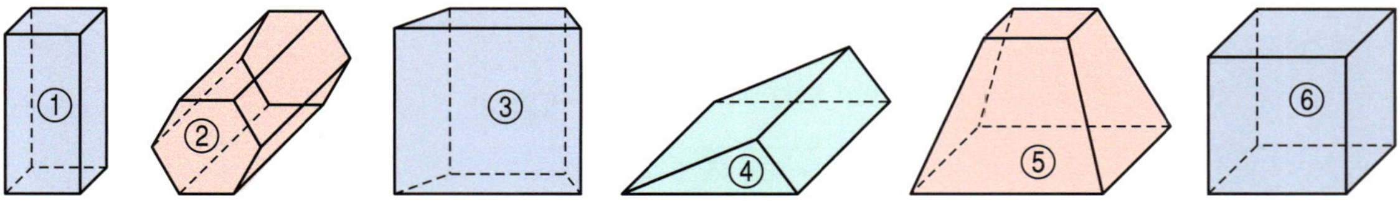

LVL **1.** Welche Eigenschaften haben die Körper? Welcher Körper passt nicht dazu?

Ein **Prisma** ist ein Körper mit zwei parallelen, deckungsgleichen Vielecken als Grund- und Deckfläche (G).
Der **Mantel** besteht aus Rechtecken.
Der Abstand zwischen Grund- und Deckfläche ist die **Körperhöhe** h_k.

Netz

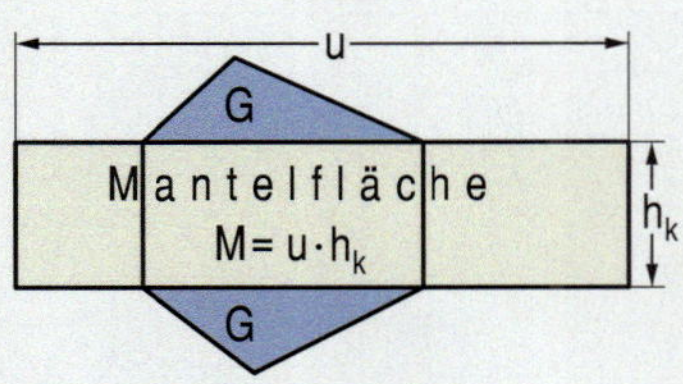

Schrägbild

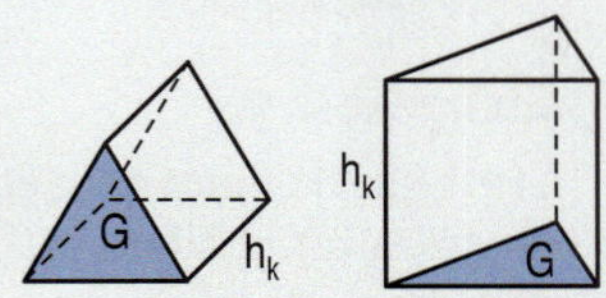

Grundfläche vorne | Grundfläche unten

LVL **2.** Welche der abgebildeten Körper sind Prismen? Begründe deine Antwort.

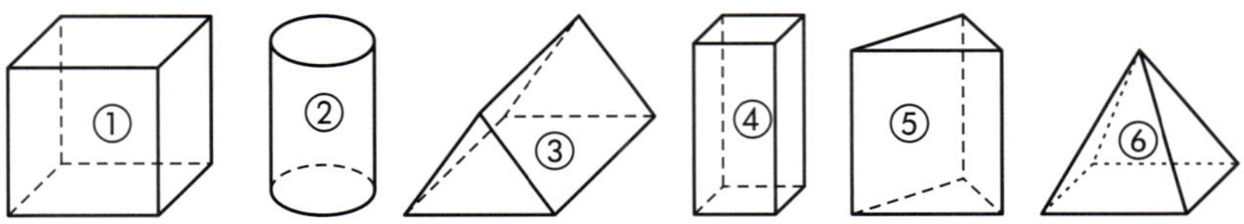

3. Zeichne das Schrägbild des Prismas.

a)

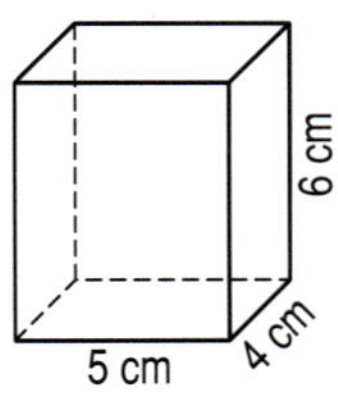

b)

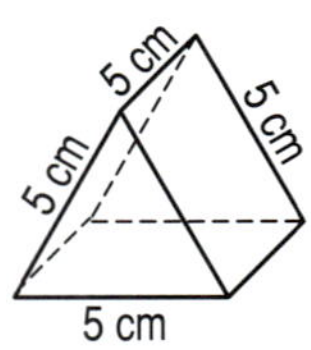

c)

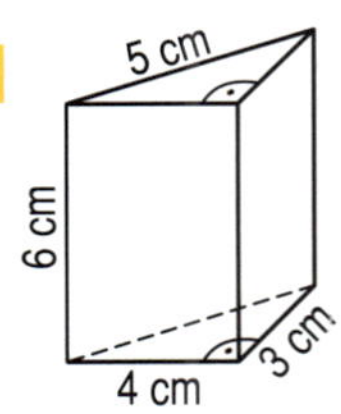

TIPP
Senkrecht nach hinten laufende Kanten mit 45° in halber Länge zeichnen.

4. Übertrage das Netz, schneide es aus und falte es zu einem Prisma.

a)

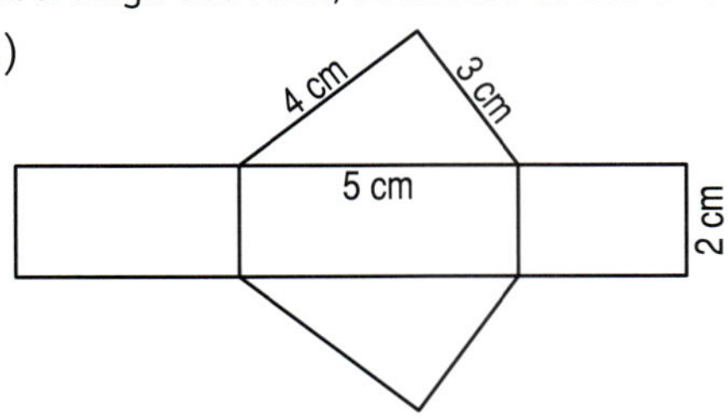

b)

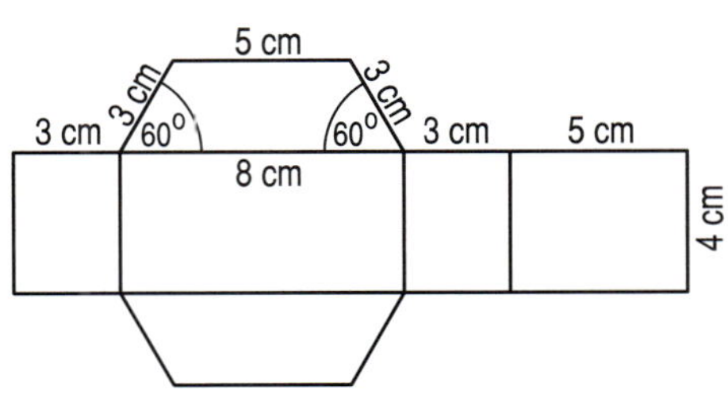

5. Gib die Anzahl der Ecken, Kanten und Flächen des Prismas an.

a)

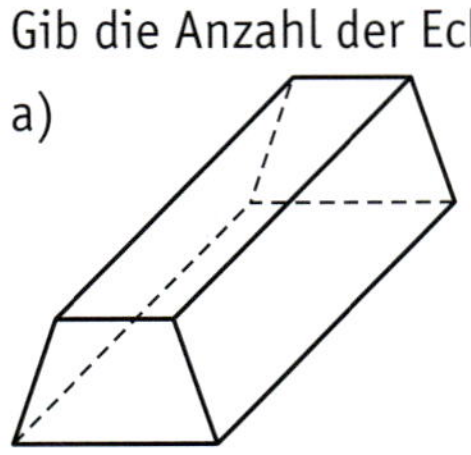

b)

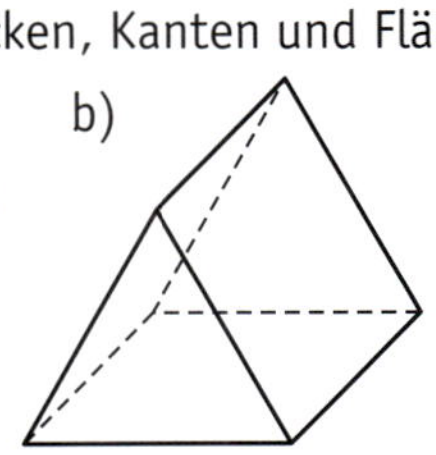

c)

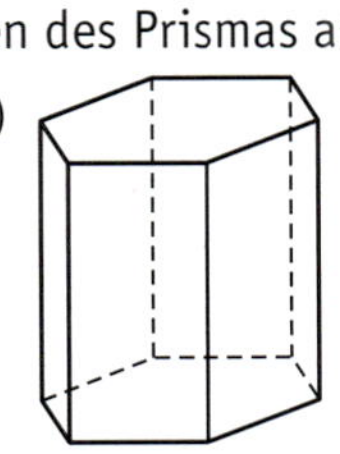

d)

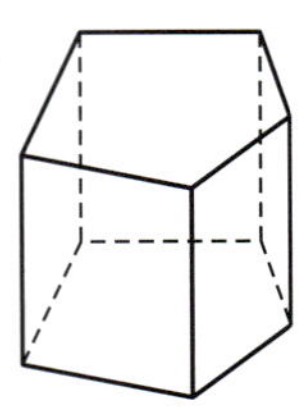

e)

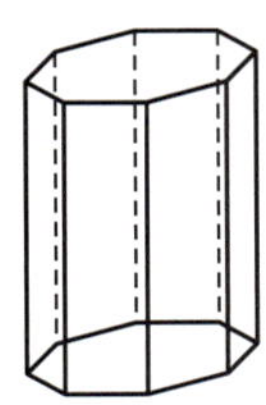

LVL

Lecker, das neue Eis!

1. Zeichne das Schrägbild der Verpackung.
Zeichne im Maßstab 1 : 5 ein Netz der Verpackung.

2. Berechne den Kartonbedarf in cm^2 und dm^2 für die Herstellung einer Verpackung. Für Klebelaschen und Verschnitt werden 20% hinzugerechnet.

Eichgesetz § 7
„Fertigpackungen müssen so gestaltet und befüllt sein, dass sie keine größere Füllmenge vortäuschen, als in ihnen enthalten ist."

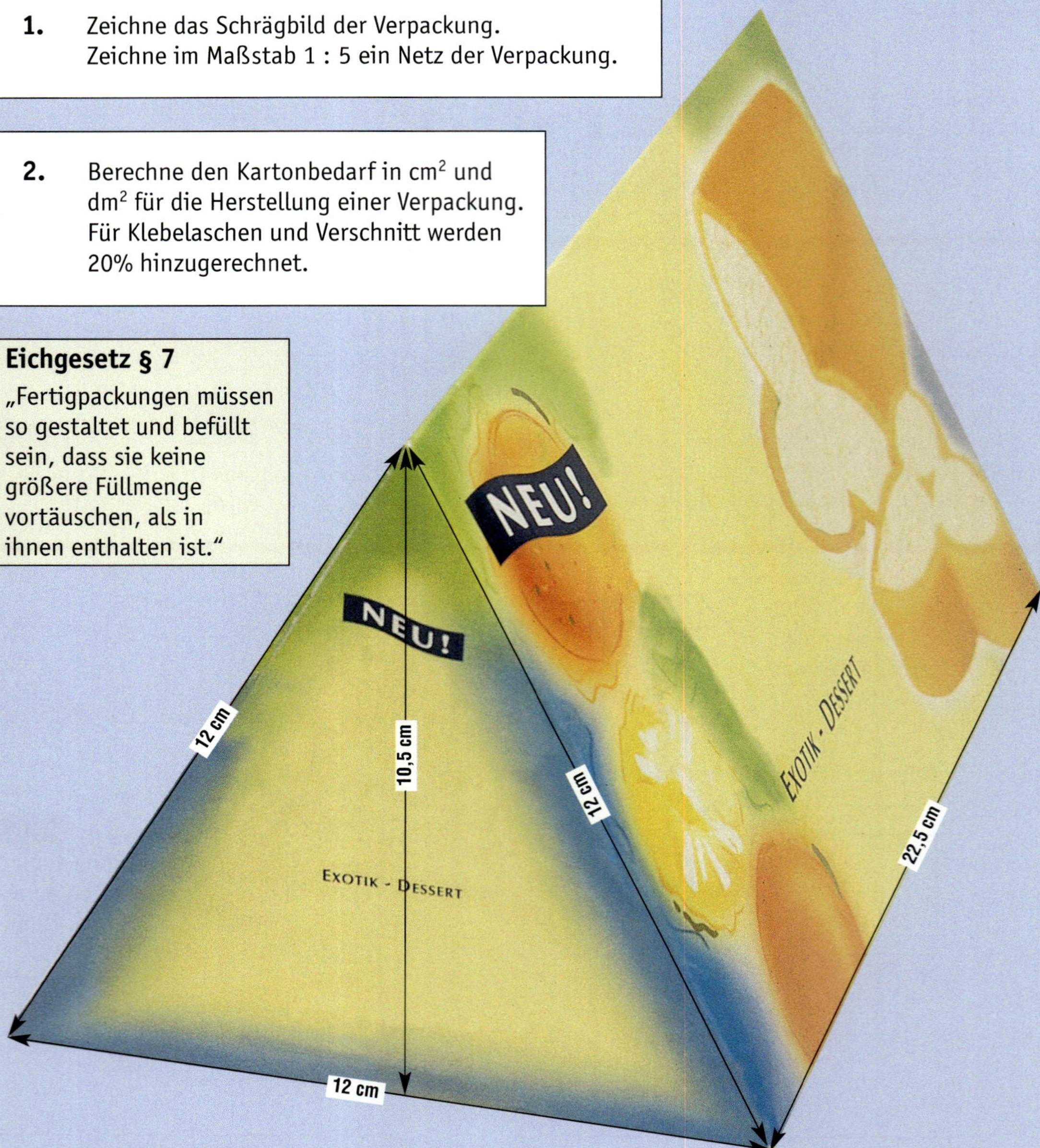

3. Eine Verpackungsfirma soll 150 000 Verpackungen herstellen. Sie berechnen für einen Quadratmeter Verpackungsmaterial 1,10 €. Stelle die Gesamtrechnung auf.

4. Berechne das Volumen einer Verpackung. Wie viel Prozent des Volumens der Verpackung ist ausgefüllt, wenn 750 ml Eis verpackt wird? Liegt hier deiner Meinung nach eine „Mogelpackung" vor? Lies dazu den § 7 Eichgesetz.

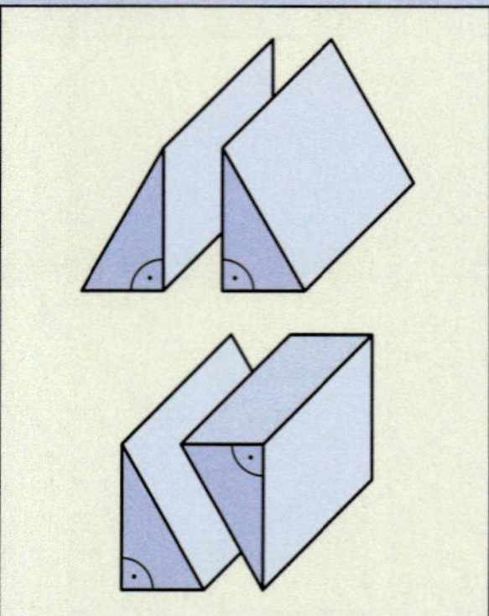

Oberfläche des Prismas

LVL **1.**

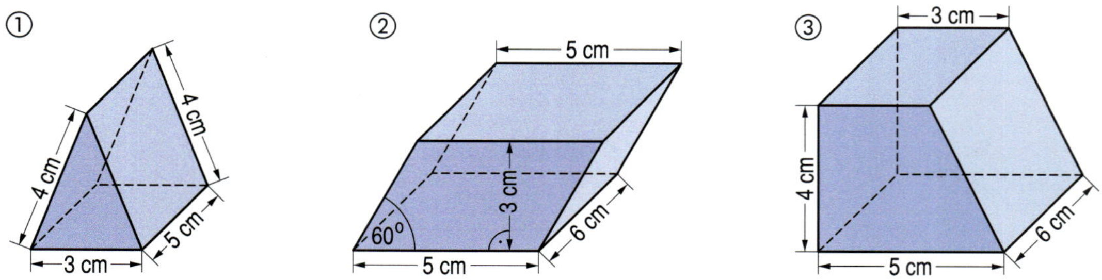

Bearbeitet die angegebenen Aufgaben in Gruppen. Stellt danach eure Ergebnisse der Klasse vor.
- Wählt eines der drei Prismen aus und zeichnet das Netz mit den angegebenen Maßen.
- Berechnet die Oberfläche des Prismas. Entnehmt fehlende Maße der Zeichnung.
- Beschreibt, wie ihr vorgeht, um die Oberfläche eines Prismas zu berechnen.

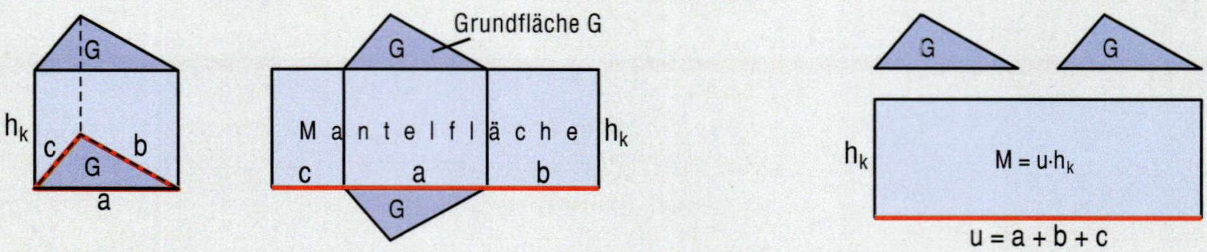

Oberfläche = 2 · Grundfläche + Mantelfläche

$$O = 2 \cdot G + M$$

2. Berechne von dem abgebildeten Prisma nacheinander den Umfang u der Grundfläche, die Mantelfläche M, die Grundfläche G und die Oberfläche O.

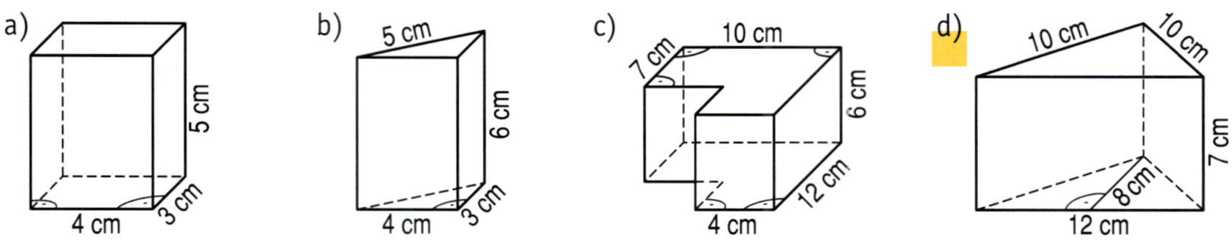

3. Berechne die Mantelfläche und die Oberfläche des Prismas.

a) $G = 24\ cm^2$ $h_k = 3\ cm$ $u = 18\ cm$

b) $G = 12{,}5\ mm^2$ $h_k = 8{,}6\ mm$ $u = 1{,}5\ cm$

4. Bei einem Prisma sind G die Grundfläche, u deren Umfang, h_k die Körperhöhe, M die Mantelfläche und O die Oberfläche. Berechne die beiden fehlenden Stücke.

a) $u = 18\ cm$, $h_k = 7\ cm$, $G = 24\ cm^2$

b) $h_k = 7\ cm$, $M = 98\ cm^2$, $G = 12\ cm^2$

c) $u = 15\ cm$, $h_k = 8\ cm$, $O = 125\ cm^2$

d) $u = 40\ mm$, $G = 100\ mm^2$, $O = 500\ mm^2$

LVL **5.** Als Verpackung für Lebkuchen verwendet eine Firma Schachteln mit der Form eines Hauses.

a) Zeichne das Netz der Verpackung mit 1 cm breiten Klebelaschen.

b) Berechne den Bedarf an Pappe für eine Schachtel, wenn für Verschnitt und Klebelaschen 15% zusätzlich gerechnet werden.

c) Stelle die Verpackung aus Pappe her.

Volumen des Prismas

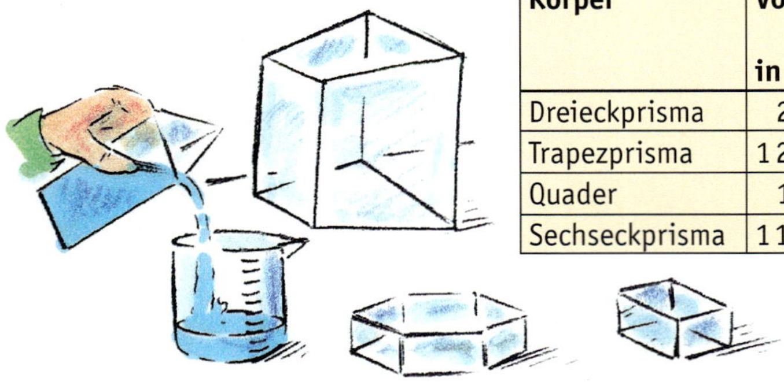

Körper	Volumen in cm^3	Grundfläche in cm^2	Mantelfläche in cm^2	Oberfläche in cm^2	Körperhöhe in cm
Dreieckprisma	288	36	180	252	8,0
Trapezprisma	1230	246	246	738	5,0
Quader	119,0	47,6	95,2	190,4	2,5
Sechseckprisma	1140	380	234	994	3

LVL **1.** Löst die Aufgaben in Partnerarbeit.
- Erklärt, wie das Volumen von Prismen aus der Lehrmittelsammlung bestimmt werden kann.
- Versucht die Formel herauszufinden, mit der das Volumen von Prismen berechnet wird.
- Überprüft euer Ergebnis mit eigenen Messversuchen und Berechnungen bei Prismen.

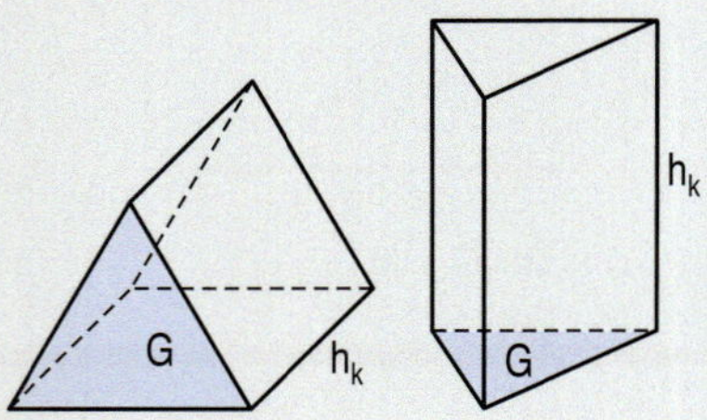

Das Volumen eines Prismas wird aus der Grundfläche G und der Körperhöhe h_k berechnet.

Volumen = Grundfläche · Höhe

$$V = G \cdot h_k$$

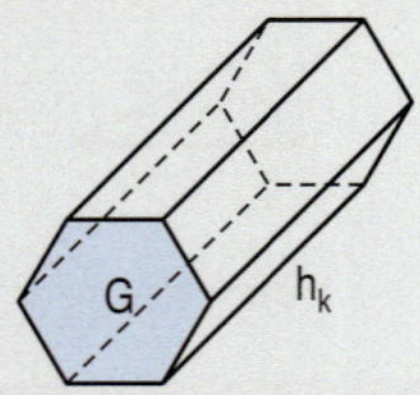

2. Berechne das Volumen des Prismas.

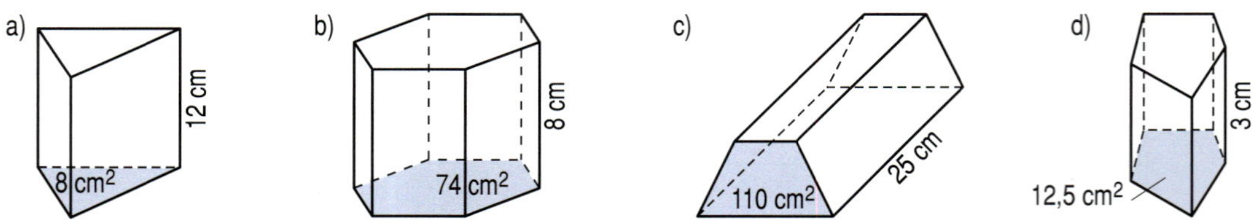

3. Berechne das Volumen des abgebildeten Prismas.

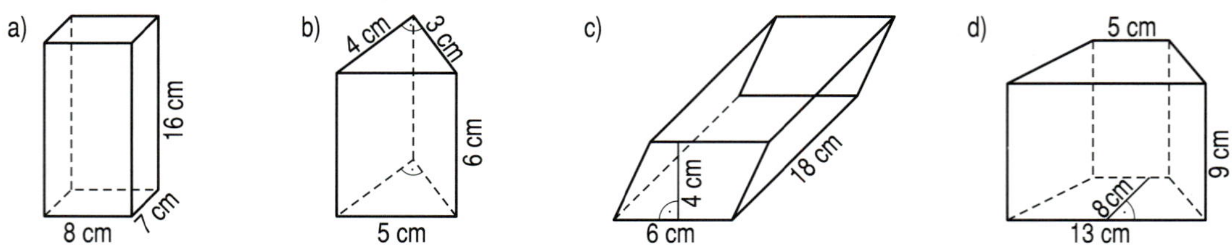

4. Berechne die Masse des Körpers von Aufgabe 3 aus dem angegebenen Material.

a) Holz (1 cm^3 wiegt 0,7 g)
b) Stahl (1 cm^3 wiegt 7,9 g)
c) Aluminium (1 cm^3 wiegt 2,7 g)
d) Blei (1 cm^3 wiegt 11,3 g)

5. Berechne die gesuchte Größe des Prismas.

a) $V = 56\ cm^3$, $h_k = 4$ cm, G = ■ b) $V = 288\ cm^3$, $G = 8\ cm^2$, h_k = ■ c) V = 1,2 *l*, $h_k = 20$ cm, G = ■

Vermischte Aufgaben

1. Wie viel wiegt der Quader (alle Längen in cm)? Angaben zur Dichte verschiedener Materialien befinden sich im Anhang des Buches.

a) Beton

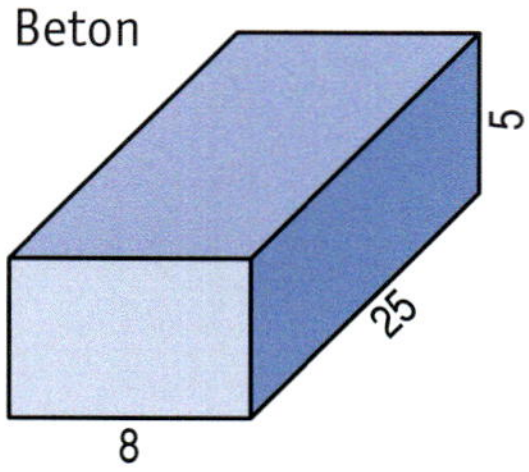

b) Kupfer

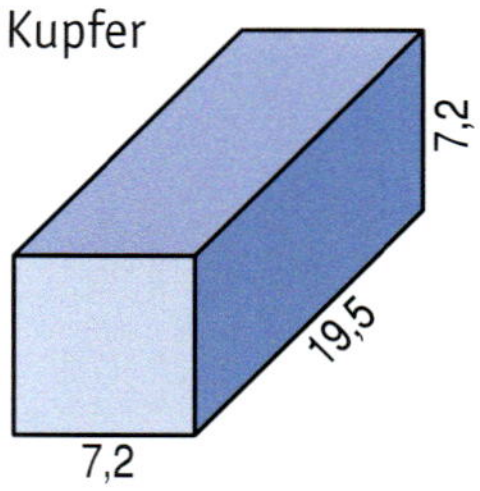

c) Silber

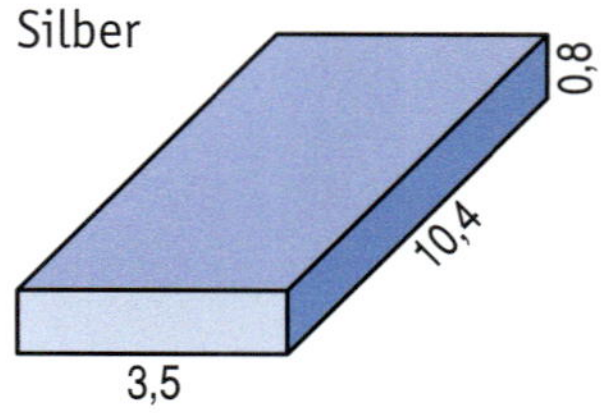

2. Ein Quader aus Styropor ist 58 cm lang, 45 cm breit und 77 cm hoch. Wie schwer ist der Quader?

3. Berechne das Gewicht von drei gleich großen Quadern aus Holz, aus Marmor und aus Eisen. Die Quader sind 20 cm lang, 12 cm breit und 9 cm hoch.

4. Die Spanplatte für eine Eisenbahnanlage ist 2 m lang und 1,30 m breit. Die Platte ist 2 cm dick. Wie schwer ist die Spanplatte (1 cm^3 wiegt 0,5 g)?

5. Aus Beton werden Blumenkübel hergestellt

a) Wie viel Erde passt in einen Kübel?

b) Berechne das Volumen des Betons für einen Kübel.

c) Berechne die Betonmasse eines Blumenkübels.

d) Wie schwer ist der mit Erde (Dichte $1{,}5\,\frac{g}{cm^3}$) gefüllte Kübel?

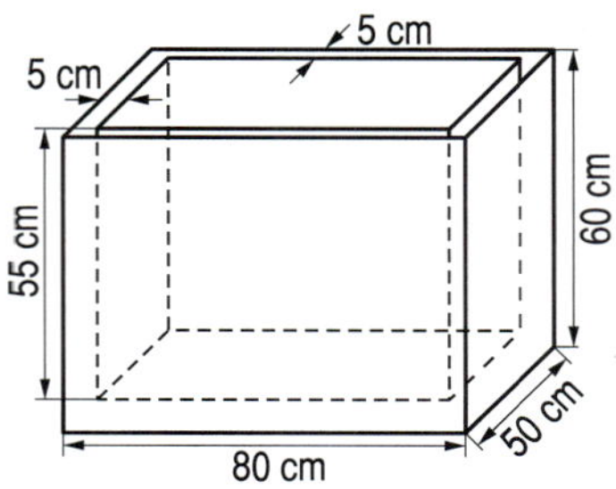

LVL **6.** Bildet Gruppen und berechnet das Volumen von Körper ① und von Körper ②. Präsentiert euer Ergebnis der ganzen Klasse.

LVL **7.** Maike berechnet das Volumen von Körper ① mit der Volumenformel für Prismen. Erkläre Maikes Vorgehen. Kann man das Volumen von Körper ② auch mit Maikes Methode berechnen?

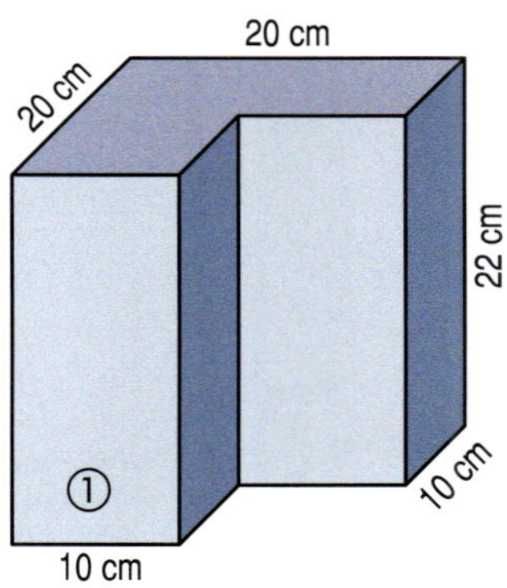

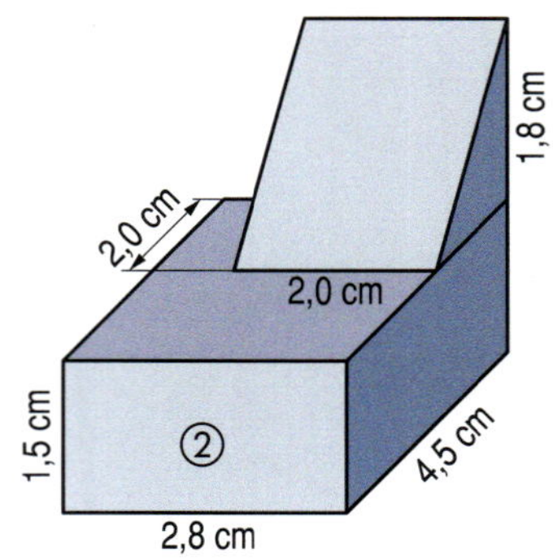

LVL **8.** Eine Gemeinde plant den Bau eines Schwimmbeckens. Stelle Fragen dazu und beantworte sie.

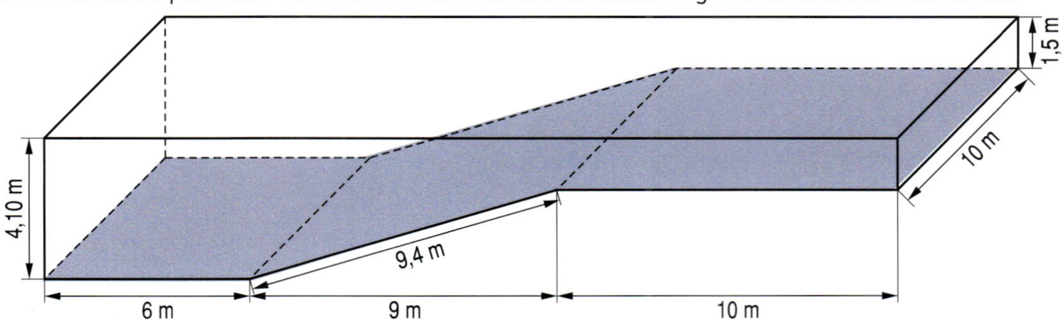

LVL

Zylinder: Netze, Modelle, Schrägbilder

Bearbeitet die Aufgaben in Partnerarbeit.

1. Formt mit einem DIN-A5-Blatt zwei verschiedene Zylindermäntel.

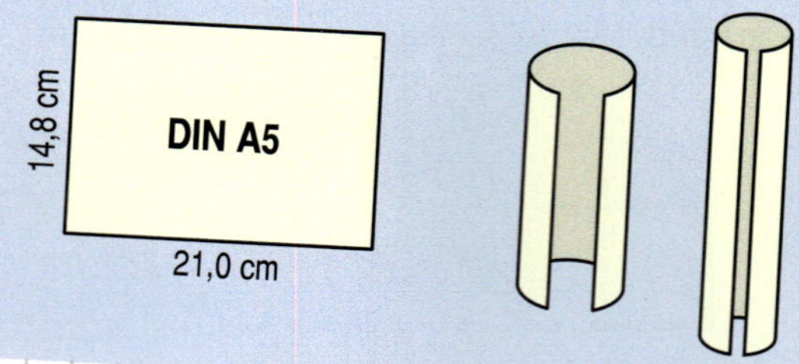

2. Stellt aus Karton oder Papier zu den beiden Zylindermänteln die zugehörige kreisförmige Grund- und Deckfläche her.

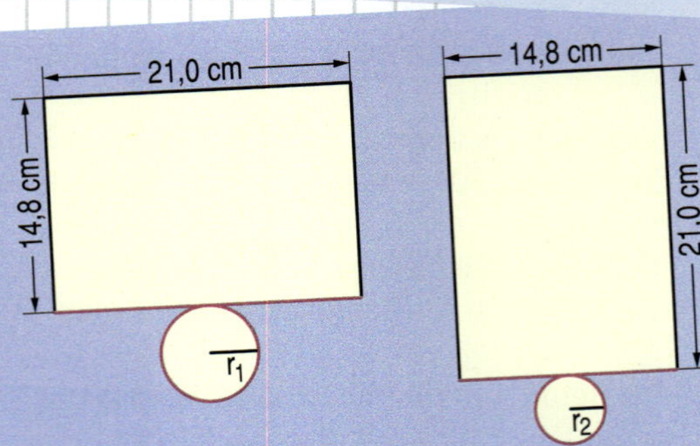

3. Baut die Zylindermodelle mit Tesafilm zusammen.

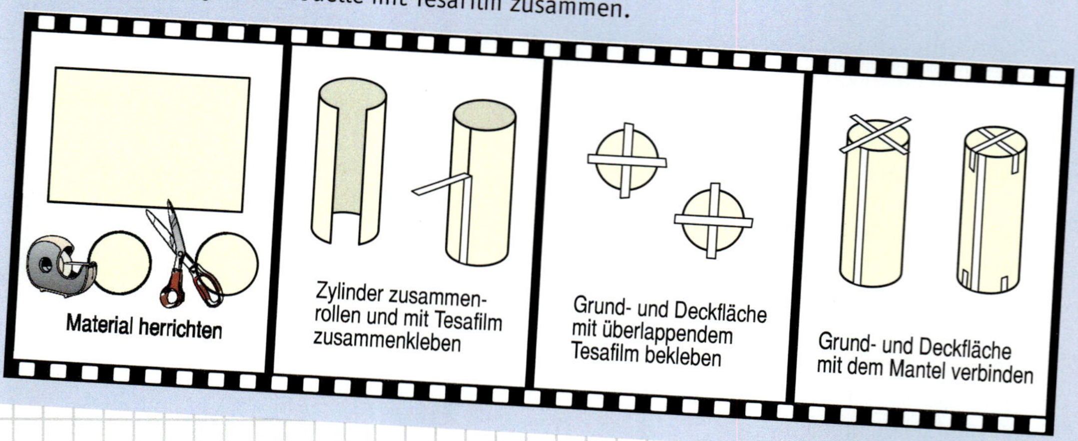

4. Lässt sich aus dem abgebildeten Netz ein Zylinder bauen? Begründet eure Antwort.

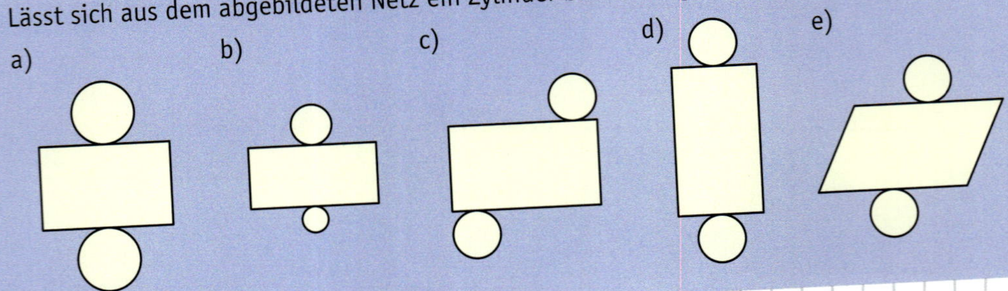

LVL

5. a) Erklärt die nebenstehenden Abbildungen, die zwei Möglichkeiten zum Zeichnen eines Zylinderschrägbildes zeigen.
b) Worin unterscheiden sich Schrägbilder von Zylindern und von Prismen?
c) Fertigt ein Zylinderschrägbild eines Zylinders mit 6 cm Durchmesser und 10 cm Höhe an.

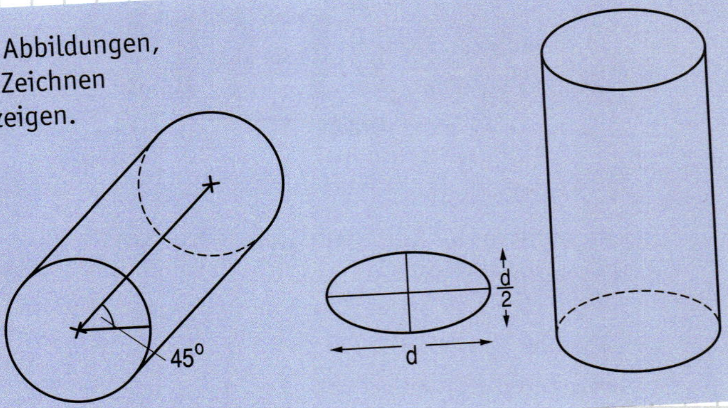

6. Zeichne das Zylinderschrägbild mit den angegebenen Maßen in dein Heft.

a)
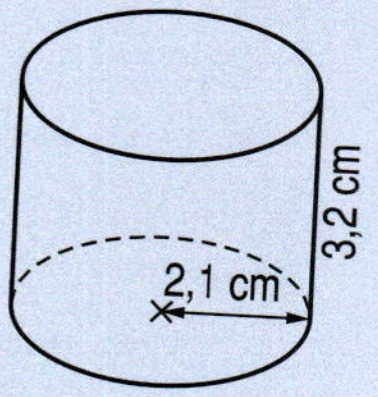

b)
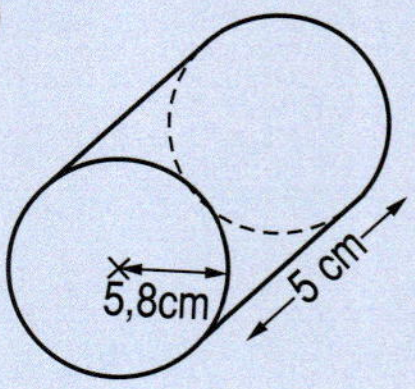

c)
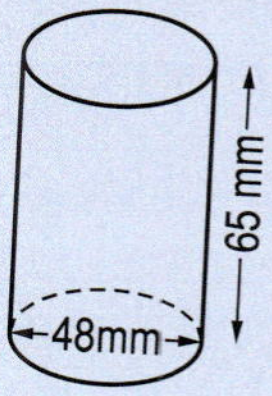

d)
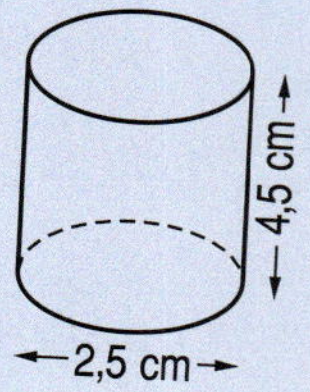

7. a) Skizziert freihändig ohne genaue Maße und ohne Lineal fünf Schrägbilder von Zylindern, die auf der Grundfläche stehen.
b) Skizziert freihändig drei Zylinderschrägbilder mit der Grundfläche als Vorderfläche.
c) Sucht Zylinder und aus Zylindern zusammengesetzte Körper und skizziert davon freihändig Schrägbilder.

8. Skizziert ein Schrägbild des zusammengesetzten Körpers mit verdeckten Körperkanten.

a)

b)

9. Beschreibt den zusammengesetzten Körper in Worten und skizziert ihn von oben, von vorn und von der Seite.

a)

b)
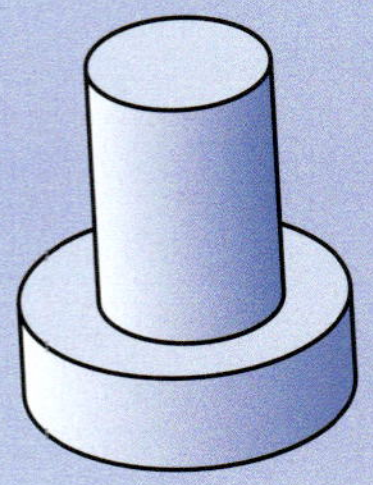

Bleib FIT!

Die Ergebnisse der Aufgaben 1 bis 9 ergeben drei osteuropäische Hauptstädte.

1. a) Berechne das Produkt von $\frac{4}{5}$ und $\frac{2}{3}$.
b) Berechne die Differenz von $\frac{3}{4}$ und $\frac{2}{3}$.

2. 5 kg Kartoffeln kosten 5,75 €. 7 kg kosten ■ €.

3. 2 Lkws benötigen zur Abfuhr eines Erdhaufens 6 Tage. Wie viel Tage benötigen 3 Lkws?

4. Berechne den fehlenden Winkel.

a) α = ■°

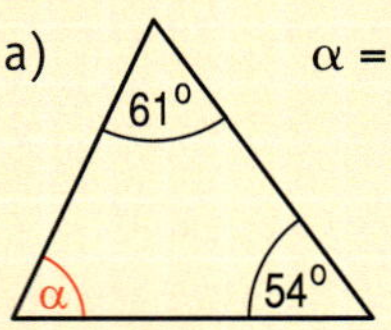

b) β = ■°

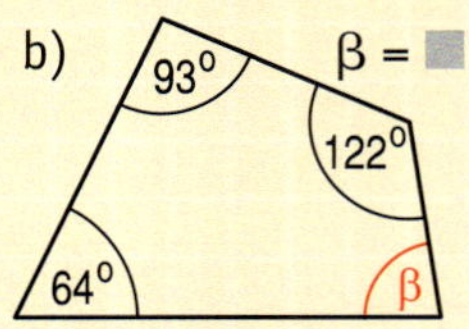

5. Berechne den Flächeninhalt (Maße in cm).

a) A = ■ cm²

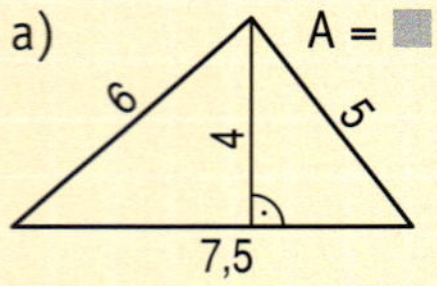

b) A = ■ cm²

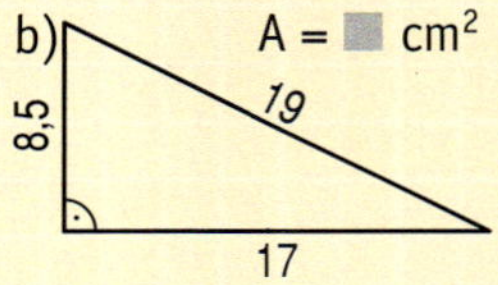

6. a) 16% von 82 € = ■ €
b) 64 % von 125 kg = ■ kg

7. Löse die Gleichung.
a) $2 \cdot x - 3 = 11$ | x = ■
b) $3 \cdot (x - 5) = 12$ | x = ■

8. Berechne.
a) $-11 - 12$ = ■
b) $-18 + 7$ = ■

9. Wandle in die angegebene Einheit um.
a) 20 cm² = ■ mm²
b) 2 km² = ■ ha
c) 2 000 cm³ = ■ *l*
d) 0,020 cm³ = ■ mm³

$\frac{1}{7}$	E
$\frac{1}{12}$	U
$\frac{6}{8}$	L
$\frac{8}{15}$	B
2	A
4	A
7	S
7,75	C
8,05	D
8,5	F
9	K
10,75	H
−11	U
12	Z
13,12	M
15	S
20	G
21	G
−23	A
−25	R
65	P
72,25	T
80	O
81	E
90	P
91	Y
200	R
2 000	P

Oberfläche des Zylinders

LVL **1.** a) Skizziere ein Netz des Zylinders und bezeichne den Mantel mit M und die Grundfläche mit G.

b) Beim Prisma kennst du die Formeln $M = u \cdot h$ für die Mantelfläche sowie $O = 2G + M$ für die Oberfläche. Beschreibe, wie man die Oberfläche des Zylinders berechnen kann.
Kannst du eine allgemeine Formel für die Mantelfläche und die Oberfläche eines Zylinders angeben?

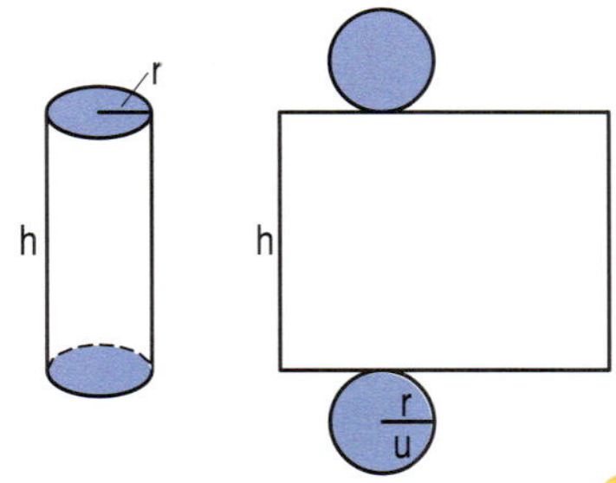

2. Berechne die Oberfläche des Zylinders.

a) $r = 3{,}3$ cm, $h = 4{,}5$ cm b) $d = 7{,}4$ cm, $h = 8{,}3$ cm

TIPP
Endergebnisse immer sinnvoll runden!

3. Berechne die Mantelfläche M und die Oberfläche O des Zylinders.

a)
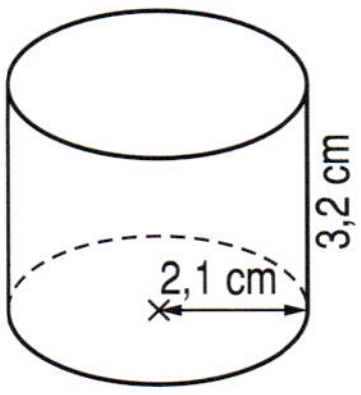

b)
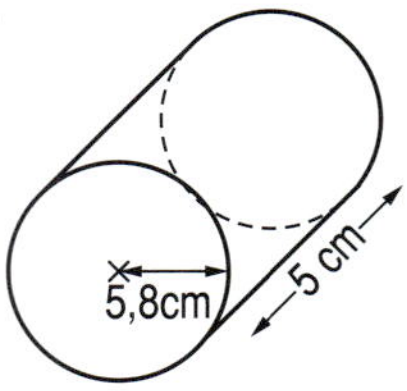

c)
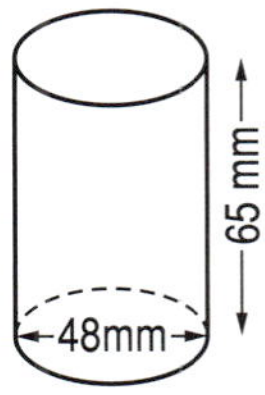

d)
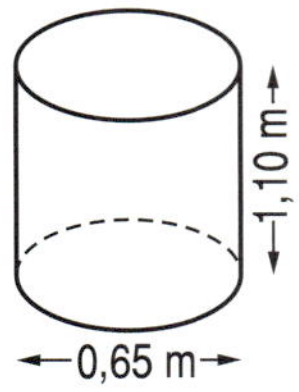

4. Berechne den Materialbedarf des Kriechtunnels für Kinder (maximale Länge 280 cm; d = 53 cm)

a) an Stoff, b) an Draht zur Stabilisierung des Tunnels (Abstände der Drahtringe: 20 cm).

LVL **5.** *Partnerarbeit:* Schätzt mit Hilfe der Vergleichsgröße die Längen von Radius und Höhe des zylinderförmigen Objekts. Stellt Fragen und berechnet die Lösungen.

Volumen des Zylinders

LVL **1.** Bearbeitet die Aufgabe in Gruppen:

a) Besorgt euch eine Dose und bastelt einen Quader aus Pappe und Klebeband mit gleich großer Grundfläche und gleicher Höhe. Fülle einen der beiden Körper mit Sand oder Zucker. Vergleicht durch Umschütt-Versuche das Volumen von Zylinder und Quader.

b) Beim Prisma kennt ihr die Volumenformel $V = G \cdot h_k$. Stellt die Volumenformel für den Zylinder auf und verwendet dabei die Bezeichnungen V, h_k, r und π.

2. Berechne das Volumen des Zylinders mit der Grundfläche G und der Körperhöhe h_k.

a) $G = 23\ cm^2$; $h_k = 5\ cm$ b) $G = 45{,}8\ cm^2$; $h_k = 7{,}3\ cm$ c) $G = 135{,}4\ cm^2$; $h_k = 2{,}5\ dm$

3. Berechne das Volumen des Zylinders.

a) $r = 4\ cm$; $h_k = 6\ cm$ b) $r = 4{,}9\ cm$; $h_k = 6{,}3\ cm$ c) $d = 9{,}0\ cm$; $h_k = 4{,}5\ cm$ d) $d = 2\ m$; $h_k = 0{,}9\ m$
e) $d = 8{,}2\ m$; $h_k = 7{,}7\ m$ f) $d = 3{,}9\ cm$; $h_k = 2\ dm$ g) $r = 2{,}0\ m$; $h_k = 85\ cm$ h) $r = h_k = 50\ cm$

4. Berechne das Volumen des abgebildeten Zylinders.

a)
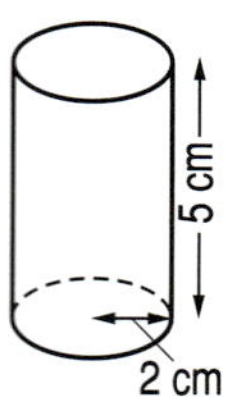

b)
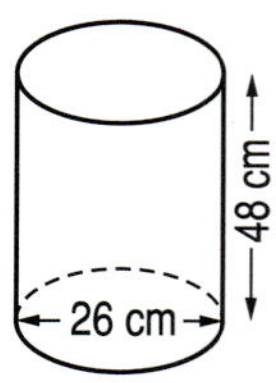

c)
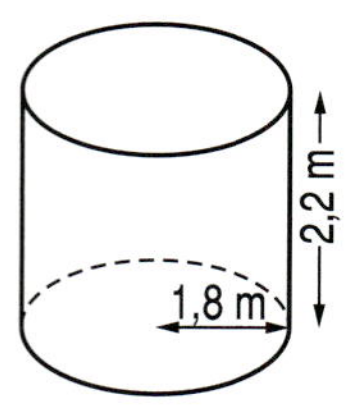

d)
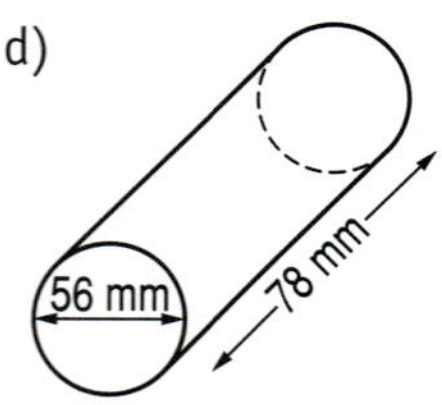

LVL **5.** Aus einem DIN-A4-Blatt als Mantel können zwei verschiedene Zylinder geformt werden. Haben sie gleiches oder verschiedenes Volumen? Schätze, dann rechne aus.

6. Berechne das Volumen

a) eines Rundbalkens mit 32 cm Durchmesser und einer Länge von 6,8 m,

b) eines Kupferdrahts mit 25 m Länge und 2 mm Durchmesser,

c) einer 1-€-Münze mit 23 mm Durchmesser und 2 mm Höhe.

7. Ulla und Bernd bestimmen das Volumen einer Getränkedose durch Ausmessen des Umfangs und der Höhe.

a) Berechne den Radius der Dose.

b) Berechne das Volumen der Dose.

c) Der Hersteller der Getränkedose spricht von 0,33 *l* Doseninhalt. Prüfe diese Aussage.

Berechnungen am Zylinder

LVL **1.** *Partnerarbeit:* Begründet euch gegenseitig die Formeln im Kasten.

2. Zeichne das Netz und das Schrägbild eines Zylinders mit $r = 2$ cm und $h_k = 3$ cm. Beschrifte r und h_k und berechne die Oberfläche, die Mantelfläche und das Volumen des Zylinders.

3. Berechne die Oberfläche und das Volumen des Zylinders.

a) $r = 3{,}8$ cm $\quad h_k = 6{,}4$ cm

b) $d = 9{,}2$ cm $\quad h_k = 8{,}5$ cm

c) $d = 0{,}9$ m $\quad h_k = 1{,}1$ m

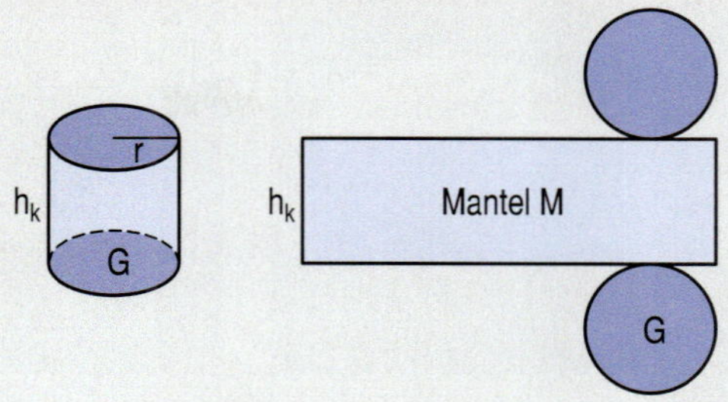

$V = G \cdot h_k$

$V = \pi r^2 h_k$

$M = 2\pi r h_k$

$O = 2 \cdot G + M$

$O = 2\pi r^2 + 2\pi r h_k$

LVL **4.** Besorge dir drei verschieden große zylinderförmige Dosen und bestimme durch Messen und anschließendes Berechnen das Volumen und die Oberfläche der Dosen.

5. Berechne den Materialbedarf des zylinderförmigen Gegenstandes in cm^2.

a) $r = 15$ cm $\quad h_k = 18$ cm

b) $d = 11{,}5$ cm, $h_k = 13{,}4$ cm

c) $d = 68$ cm $\quad h_k = 90$ cm

d) $d = 14$ cm $\quad h_k = 20$ cm

6. Berechne den Hubraum für ein Auto mit 4 gleich großen Zylindern. Der Durchmesser eines Zylinders ist $d = 8{,}2$ cm, die vom Kolben im Zylinder durchlaufene Höhe (= Hub) 9 cm. Üblicherweise wird der Hubraum in der Einheit Liter angegeben.

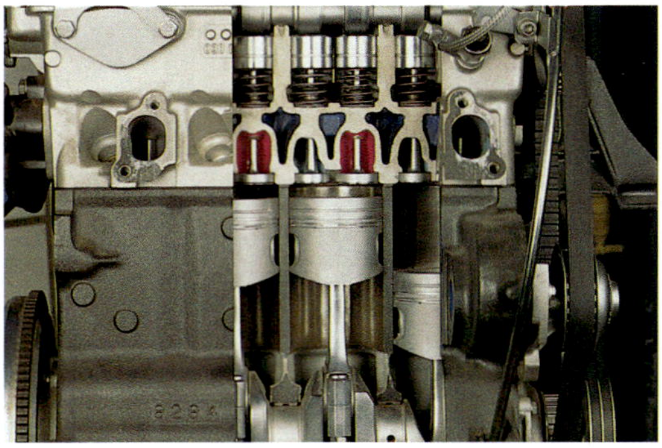

7. Eine Fahrradpumpe hat einen inneren Durchmesser von 2,6 cm und einen Kolbenhub von 28 cm.
Wie viel cm^3 Luft wird mit jedem Hub gepumpt?

8. a) Berechne die Innenwandfläche eines zylinderförmigen Getreidesilos mit 18 m Höhe und 7,5 m innerem Durchmesser.

b) Wie viel m^3 Getreide können maximal in dem Silo gelagert werden?

9. Berechne die Masse eines zylinderförmigen Gegenstandes aus dem angegebenen Material und den gegebenen Maßen

a) Eisen: $r = 2$ cm $\quad h_k = 15$ cm

b) Aluminium: $r = 7{,}5$ cm $\quad h_k = 65$ cm

c) Silber: $d = 12$ mm $\quad h_k = 27$ mm

d) Beton: $d = 1{,}4$ m $\quad h_k = 8{,}6$ m

10. Berechne das Volumen des zylinderförmigen Gegenstandes.

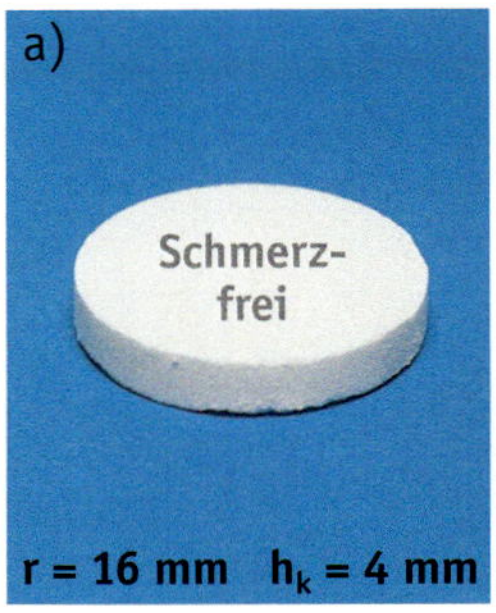

11. In einem Wohnhaus ist die Warmwasserleitung vom Boiler bis ins Bad 8,2 m lang. Der Innendurchmesser der Leitung beträgt 21 mm. Wie viel Liter Wasser laufen durch die Leitung, bis das erste Wasser aus dem Boiler im Bad ankommt?

12. Berechne das Volumen eines Kupferdrahtes mit 30 m Länge und einem Durchmesser von 3 mm. Wandle zunächst in eine gemeinsame Einheit um (z. B. in cm).

13. Zeichne ein Netz und berechne die Mantel- und Oberfläche des Zylinders.

a) r = 2 cm; h_k = 3 cm b) r = 3 cm; h_k = 4 cm c) d = 5 cm; h_k = 5 cm d) d = 4 cm; h_k = 8 cm

14. Eine Fabrik soll 10 000 Dosen mit Durchmesser 8 cm und Höhe 12 cm herstellen.

a) Berechne den Materialbedarf für eine Dose in cm^2.

b) Berechne den gesamten Materialbedarf in m^2, wenn mit 6% Verschnitt gerechnet wird.

15. Berechne die gesuchte Größe des Zylinders.

a) V = 176 cm^3; r = 4,5 cm; h_k = ▒

b) M = 83,9 cm^2; r = 3,8 cm; h_k = ▒

c) M = 246,8 cm^2; h_k = 27 cm; r = ▒

16. Berechne die fehlenden Größen des Zylinders.

	a)	b)	c)	d)	e)	f)	g)
Radius r	4,5 cm		2,8 cm		7,2 cm	5,1 cm	
Durchmesser d		8,6 cm					4,8 cm
Höhe h_k	5,2 cm	3,9 cm		4,8 cm	11,4 cm		
Mantelfläche M			77 cm^2	152 cm^2			56,7 cm^2
Oberfläche O						420 cm^2	
Volumen V							

17. In welcher Höhe muss der Eichstrich für 0,2 *l* bei einem zylinderförmigen Glas mit dem Innendurchmesser d = 5,4 cm angebracht werden?

18. In Stefans Formelsammlung steht für die Zylinderoberfläche die Formel $O = 2\pi r(r + h_k)$. Stimmt sie mit der Formel $O = 2\pi r^2 + 2\pi r h_k$ überein?

19. Ein Messzylinder aus Glas hat einen Innendurchmesser von 4 cm. Welchen Abstand haben zwei Markierungen auf der Zylinderwand, die einem Volumen von 50 cm^3 entsprechen?

LVL

Erbsensuppe aus der Dose

Die Firma Knurr stellt Suppen her. Für die neue Erbsensuppe mit Räucherspeck beauftragt sie die Firma Blechschmidt mit der Herstellung von Dosen.

1. a) Berechne das Volumen der Dose. Runde auf 2 Stellen nach dem Komma.
b) Die Füllmenge ist 3% geringer als das Dosenvolumen. Berechne die Füllmenge in ml.

2. Der Doseninhalt hat eine Dichte von $1{,}2\,\frac{\text{g}}{\text{cm}^3}$. Können 400 g Erbsensuppe eingefüllt werden?

3. Zeichne das Netz der Dose im Maßstab 1:2.

4. a) Berechne die Oberfläche der Dose. Runde auf 2 Stellen nach dem Komma.
b) Wie groß ist der Materialverbrauch für die Herstellung einer Dose, wenn mit 5% Verschnitt u. ä. gerechnet wird?

Sehr geehrter Herr Blechschmidt,
unsere Technik-Abteilung bezweifelt, dass bei dem von Ihnen vorgeschlagenen Dosenformat der geringstmögliche Materialverbrauch gegeben ist. Bitte prüfen Sie, welches Dosenformat Sie uns unter diesem Gesichtspunkt vorschlagen können. Es muss natürlich ein Format sein, das dasselbe Volumen aufweist.

5. Bestimme auf eine Stelle nach dem Komma die „idealen“ Abmaße für Radius und Höhe. Fällt dir etwas auf?

C6 = =PI()*A6^2*B6

	A	B	C	D	E
1					
2					
3	Radius r	Höhe h	Volumen V	Oberfläche O	
4	(in cm)	(in cm)	(in cm³)	(in cm²)	
5					
6	3,7	10,2	438,686		
7	3,8				
8	3,9				
9	4				
10	4,1				
11	4,2				
12	4,3				
13	4,4				

Zusammengesetzte und ausgehöhlte Körper

LVL **1.** *Partnerarbeit:* Überlegt gemeinsam, wie das Volumen und die Oberfläche der beiden abgebildeten Gesamtkörper berechnet werden kann. Notiert euer Ergebnis in Worten.

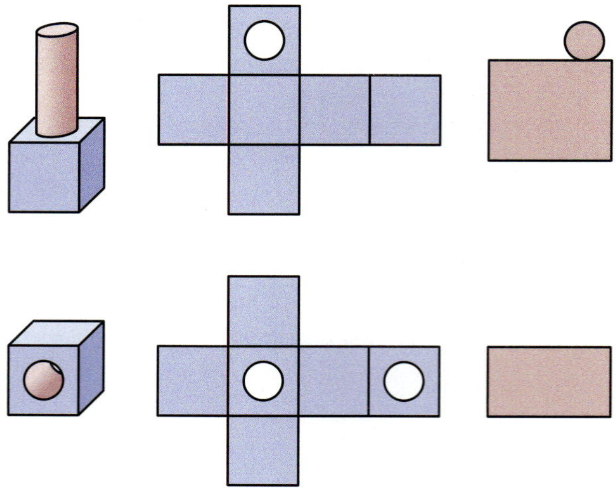

LVL **2.** *Partnerarbeit:* Jeder skizziert freihand drei verschiedene zusammengesetzte oder ausgehöhlte Körper als Schrägbild. Die Tischnachbarn erklären sich gegenseitig in Worten, wie Volumen und Oberfläche berechnet werden.

3. Berechne Volumen und Oberfläche des abgebildeten Körpers (Maße in mm).

a)
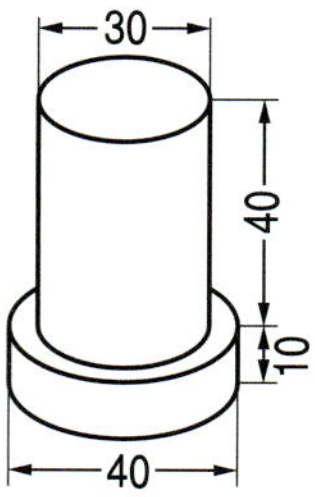

b)
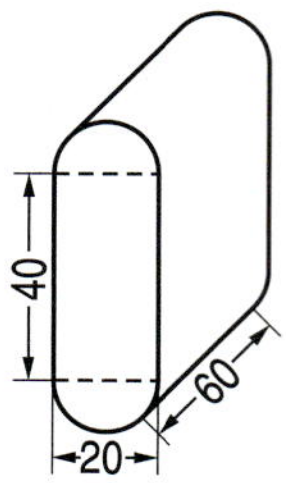

c)
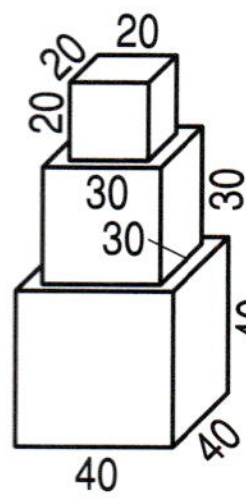

d)
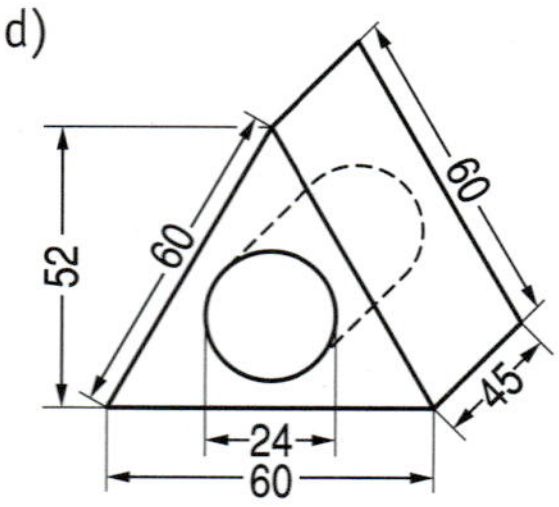

LVL **4.** a) *Partnerarbeit:* Entwickelt Formeln für das Volumen und die Oberfläche des Stahlringes.

b) Berechnet das Volumen und die Oberfläche des Stahlringes.

(1) $r_1 = 6$ cm $\quad r_2 = 4$ cm $\quad h = 2$cm

(2) $d_1 = 22$ mm $\quad d_2 = 16$ mm $\quad h = 8$ mm

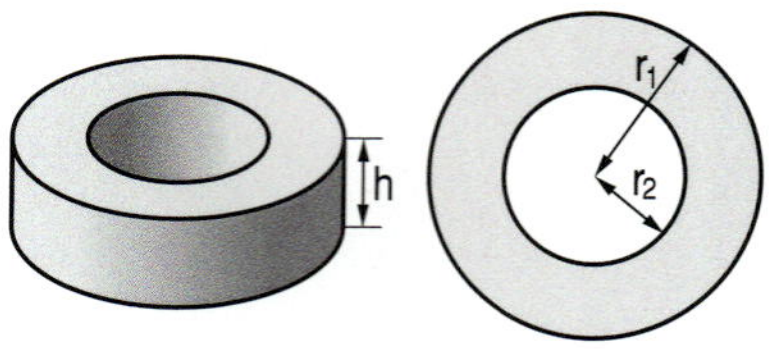

5. Die Abbildung zeigt den Querschnitt des Stefanstunnels. Er hat die Form eines Rechtecks mit aufgesetztem Halbkreis.

a) Die Innenwand des Tunnels soll einen neuen Schutzanstrich bekommen. Berechne die zu streichende Fläche.

b) Wie groß ist das Luftvolumen im Tunnel?

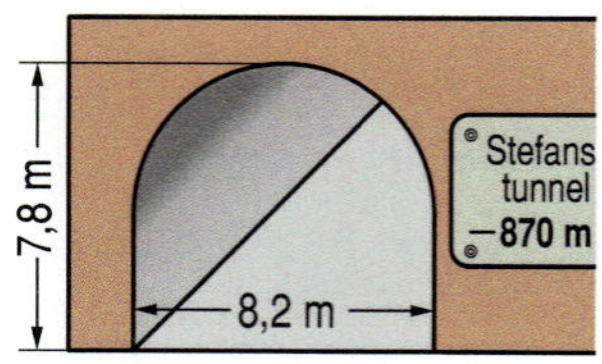

6. Die Abwasserrohre haben 30 cm Innendurchmesser und 45 mm Wandstärke. Das Rohrsystem im Wohngebiet ist insgesamt 2,4 km lang.

a) Wie viel m^3 Abwasser kann das Rohrsystem insgesamt maximal aufnehmen?

b) Wie viel m^3 Beton werden benötigt, um alle erforderlichen Rohre anzufertigen?

c) 1 m^3 Beton wiegt 2,4 t. Wie viele Fahrten mit einem Tieflader (Zuladung 20 t) sind nötig, um die Rohre in das Neubaugebiet zu transportieren?

1. Berechne Oberfläche und Volumen des Würfels.
a) a = 7 cm   b) a = 3,6 cm

2. Berechne Oberfläche und Volumen des Quaders.
a) a = 8 cm   b = 6 cm   c = 4 cm
b) a = 56 cm   b = 4,5 dm   c = 0,3 m

3. Wie hoch ist ein Quader mit quadratischer Grundfläche, mit 5 cm Seitenlänge, der 1 Liter Volumen hat?

4. Berechne die Oberfläche des Prismas mit der abgebildeten Grundfläche. Die Körperhöhe beträgt 10 cm.

a) 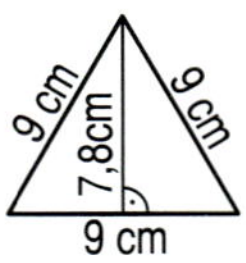

b) 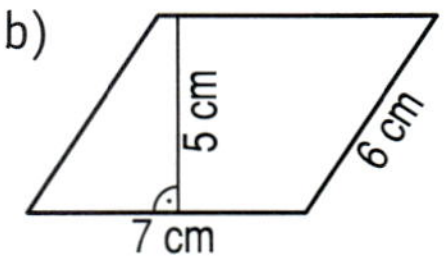

5. Berechne das Volumen des Prismas mit der Grundfläche G und der Höhe h_k.
a) $G = 65\ cm^2$, $h_k = 7\ cm$
b) $G = 1{,}2\ dm^2$, $h_k = 8\ cm$

6. Berechne die Oberfläche und das Volumen des Prismas.

a) 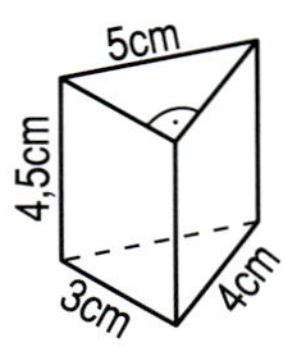

b) 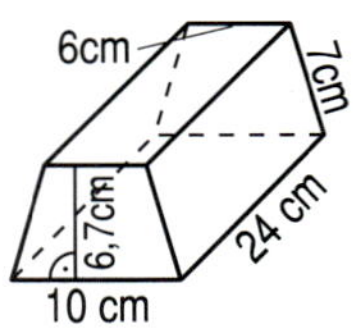

7. Berechne Mantel und Oberfläche des Zylinders.
a) r = 11 cm; h_k = 9 cm   b) d = 9 mm; h_k = 8 mm
c) r = 2,1 cm; h_k = 3,7 cm   d) d = 1 m; h_k = 70 cm

8. Berechne das Volumen des Zylinders.
a) r = 2 cm; h_k = 5 cm   b) r = 4,2 cm; h_k = 6,1 cm
c) d = 8 cm; h_k = 7 cm   d) d = 6 mm; h_k = 1,8 cm

9. Berechne Volumen und Oberfläche des Zylinders.

a) 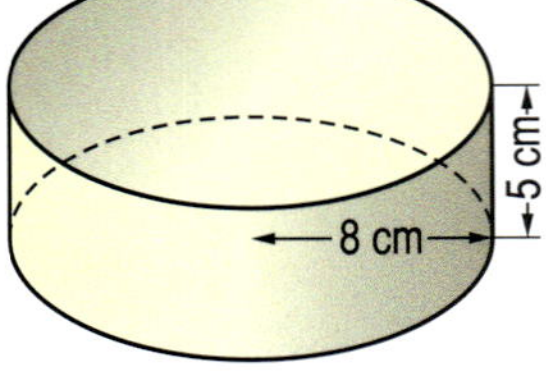

b) 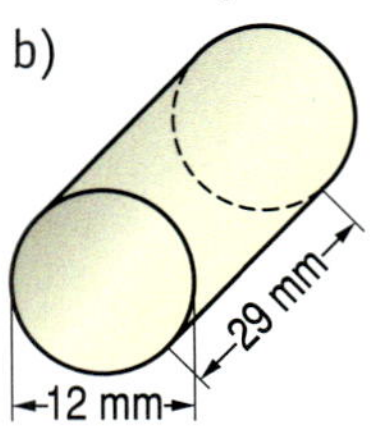

Quader und Würfel

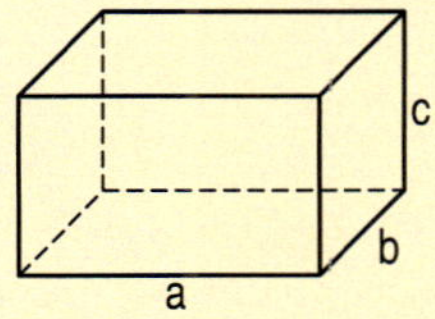

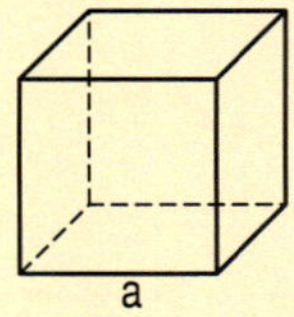

$O = 2 \cdot a \cdot b + 2 \cdot a \cdot c + 2 \cdot b \cdot c$
$V = a \cdot b \cdot c$

$O = 6 \cdot a^2$
$V = a^3$

Oberfläche des Prismas
Oberfläche = 2 · Grundfläche + Mantelfläche

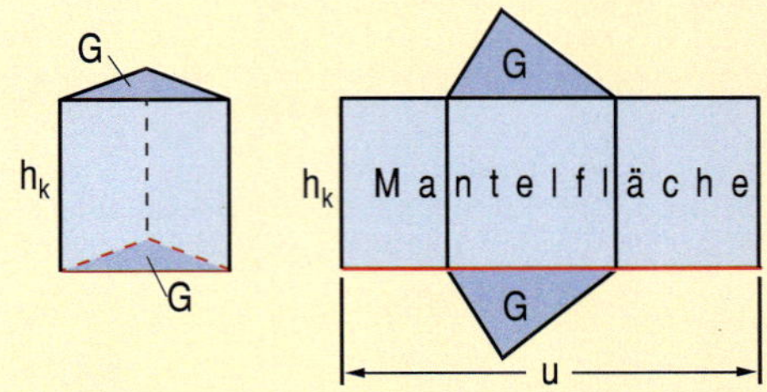

$M = u \cdot h_k$ $O = 2 \cdot G + M$

Volumen des Prismas
Volumen = Grundfläche · Körperhöhe

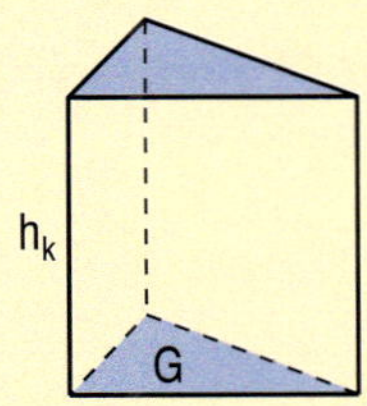

$V = G \cdot h_k$

Oberfläche und Volumen des Zylinders

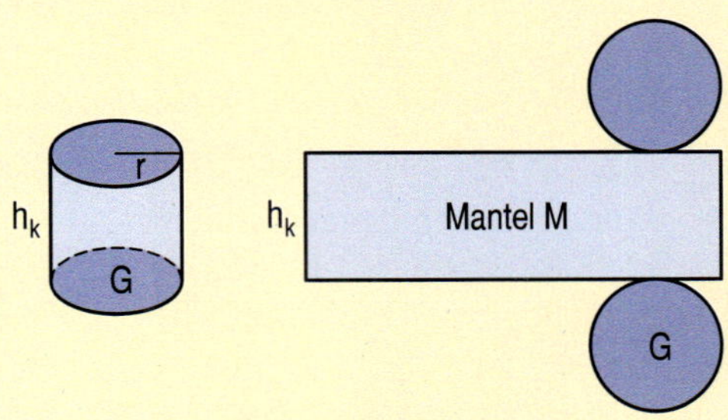

$V = G \cdot h_k$
$V = \pi r^2 h_k$

$O = 2\,G + M$
$M = 2\pi r h_k$
$O = 2\pi r^2 + 2\pi r h_k$

DIAGNOSETEST

1. Berechne die Oberfläche des Quaders.

2. Berechne das Volumen des Quaders.

3. Zeichne ein Schrägbild des Quaders mit den Kantenlängen 4 cm, 5 cm und 6 cm.

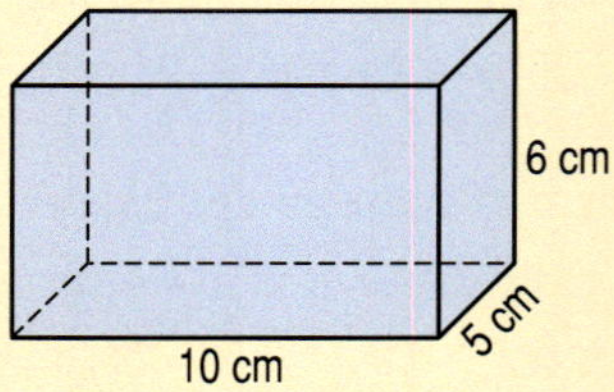

4. Eine quaderförmige Eisenplatte ist 125 cm lang, 60 cm breit und 1 cm dick. Berechne die Masse der Eisenplatte, wenn 1 cm^3 Eisen 7,9 g wiegt.

5. Berechne Oberfläche und Volumen eines Zylinders mit $r = 6$ cm und $h_k = 11$ cm.

Wähle weitere 5 Aufgaben aus.

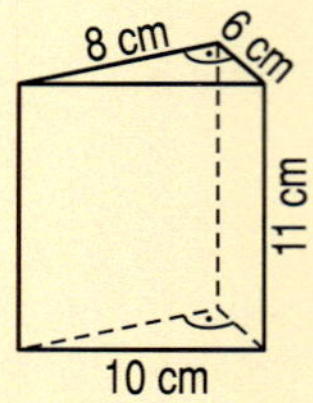

1. Zeichne ein Netz des abgebildeten Prismas im Maßstab 1 : 2.

2. Berechne die Oberfläche des abgebildeten Prismas.

3. Berechne das Volumen des abgebildeten Prismas.

4. Sebastian renoviert sein Zimmer. Es ist 4,50 m lang, 3,90 m breit und 2,50 m hoch.

a) Wie viel m^2 Teppichboden benötigt er?

b) Wie viel m^2 Tapete für Wände und Decke müssen besorgt werden? Für Fenster und Türen werden 5 m^2 abgezogen.

5. Gib die Anzahl der Ecken, Kanten und Flächen des Prismas an.

a) 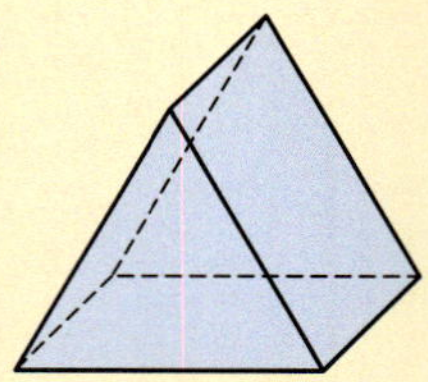

b) 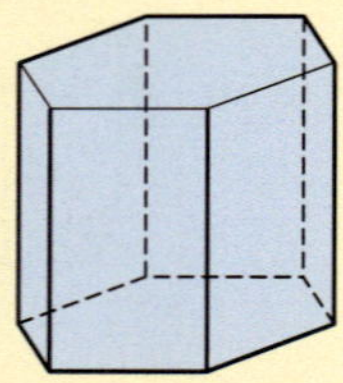

6. Zeichne das Schrägbild eines Prismas mit einem gleichseitigen Dreieck ($a = 5$ cm) als Grundfläche und einer Körperhöhe von $h = 8$ cm.

7. Eine Litfasssäule hat eine Höhe von 3,2 m und einen Umfang von 3,5 m. Wie groß ist die Fläche, die mit Reklame beklebt werden kann?

8. Eine Fahrradpumpe hat einen inneren Durchmesser von 2,7 cm und einen Kolbenhub von 23 cm. Wie viel cm^3 Luft wird mit jedem Hub gepumpt?

9. Berechne vom abgebildeten Gewächshaus

a) die gesamte verglaste Fläche,

b) das Volumen des Innenraumes.

10. Ein Quader hat eine Oberfläche von 88 cm^2. Er ist doppelt so lang wie breit. Er ist so hoch wie Breite und Länge zusammen. Welche Kantenlängen besitzt er?

11. Eine Münze aus Gold (1 cm^3 wiegt 19,3 g) ist 1,8 mm dick und hat einen Durchmesser von 32 mm. Berechne die Masse der Münze.

Rationale Zahlen und Gleichungen

7

LVL **Im Kino**

1. In der Filmbühne gibt es 16 Sitzreihen mit gleich vielen Sitzen. Insgesamt haben 288 Personen Platz.

Plätze pro Reihe: x

Plätze insgesamt: 16 · x

Gleichung:

16 · x = ☐

2. Nora arbeitet als Aushilfe im Kino. Im September hat sie doppelt so viel verdient wie im August. Insgesamt hat sie in den 2 Monaten 270 € verdient.
Berechne, wie viel Geld sie in den beiden Monaten jeweils bekommen hat.

Verdienst August: x

Verdienst September: [2 + x] oder [2 · x] oder [2 − x] ?

Gleichung: Verdienst im August + Verdienst im September = 270

3. Wie teuer ist eine Flasche Cola?

Preis für eine Cola: x

Preis für 4 Cola: ◯

Gleichung:

Preis für 4 Cola + 2,50 € für Popcorn = Gesamtpreis

4. Heute wurde die Nachmittagsvorstellung von 125 Leuten gesehen. Für die Abendvorstellung wurden 80 Karten mehr verkauft. Die Gesamteinnahme betrug 1 980 €. Wie teuer ist eine Eintrittskarte?

Preis für eine Karte: x

Einnahmen Nachmittag: ◯

Einnahmen Abend: ☐

Gleichung:

◯ + ☐ = 1 980

5. In den letzten 3 Monaten wurden 543 Kinogutscheine verkauft. Im November wurden 45 weniger verkauft als im Oktober und im Dezember 156 mehr als im Oktober.

Karten im Oktober: x

Karten im November: ◯

Karten im Dezember: ☐

Gleichung:

x + ◯ + ☐ = ?

Aufstellen und Berechnen von Termen

LVL **1.** *Partnerarbeit:* Wo sollte Silvia den Strauß kaufen? Findet einen Rechenweg, mit dem ihr die drei Angebote vergleichen könnt.

> **Terme** beschreiben Rechenwege und enthalten oft Variablen (Buchstaben).
> Setzt man für die Variablen Zahlen ein, so erhält man als Rechenergebnis eine Zahl.

2. Schreibe den Term auf.

a) Sabine ist 13 Jahre alt, ihre Mutter x Jahre. Wie alt sind beide zusammen?

b) Sven hat sich eine Zahl gedacht. Vom 5-Fachen dieser Zahl zieht er 12 ab.

c) Frau Schneider hat y € in ihrem Portmonee. Im Blumengeschäft kauft sie 8 Rosen zum Stückpreis von x €. Wie viel Geld bleibt ihr nach dem Bezahlen?

LVL **3.** Schreibe einen Aufgabentext zu dem Bild und gib den passenden Term an.

a)

Gesamtpreis?

b)

Zusammen?

c)

Wechselgeld?

4. Schreibe einen Term für die Länge des Streckenzuges von A nach B auf und berechne ihn für x = 3 cm und y = 5 cm.

a)

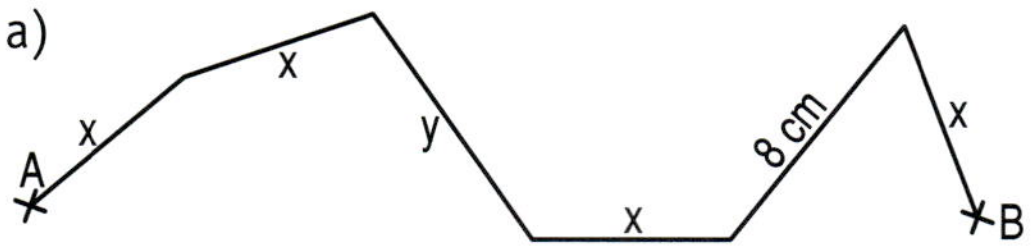

b)

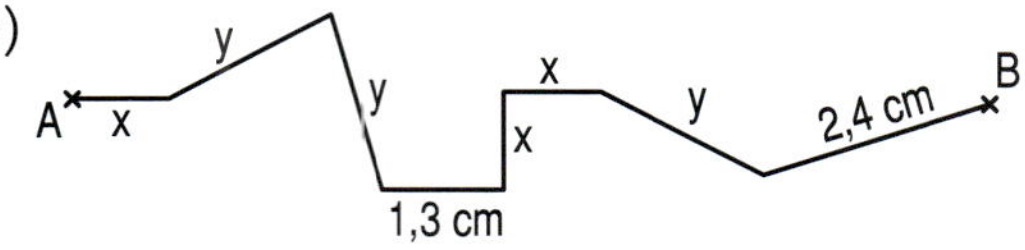

5. Berechne den Term für die angegebenen Einsetzungen:

a) $3 \cdot x + 4 \cdot y$ Einsetzungen: $x = 2, y = 5$ | $x = -3, y = 8$ | $x = -7, y = 3$

b) $5 \cdot (x - y)$ Einsetzungen: $x = 8, y = 6$ | $x = -2, y = 4$ | $x = -5, y = 1$

LVL **6.** Erfinde eine Rechengeschichte zu dem Term.

a) $50 - 3 \cdot x - y$ b) $3 + (x + y)$ c) $2 \cdot x - 18$ d) $y - 3 \cdot x$

Lösen von Gleichungen durch Umformen

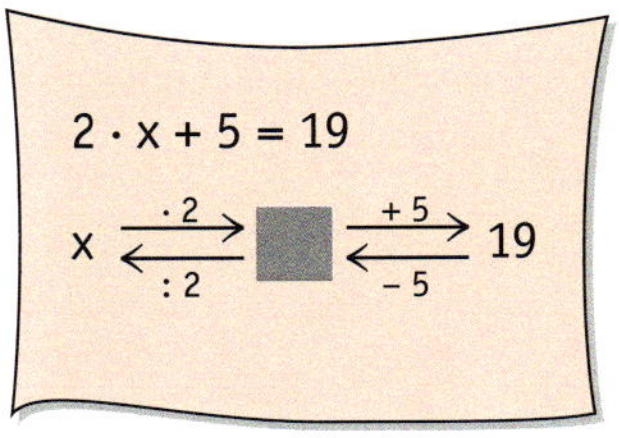

x	2 · x + 5	= 19	w/f
1	2 · 1 + 5 = 7	19	f
2	2 · 2 + 5 = 9	19	f

LVL **1.** *Gruppenarbeit:* Oben seht ihr drei Möglichkeiten, eine Gleichung zu lösen. Beschreibt die Lösungsmethoden und setzt die Rechnungen fort.

Man kann Gleichungen dadurch vereinfachen (umformen), dass man
- **auf beiden Seiten** dasselbe addiert oder subtrahiert,
- **beide Seiten** mit derselben Zahl außer Null multipliziert oder durch sie dividiert.

$7 \cdot x + 23 = 107 \quad | -23$
$7 \cdot x + 23 - 23 = 107 - 23$
$7 \cdot x = 84 \quad | :7$
$7 \cdot x : 7 = 84 : 7$
$x = 12$

auf beiden Seiten

Probe:
linke Seite:
$7 \cdot 12 + 23 = 84 + 23 =$ **107**
rechte Seite: **107**

2. Neben der Gleichung steht die angebliche Lösung. In einigen Fällen ist sie richtig, in anderen falsch. Führe jeweils die Probe durch.

a) $5x - 7 = 13$; Lösung $x = 4$?
b) $2x + 9 = -7$; Lösung $x = 8$?
c) $6x + 20 = 8$; Lösung $x = -2$?
d) $3x - 5 = 22$; Lösung $x = 9$?
e) $4y - 13 = -9$; Lösung $y = 1$?
f) $8y + 19 = -5$; Lösung $y = -3$?
g) $y - 16 = 2$; Lösung $y = -18$?
h) $7y - 6 = 57$; Lösung $y = -7$?

TIPP
In Termen lässt man das Multiplikationszeichen weg, wenn dadurch kein Irrtum entsteht.
$4 \cdot x$ *kurz:* $4x$
$x \cdot y$ *kurz:* xy
$3 \cdot (x + 2)$ *kurz:* $3(x + 2)$

3. Löse die Gleichung. Führe anschließend zur Sicherheit die Probe durch.

a) $6x - 17 = 1$
b) $5x - 9 = 11$
c) $3x - 14 = -26$
d) $4x + 31 = 39$
e) $8y + 19 = -13$
f) $6y - 3 = 39$
g) $7y + 5 = 40$
h) $3y + 28 = 19$

4. Eine Gruppe von 6 Schülerinnen und Schülern geht ins Kino. Außer den Eintrittskarten kaufen sie noch für 7 € Süßigkeiten. Insgesamt geben sie 31 € aus.
Nenne den Preis einer Eintrittskarte x, stelle eine Gleichung auf und löse sie.

Preis einer Eintrittskarte: x
Preis von 6 Eintrittskarten: ▭

___ + ___ = ___
Eintritt Süßigkeiten gesamt

5. Stelle eine Gleichung auf und löse sie.

a) Andrea kauft 5 gleiche Taschenrechner für sich und vier Freundinnen. Außerdem bezahlt sie für Obst 9 €. Insgesamt gibt sie so 94 € aus. Wie teuer ist ein Taschenrechner?

b) Sonderangebot: Vier neue Reifen für den B6 kosten einschließlich 35 € Montage 407 €. Wie teuer ist ein Reifen?

c) Herr Joost kauft 3 Hemden. An der Kasse legt er einen Gutschein im Wert von 25 Euro vor und zahlt noch 41 Euro.

LVL **6.** Schreibe eine Rechengeschichte zu der Gleichung, dann berechne die Lösung.

a) $x - 28 = 13$
b) $3y + 5 = 59$
c) $2x - 3 = 17$
d) $5y - 12 = 53$

Ordnen und Zusammenfassen

LVL 1. *Gruppenarbeit:*

a) Diskutiert in der Gruppe, wie der Trick des Rechenkünstlers funktioniert.

b) Jede Gruppe denkt sich einen ähnlichen Term aus und bereitet sich wie der Rechenkünstler vor. Derjenige, der als Nächster Geburtstag hat, präsentiert den Trick vor der Klasse.

2. Termwand! Ordne die Buchstaben den richtigen Feldern zu. Du erhältst einen kurzen Satz.

① 3x + 5 + 7x − 8	② 2x − 7 − 9 − 5x	③ 8 − 4x − x + 12	
④ 3 + 8x − 11	⑤ −4x + 7 + 9x	⑥ −12 −5x + 19	⑦ 6x − 21 − 8x
⑧ 5x − 3x + 17 − 21 + 6x − 5	⑨ −31 + 3x + 18 − 4x − x + 14		

8x − 8	K
8x − 9	E
−3x − 16	C
−5x + 7	N
−5x + 20	H
5x + 7	A
10x − 3	I
−2x + 1	S
−2x − 21	N

LVL 3. Erfinde selbst zwei Terme, die sich zu 2x + 1 zusammenfassen lassen, und stelle sie vor.

LVL 4. *Gruppenarbeit:* Stefanie hat herausgefunden, wie man komplizierte Gleichungen lösen kann. Erklärt ihren Lösungsweg und fertigt ein Lernplakat dazu an.

5. Löse die Gleichung.

a) $5x + 19 - 3x - 22 = 7$
b) $3y - 7 + 8y - 43 = 5$
c) $3x + 5 + 4x + 4 = 44$
d) $4x - 6 + 3x - 5 = -4$
e) $-18 + 9y - 2y + 13 = 37$
f) $8 - 3y - 17 - 5y = -9$
g) $11y + 16 - 9y - 9 = 13$
h) $38 - 4x + 7 + 9x = 70$

LVL

Rechengeschichten

1. a) Spielt die Bildergeschichte vor der Klasse nach.

b) Schreibe die Geschichte in kurzen Sätzen auf.
Beginne so:
Tom bekommt von seiner Oma 10 Euro.

c) Bearbeite folgende Aufgabe zusammen mit deinem Nachbarn, deiner Nachbarin:
Wie teuer ist ein Apfel?
Tipp: Nennt den Preis für einen Apfel x, stellt eine Gleichung auf und löst sie.

2. Stelle mindestens drei Fragen und beantworte sie.

3. Herr Müller verkauft auf einer Kirmes Autopolitur. Bei Arbeitsbeginn hat er 100 Euro Wechselgeld in seiner Kasse. Bis zur Frühstückspause verkauft er 9 Flaschen und bis zum Mittag weitere 28 Flaschen. In der Pause nimmt er sich 4,50 € für eine Pizza aus der Kasse. Bis zum Feierabend verkauft er dann noch weitere 54 Flaschen. Als er am Ende des Arbeitstages die Standgebühr von 85 € bezahlt hat, sind noch 1 330 € in seiner Kasse.

a) Stelle eine Frage und beantworte sie.

b) Gruppenarbeit: Überlegt euch ein Produkt, das verkauft werden soll, und einen Preis dafür. Schreibt eine Verkaufsgeschichte wie oben und stellt die Aufgabe euren Mitschülerinnen und Mitschülern.

4. Schreibe selbst eine Geschichte oder male eine Bildergeschichte zu der Gleichung und löse sie.

$50 - 2x + 7 - 3x = 12$

Bleib FIT!

Die Ergebnisse der Aufgaben 1 bis 8 liegen auf den Britischen Inseln.

1. Berechne den fehlenden Winkel.

a) Dreieck: $\alpha = 47°$, $\beta = 54°$, $\gamma =$ ■°

b) gleichschenkliges Dreieck:
$\gamma = 124°$, $\alpha = \beta =$ ■°

c) Viereck: $\alpha = 100°$, $\beta =$ ■°, $\gamma = 85°$, $\delta = 65°$

2. Ist die Zahl ein Teiler von 11 730?

a) 3 ja (17) nein (55)

b) 4 ja (37) nein (57)

c) 5 ja (54) nein (64)

3. a) 3 Stifte kosten 2,25 €. Wie viel Euro kosten 5 Stifte derselben Sorte?

b) Für 12 Pferde reicht ein Futtervorrat 15 Tage. Wie viele Tage reicht er für 10 Pferde?

c) Für 200 € erhält Herr May 306 sfr. Wie viel sfr erhält er für 450 €?

4. a) 3,5 t – 785 kg = ■ t

b) 1 h 47 min + 38 min = ■ min

c) 7 dm + 1,53 m = ■ m

5. a) $\frac{1}{6}$ von 300 kg = ■ kg

b) $\frac{2}{3}$ von 21 m = ■ m

6. Welche der Geraden sind senkrecht zueinander?

a) $c \perp d$ wahr (12); falsch (23)

b) $a \perp d$ wahr (36); falsch (56)

c) $a \perp b$ wahr (45); falsch (32)

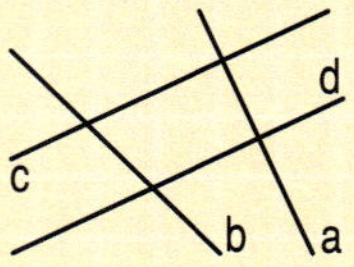

7. Berechne den Flächeninhalt.

a) Dreieck: g = 8,4 cm, h = 3,5 cm, A = ■ cm²

b) Parallelogramm:
g = 0,75 m, h = 27 cm, A = ■ cm²

8. a) 3,5 · (17,4 – 13,08)

b) 2,74 · 1,3 + 8,5 · 19,02

c) 120,47 – 22,4 · 3,8

1,48	O
2	L
2,23	G
2,715	A
3,75	T
12	N
14	W
14,7	H
15,12	E
17	F
18	G
19	T
20,25	P
23	L
28	E
32	C
35,35	S
36	O
37	Y
45	Z
50	O
54	S
55	M
64	F
56	I
57	A
79	B
110	L
111,232	S
145	S
165,232	S
688,50	L
2 025	N

Gleichungen mit der Variablen auf beiden Seiten

LVL 1. *Gruppenarbeit:* Erklärt anhand der Waagebilder, wie auch Gleichungen mit der Variablen auf beiden Seiten durch Umformen gelöst werden können. Fertigt ein Plakat an, auf dem die Bildleiste vollständig zu Ende geführt wird.

$3x + 29 = -2x + 4 \quad | -29$
$3x + 29 - 29 = -2x + 4 - 29$
$3x = -2x - 25 \quad | +2x$
$3x + 2x = -2x + 2x - 25$
$5x = -25 \quad | :5$
$5x : 5 = -25 : 5$
$\underline{\underline{x = -5}}$

Kurzform
$3x + 29 = -2x + 4 \quad | -29$
$3x = -2x - 25 \quad | +2x$
$5x = -25 \quad | :5$
$\underline{\underline{x = -5}}$

Probe linke Seite: $3 \cdot (-5) + 29 = -15 + 29 = \mathbf{14}$
rechte Seite: $(-2) \cdot (-5) + 4 = 10 + 4 = \mathbf{14}$

2. Löse die Gleichung und führe dann die Probe durch.
a) $8x + 7 = 3x + 37$ b) $5y - 11 = 3y + 5$ c) $6z + 14 = 3z + 20$
d) $9x - 5 = 5x + 19$ e) $7z + 3 = 19 + 5z$ f) $24 + 3z = 2z + 29$

3. Ist die angebene Zahl Lösung der Gleichung? Kontrolliere mit einer Probe.
a) $6x + 5 = 3x + 26$; 7 b) $4y - 3 = 2y + 9$; 3 c) $2x + 3 = 4x - 11$; 7
d) $6z - 4 = 2z - 20$; −6 e) $9x + 5 = 19 + 7x$; 12 f) $7 - 2y = 12 - 3y$; 2
g) $5y + 8 = 3y - 14$; 3 h) $6 - 2z = 41 - 7z$; 1 i) $4z - 6 = z + 18$; 5
j) $9 + 8z = 2z - 27$; 6 k) $7 + 5x = 39 - 3x$; 2 l) $x - 17 = 3x - 10$; 11

4. Die Wege sind gleich lang. Wie lang ist x?

a)
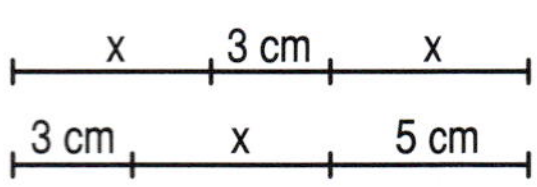

b)
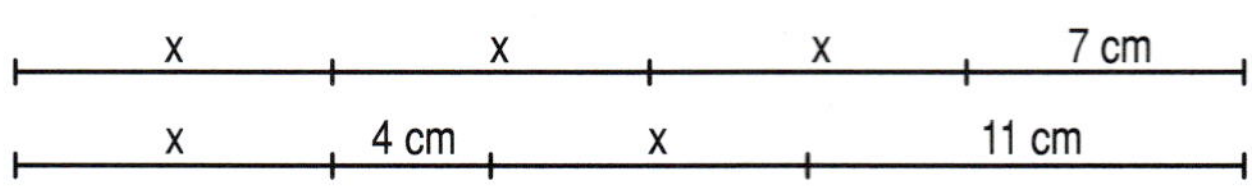

5. Hier wurde ein Fehler gemacht. Finde den Fehler und rechne die Aufgabe richtig zu Ende.

a)
$3x + 7 = x + 9 \quad | -x$
$2x + 7 = 9 \quad | -7$
$2x = 16 \quad | :2$
$x = 8$ **f**

b)
$7y - 15 = 3y \quad | -3$
$7y - 18 = y \quad | -y + 18$
$6y = 18 \quad | :6$
$y = 3$ **f**

c)
$5y - 11 = 2y + 1 \quad | -2y$
$3y - 11 = 1 \quad | +11$
$3y = 12 \quad | :3$
$y = 12$ **f**

6. a) Subtrahiert man vom Dreifachen einer Zahl 9, so erhält man dasselbe, als wenn man zum Doppelten der Zahl 4 addiert.

b) Man kommt zum selben Ergebnis, wenn man das Doppelte einer Zahl um 19 verringert oder die Zahl selbst um 2 vermindert.

Vermischte Aufgaben

1. Löse die Gleichung wie im Beispiel, einmal mit Umkehroperatoren und einmal durch Umformen. Vergleiche die Rechenschritte.

a) $4x + 5 = 17$ b) $3y - 4 = 14$ c) $5y + 7 = 22$
d) $3y - 19 = -7$ e) $6z - 31 = 11$ f) $7x - 5 = -40$
g) $6z - 15 = 45$ h) $8x + 5 = 69$ i) $2y - 17 = -3$
j) $5x - 18 = 12$ k) $9y + 19 = 100$ l) $10z - 37 = -87$

$3x - 7 = 8$

$x \xrightarrow{\cdot 3} \blacksquare \xrightarrow{-7} 8$

$\mathbf{5} \xleftarrow{:3} 15 \xleftarrow{+7} 8$

$3x - 7 = 8 \quad | +7$
$3x = 15 \quad | :3$
$x = 5$

LVL **2.** Sabine sagt: „Das Lösen von Gleichungen mit Umkehroperatoren kann ich eigentlich vergessen. Es klappt ja immer mit dem Umformen.“ Überlege zusammen mit anderen und begründe.

3. Fasse auf beiden Gleichungsseiten wie im Beispiel so weit wie möglich zusammen und löse dann durch Umformen.

a) $6x - 8 + 3x + 5 = 6 + 4x + 11$ b) $4y + 9 + 3y = 8 + 5y + 19$
c) $14 - 3x + 5x - 2 = 6 - 8x - 34$ d) $4z + 8 - z + 3 = 2z + 23$

$3x + 7 + 5x = -6 + 6x + 23$
$3x + 5x + 7 = 6x - 6 + 23$
$8x + 7 = 6x + 17 \quad | -6x$
....

LVL **4.** a) Erkläre deinem Nachbarn oder deiner Nachbarin, warum Markus die Gleichung nicht lösen kann.
b) Löse die Gleichung nach Sinas Idee.

5. a) $13 - 4z = -2z + 9$ b) $5x - 11 = 24 - 2x$ c) $21 + 4y = 54 - 7y$
d) $2x + 7 = 5x - 8$ e) $6y - 14 = 4y + 2$ f) $19 - 7z = 3 - 5z$

6. a) $8y - 41 = 39 - 12y$ b) $11z + 7 = 13z - 21$ c) $16 + 2x = -5x - 33$
d) $9 - 2z = -7z + 49$ e) $14 - 2x = 7x - 40$ f) $18 + 3y = 15y + 54$

TIPP
Wenn links das kleinere Vielfache der Variablen steht, tausche vor dem Umformen die beiden Gleichungsseiten.

7. Zahlenrätsel! Löse wie im Beispiel.

a) Heike und Frank haben sich dieselbe Zahl gedacht. Heike vergrößert das 6-Fache der Zahl um 4. Frank zieht vom 9-Fachen der Zahl 11 ab. Beide kommen zu demselben Ergebnis. Wie heißt die Zahl?

b) Wenn man das 4-Fache einer Zahl um 5 vergrößert, so erhält man dasselbe, wie wenn man von 19 das 3-Fache dieser Zahl abzieht. Wie heißt die Zahl?

4-Faches der Zahl:	$4x$
vergrößert um 5:	$4x + 5$
3-Faches der Zahl:	$3x$
von 19 abgezogen:	$19 - 3x$
erhält man dasselbe wie:	$4x + 5 = 19 - 3x$

8. a) Addiert man zum 5-Fachen einer Zahl 18, so erhält man das 8-Fache dieser Zahl.
b) Subtrahiert man 8 vom 3-Fachen einer Zahl, so erhält man 15 weniger als das 4-Fache der Zahl.

LVL **9.** Schreibe zu der Gleichung selbst ein Zahlenrätsel und stelle es der Klasse vor.

a) $5y + 13 = 108$ b) $4x - 7 = 3x - 4$ c) $3x - 10 = 8x$

Multiplikation mit einer negativen Zahl

LVL **1.** a) *Partnerarbeit:* Zeigt, wie Malte zur Lösung –4 kommt, indem ihr seine Rechnung zu Ende führt.
b) Löst die von Malte gestellte Aufgabe und begründet die Regel im Kasten.

Man **multipliziert** zwei Zahlen so:
① Man multipliziert die Beträge.
② Bei gleichem Vorzeichen ist das Ergebnis positiv, bei verschiedenen Vorzeichen ist es negativ.

$4 \cdot 6 = 24$ $-4 \cdot (-6) = 24$ $-4 \cdot 6 = -24$ $4 \cdot (-6) = -24$

2. a) $3 \cdot (-7)$; $-5 \cdot 8$ b) $-4 \cdot 5$; $2 \cdot (-6)$ c) $-6 \cdot (-3)$; $-9 \cdot (-7)$ d) $8 \cdot 5$; $-7 \cdot 3$ e) $-3 \cdot 9$; $10 \cdot (-6)$ f) $-5 \cdot (-8)$; $-4 \cdot 7$ g) $-11 \cdot 2$; $-3 \cdot (-2)$

3. Übertrage die Tabelle ins Heft und fülle die Felder aus.

a)

•	3	– 4	– 8	7	– 5
6					
– 5					
2					
– 9					

b)

•	– 6	– 10	7	9	– 2
– 10					
3					
9					
– 15					

4. a) $3 \cdot ▇ = -21$; $▇ \cdot 6 = -18$ b) $-5 \cdot ▇ = 20$; $8 \cdot ▇ = 32$ c) $▇ \cdot (-4) = 36$; $▇ \cdot (-7) = -21$ d) $▇ \cdot 5 = -35$; $-9 \cdot ▇ = 36$ e) $-2 \cdot ▇ = -32$; $▇ \cdot (-3) = 12$

5. a) $5 \cdot (-3)$; $-5 \cdot 3$; $-5 \cdot (-3)$ b) $-8 \cdot 4$; $8 \cdot (-4)$; $-8 \cdot (-4)$
c) $-9 \cdot 6$; $9 \cdot (-6)$; $-9 \cdot (-6)$ d) $12 \cdot (-5)$; $-12 \cdot 5$; $-12 \cdot (-5)$

6. Berechne und setze fort.
a) $5 \cdot 3,\ 5 \cdot 2,\ 5 \cdot 1,\ 5 \cdot 0,\ 5 \cdot (-1), \ldots$ b) $(-5) \cdot 3,\ (-5) \cdot 2,\ (-5) \cdot 1, \ldots$

LVL **7.** Ein Produkt mit drei Faktoren ist positiv, wie viele Faktoren dürfen negativ sein?

Division durch eine negative Zahl

LVL **1.** a) *Partnerarbeit:* Überprüft mit eine Probe, ob die von Laura gefundene Lösung richtig ist.
b) Führt die Rechnung von Lars zu Ende und begründet die Regel im Kasten.

Man **dividiert** zwei Zahlen so:
① Man dividiert die Beträge.
② Bei gleichem Vorzeichen ist das Ergebnis positiv, bei verschiedenen Vorzeichen negativ.

$24 : 6 = 4$ $\quad -24 : (-6) = 4$ $\quad -24 : 6 = -4$ $\quad 24 : (-6) = -4$

2. Führe den letzten Schritt zur Lösung der Gleichung durch.

a) $-7x = 35 \quad |:(-7)$ b) $-6y = -54 \quad |:(-6)$ c) $-3z = -36 \quad |:(-3)$ d) $-12x = 48 \quad |:(-12)$
e) $-4y = -24 \quad |\ldots$ f) $-8z = 88 \quad |\ldots$ g) $-9x = -36 \quad |\ldots$ h) $-20y = 120 \quad |\ldots$

3. Übertrage die Tabelle ins Heft und fülle die Felder aus.

a)

:	4	−6	−2	3	−12
24					
−36					

b)

:	−8	20	−10	−5	2
−80					
120					

4.
a) $-5 \cdot 4$; $-30 : 6$ b) $-40 : (-8)$; $-9 \cdot (-7)$ c) $25 \cdot (-3)$; $48 : (-12)$ d) $-50 : 2$; $-4 \cdot 13$
e) $-8 \cdot (-9)$; $28 : (-7)$ f) $-24 : 6$; $-5 \cdot (-2)$ g) $9 \cdot (-3)$; $-72 : (-8)$ h) $-24 : 4$; $13 \cdot (-5)$
i) $9 : (-3)$; $-14 \cdot (-2)$ j) $25 \cdot (-3)$; $-39 : 13$ k) $-72 : (-12)$; $15 : (-3)$ l) $-8 \cdot 13$; $-7 \cdot (-6)$

TIPP
Gemeinsame Regel für Multiplikation und Division:
zwei gleiche Vorzeichen } Ergebnis positiv
zwei verschiedene Vorzeichen } Ergebnis negativ

5. Löse die Gleichung durch Umformen, *ohne* zuvor die Seiten zu vertauschen.

a) $2x + 17 = 5x + 23$ b) $4z - 9 = 6z + 7$ c) $-3y + 8 = 2y - 22$
d) $3y - 5 = 7y + 15$ e) $6x + 15 = 11x - 45$ f) $-2z + 7 = 4z - 29$

6. Fasse auf jeder Gleichungsseite so weit wie möglich zusammen und löse dann die Gleichung.

a) $5x + 11 - 2x - 4 = 9x - 2 - 4x - 7$ b) $8y - 12 + 4 - 10y = 9y - 6y + 15 + 7$
c) $6x + 9 - 13x + 4 = 2x - 8 - 3 - 5x$ d) $-20 + 8z - 11 - 3z = 8z + 40 - 15 + 4z$

LVL **Pension Tannenblick**

1. In der Pension Tannenblick sind Gäste aus Deutschland und aus Österreich, insgesamt 36 Personen. Die Zahl der deutschen Gäste ist dreimal so groß wie die Zahl der österreichischen Gäste.
Zahl der österr. Gäste: x
Zahl der deutschen Gäste: 3x

Gleichung
Zahl österr. Gäste + Zahl deutscher Gäste = Gesamte Gästezahl

2. Der Besitzer Herr Ramsbacher ist 7 Jahre älter als seine Frau. Zusammen sind sie 83 Jahre alt.
Alter von Frau R: x
Alter von Herrn R: [7] [x + 7] [7x] ?

Gleichung
Alter Frau R + Alter Herr R = Gesamtalter

3. Fremdenzimmer befinden sich im Erdgeschoss (EG), im Obergeschoss (OG) und im Dachgeschoss (DG). Im Obergeschoss sind es doppelt so viele Zimmer wie im Erdgeschoss, im Dachgeschoss zwei Zimmer weniger als im Obergeschoss. Insgesamt haben Ramsbachers 23 Fremdenzimmer. Wie viele davon sind in den einzelnen Etagen?
Zahl der Zimmer EG : x
Zahl der Zimmer OG : ☐
Zahl der Zimmer DG : ⬭

Gleichung
x + ☐ + ⬭ = 23

4. In der Nacht vom Montag zum Dienstag übernachteten 15 Personen in der Pension Tannenblick. Außerdem verkauften Ramsbachers Getränke für 21 €.
Von Dienstag zu Mittwoch übernachteten nur 12 Personen und die Einnahmen durch Getränkeverkauf betrugen nur 17 €.
Insgesamt nahmen Ramsbachers am zweiten Tag 79 € weniger ein als am Tag zuvor.
Was kostet eine Übernachtung?
Preis für eine Übernachtung in €: x

	Mo/Di	Di/Mi
Einnahme Übernachtungen:	15x	
Einnahme Getränke:		
Gesamt:		

Gesamteinnahmen Mo/Di
= Gesamteinnahmen Di/Mi + 79

Lösen von Sachaufgaben durch Gleichungen

LVL

Stelle zu jeder Aufgabe mindestens eine Frage und beantworte sie.

1. Das Schullandheim im Westerwald hat 3-Bett-Zimmer, 4-Bett-Zimmer und Einzelzimmer für Lehrkräfte. Insgesamt sind es 31 Zimmer. Es gibt doppelt so viele 3-Bett-Zimmer wie Einzelzimmer. Die Zahl der 4-Bett-Zimmer ist um 1 größer als die Zahl der 3-Bett-Zimmer.

2.

3.

Herr Strohwasser verdient in seiner Drogerie vor allem durch den Verkauf eines Wundermittels zur Förderung des Haarwuchses.
Am Montag verkaufte er 12 Flaschen, die übrigen Einnahmen betrugen 109 €.
Am Dienstag verkaufte er 15 Flaschen, die übrigen Einnahmen betrugen 81 €.
Am Dienstag waren die Einnahmen 152 € höher als am Montag.

4. Sabrina und Natalie haben auf einer fünftägigen Radtour insgesamt 242 km zurückgelegt. Am 2. Tag sind sie 3 km mehr als am 1. Tag geradelt, am 3. Tag eine doppelt so lange Strecke wie am 1. Tag. Am 4. Tag radelten sie 1 km weniger als am 1. Tag und am 5. Tag haben sie 12 km mehr als am 1. Tag geschafft.

5. Die Rentnerin Martha K. lebte einsam und ohne Kontakt zu Angehörigen in einer kleinen 1-Zimmer-Wohnung. Als sie im Alter von 87 Jahren starb, hinterließ sie ein Vermögen von 750 000 €.
Bei dem Notar hat sie ein Testament hinterlegt, in dem geregelt wird, was mit dem Vermögen geschehen soll.

LVL **Rechnen mit Formeln**

Alle Aufgaben in Partnerarbeit!

1. Schreibt zu jeder Formel auf der Pinnwand die passende Wortgleichung auf, z. B. Volumen = Länge · Breite · Höhe. Kein Pinnzettel bleibt übrig.

2. a) Ein Dreieck hat einen Flächeninhalt von 15 cm^2. Die Grundseite g ist 7 cm lang. Florian und Mareike sollen die zugehörige Höhe des Dreiecks berechnen. Vergleicht die Vorgehensweise von Florian und Mareike.

b) Emal soll als Hausaufgabe die Höhe von 20 Dreiecken berechnen. Welches Verfahren würdet ihr wählen? Begründet eure Antwort.

Zuerst einsetzen:

$A = \frac{g \cdot h}{2}$

$15 = \frac{7 \cdot h}{2} \quad | \cdot 2$

$30 = 7 \cdot h \quad | : 7$

$\frac{30}{7} = h$

$4{,}285... = h$

$h \approx 4{,}3$ cm

(Florian)

Zuerst umformen:

$A = \frac{g \cdot h}{2} \quad | \cdot 2$

$2A = g \cdot h \quad | : g$

$\frac{2A}{g} = h$

$h = \frac{2 \cdot 15}{7}$ (Mareike)

$h = 4{,}285...$

$h \approx 4{,}3$ cm

3. Berechnet mit der passenden Formel.

a) Eine Nuss-Nougat-Creme enthält 13% Nüsse. Wie viel Gramm Nüsse sind in einem 400 g-Glas enthalten?

b) Eine Strecke von 288 km wird in 4,5 Stunden zurückgelegt. Wie groß ist die Durchschnittsgeschwindigkeit?

c) Ein Quader hat ein Volumen von 560 cm^3. Er ist 14 cm lang und 8 cm breit. Wie hoch ist der Quader?

4. Berechnet die fehlenden Größen im Rechteck.

u	a	b	A
15 cm	6 cm		
35 cm	8 cm		
15,6 cm	3,2 cm		
45,8 cm	6,4 cm		
357 cm	83 cm		
516 cm	113 cm		

1.
a) $6 \cdot 3$; $-7 \cdot 4$ b) $-8 \cdot 5$; $6 \cdot (-9)$ c) $-5 \cdot 7$; $8 \cdot (-6)$
d) $-10 \cdot (-2)$; $-5 \cdot (-3)$ e) $6 \cdot (-4)$; $-5 \cdot 9$ f) $-3 \cdot (-4)$; $9 \cdot (-2)$

2.
a) $26 : 2$; $35 : (-7)$ b) $-18 : 3$; $24 : (-6)$ c) $-21 : (-7)$; $-12 : 4$

3. Schreibe den Term auf.

a) Tobias wiegt x Kilogramm, Lena 5 kg weniger. Wie viel Kilogramm wiegen beide zusammen?

b) In der Badewanne sind x Liter Wasser. Pro Minute laufen y Liter hinzu. Wie viel Liter sind nach 3 Minuten in der Wanne?

4. Schreibe für den Umfang einen Term.

a) 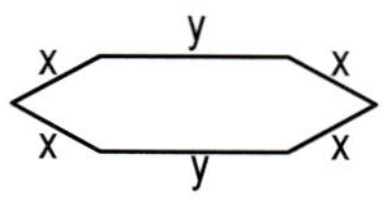

b) 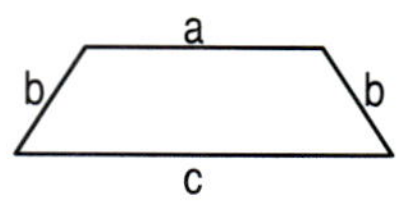

5. Berechne den Term für die angegebenen Einsetzungen. Ordne zuvor und fasse zusammen.

$5x - 17 + 8x - 3x + 20 + 5 - x$					
$x = 4$	$x = 10$	$x = 2$	$x = -3$	$x = -7$	$x = 20$

6. Löse die Gleichung.

a) $4y + 6 = 3y + 14$ b) $6x - 8 = 2x + 32$
c) $7z - 5 = 4z + 10$ d) $2y - 3 = 3y + 7$
e) $5x + 9 = 3x - 3$ f) $11z + 7 = 8z - 8$

7. Ordne und fasse zuerst so weit wie möglich zusammen.

a) $8x - 9 - 6x + 14 = 11x - 9 - 10x + 13$
b) $15 - 2y - 7 + 6y = 18 - 3y - 5 - 3y$
c) $11z - 18 - 31 + 5z = 14 - 4z + 14z - 3$

8. Löse die Formel zur Flächenberechnung eines Dreiecks auf nach

a) der Höhe h, b) der Grundseite g.

9. Berechne die fehlenden Werte im Dreieck mit der Formel $A = \frac{g \cdot h}{2}$.

	a)	b)	c)
g	12,6 cm	4,8 cm	
h	5 cm		2,4 m
A		18,72 cm²	8,64 m²

Multiplikation und Division ganzer Zahlen

Gleiche Vorzeichen

$8 \cdot 5 = 40$; $-8 \cdot (-5) = 40$ } Beträge multiplizieren, Ergebnis positiv

$12 : 3 = 4$; $-12 : (-3) = 4$ } Beträge dividieren, Ergebnis positiv

Verschiedene Vorzeichen

$-8 \cdot 5 = -40$; $8 \cdot (-5) = -40$ } Beträge multiplizieren, Ergebnis negativ

$-12 : 3 = -4$; $12 : (-3) = -4$ } Beträge dividieren, Ergebnis negativ

Terme beschreiben Rechenwege und enthalten oft Variablen (Buchstaben). Setzt man für die Variablen Zahlen ein, so erhält man ein Rechenergebnis.

Beispiel: Umfang: $2x + y$
für x = 7 cm und y = 6 cm:
$2 \cdot 7$ cm + 6 cm = 14 cm + 6 cm
= 20 cm

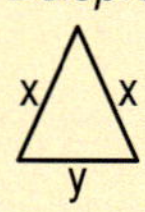

Gleichungen werden **vereinfacht,** indem man
- auf beiden Seiten ordnet und zusammenfasst,
- auf beiden Seiten dasselbe addiert (subtrahiert),
- beide Seiten mit derselben Zahl (außer 0) multipliziert oder durch sie dividiert.

Beispiel:

$3x - 7 + 5x + 2 = 9 + 6x - 22 + 4x$ (ordnen, zusammenfassen)
$3x + 5x - 7 + 2 = 6x + 4x + 9 - 22$
$8x - 5 = 10x - 13 \quad | -10x$
$-2x - 5 = -13 \quad | +5$
$-2x = -8 \quad | : (-2)$
$\underline{\underline{x = 4}}$

Auflösen von Formeln nach einer Variablen.

Beispiel: $u = 2a + 2b$ auflösen nach a

$u = 2a + 2b \quad | -2b$
$u - 2b = 2a \quad | : 2$
$\frac{u - 2b}{2} = a$ oder $a = \frac{u - 2b}{2}$

DIAGNOSETEST

1. a) $-7 \cdot (-13)$ b) $63 : (-7)$ c) $-9 \cdot 12$ d) $105 : (-5)$

2. Schreibe den Term auf.

a) Frau Schneider ist x Jahre alt, ihr Mann drei Jahre jünger. Wie alt sind beide zusammen?

b) Andreas bezahlt beim Pizza-Lieferservice x Euro für einen Salat und y Euro für Lasagne. Außerdem gibt er 2 € Trinkgeld. Wie viel Euro hat Andreas ausgegeben?

3. a) Schreibe einen Term für den Umfang der Figur auf.

b) Berechne den Umfang für die Einsetzungen $a = 8$ cm und $b = 5$ cm.

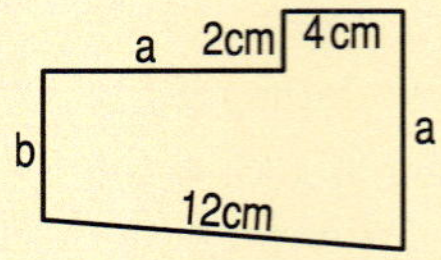

4. Löse die Gleichung. a) $4x + 17 = 49$ b) $7x + 39 = 6x + 33$

5. Löse mit einer Gleichung: Herr Meyer kauft 3 Briefmarken und ein Packset zu 2,49 €. Insgesamt bezahlt er 6,84 €. Wie teuer ist eine Briefmarke?

Wähle weitere 5 Aufgaben aus.

1. Vereinfache den Term und berechne ihn dann für $x = -3$. $4x + 7 - 13x - 19 + 5x - 8x + 3$

2. Löse die Gleichung. a) $-3x + 7 + 6x - 1 - x = 2$ b) $8x + 7 - 3x - 22 = 17 - 3x + 4 - 5x + 3$

3. a) $(-8 - 12 + 14) \cdot (-7 - 3)$ b) $(7 - 4 + 35) : (-2 + 21)$

4. Löse mit einer Gleichung.

a) Addiert man zum Vierfachen einer Zahl 26, so erhält man das Sechsfache der Zahl.

b) Vergrößert man das Doppelte einer Zahl um 15, so erhält man dasselbe, wie wenn man von 21 das Dreifache der Zahl subtrahiert.

5. Abgebildet ist der Rundkurs für eine Segelregatta. Start und Ziel ist S. A, B, C und D sind Wendemarken. Die Strecken $\overline{SA}$, $\overline{AB}$ und $\overline{CD}$ sind gleich lang. $\overline{BC}$ ist 250 m länger, $\overline{SD}$ doppelt so lang wie $\overline{SA}$. Insgesamt ist der Rundkurs 7 750 m lang. Wie weit ist es von S bis A? Stelle eine Gleichung auf und löse sie.

6. Sieger der Regatta ist eine reine Damen-Crew aus 4 Personen. Die Skipperin ist 3-mal so alt wie die Jüngste, die beiden anderen Damen sind 6 Jahre bzw. 11 Jahre älter als das jüngste Crewmitglied. 131 Jahre sind sie zusammen alt. Welches Alter haben die einzelnen Damen?

7. Ein quaderförmiges Schwimmbecken (8 m lang und 4,5 m breit) wurde mit 43,2 m^3 Wasser gefüllt. Welche Füllhöhe im Becken ergibt sich mit dieser Wassermenge?

8. Ein Dreieck hat einen Flächeninhalt von 12 cm^2. Die Grundseite ist 7,5 cm lang. Berechne die Höhe.

9. In 7 Jahren wird Judith doppelt so alt, wie sie vor 4 Jahren war. Wie alt ist sie jetzt?

Daten und Zufall

8

Homepagebefragung 2004/2005
Zeller Bergbahnen GmbH & Co KG

Zillertal ARENA

Warum haben Sie heute unsere Website besucht?
(Mehrfachnennungen möglich!)

- Interessiere mich allgemein für Wintersport, Skifahren, etc. ☐
- Zur Entscheidungshilfe, wohin ich fahren soll (bin auf der Suche nach diversen Skigebieten, Nächtigungsmöglichkeiten) ☐
- Zur Vorbereitung für einen konkreten Aufenthalt (habe schon gebucht) ☐
- Wollte wieder mal vorbeischauen (war schon zu Gast bei Ihnen) ☐
- Besuche diese Seite regelmäßig ☐
- Zufällig beim Surfen entdeckt ☐
- Weil Bekannte bzw. Familienangehörige dort sind bzw. waren ☐
- Nach Empfehlung von Bekannten ☐
- Anderes: ☐

Mit „Anderes“ meine ich: ____________

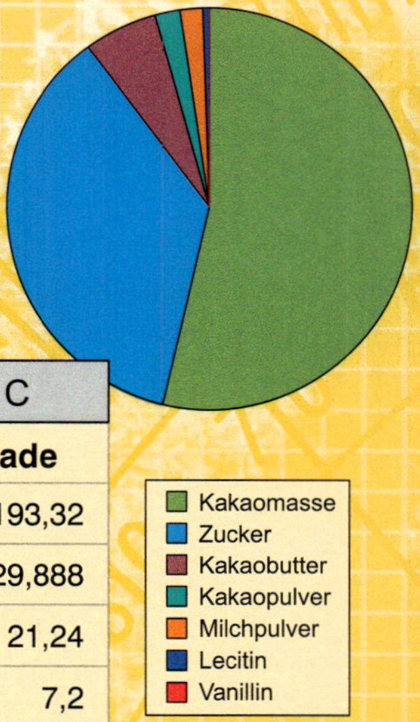

	A	B	C
1	**Schwarze Herrenschokolade**		
2	Kakaomasse	53,70%	193,32
3	Zucker	36,08%	129,888
4	Kakaobutter	5,90%	21,24
5	Kakaopulver	2,00%	7,2
6	Milchpulver	1,80%	6,48
7	Lecitin	0,50%	1,8
8	Vanillin	0,02%	0,072
9	Quelle: Schokoladenmuseum Köln		

Winston Churchill (1874 – 1965), britischer Premier während des zweiten Weltkriegs, hat angeblich gesagt:
„Traue keiner Statistik, die du nicht selbst gefälscht hast.“
Laut *Wikipedia* (http://de.wikipedia.org/wiki/Hauptseite) hat er das nicht gesagt, sondern dieser Ausspruch ist ihm von der Nazipropaganda untergeschoben worden.

Mittelwert (Durchschnitt) und Median (Zentralwert)

LVL **1.** *Partner- oder Gruppenarbeit:* Erstellt ein Lernplakat, das die Begriffe „Mittelwert" und „Median" erklärt und folgende Zusatzbedingungen erfüllt:
- Die Begriffe werden durch zwei bildlich dargestellte Beispiele erklärt.
- Es wird dargestellt, wie man den Median bei einer ungeraden und bei einer geraden Anzahl von Größen erhält.

TIPP
Schau nach im Lexikon, Internet oder am Buchende.

2. Weitsprungtraining. Die zwei mit dem besten Durchschnitt fahren zur Meisterschaft.

a)

Andy	**Boris**	**Chris**	**Dany**
4,62 m	4,73 m	4,30 m	4,95 m
4,89 m	4,19 m	4,91 m	4,39 m
4,91 m	4,65 m	4,55 m	5,02 m
4,17 m	4,73 m	4,25 m	4,14 m
4,09 m	4,83 m	4,27 m	4,45 m

b)

Erni	**Flori**	**Goran**	**Heini**
4,75 m	4,51 m	5,01 m	4,13 m
4,27 m	4,27 m	4,11 m	4,75 m
5,06 m	4,38 m	4,89 m	4,71 m
4,41 m	4,97 m	4,43 m	4,25 m
4,96 m	4,32 m	4,36 m	4,97 m

3. Beim Skispringen zählt außer der Weite auch die Haltung beim Sprung. Sie wird von 5 Punktrichtern mit 0 bis 20 Punkten bewertet.

Jörg:	14	20	15	13	16
Torben:	8	12	10	13	4
Olaf:	17	2	18	17	14

a) Wer hat den besten Punktedurchschnitt?

b) Bei Wettkämpfen werden der beste und der schlechteste Wert gestrichen und nur vom Rest wird der Mittelwert berechnet. Wer hat jetzt die beste Punktwertung?

LVL c) Warum werden zwei Werte gestrichen?

4. Bei der letzten Mathematikarbeit konnte man maximal 15 Punkte erreichen. Und so sah das Ergebnis von Frank und seinen 23 Mitschülerinnen und Mitschülern aus.
Frank: „Mein Ergebnis in der Mathematikarbeit war der Median der Leistungen in der Klasse."
Überlege und begründe, ob Franks Aussage richtig sein kann.

0 P	1 P	2 P	3 P	4 P	5 P	6 P	7 P
I	I		II	II		III	

8 P	9 P	10 P	11 P	12 P	13 P	14 P	15 P
III		卌		II	III	II	

Vermischte Aufgaben

1. Viola und Valerie waren auf Radtour. Mit dem Zug sind sie nach Hessen gefahren und von dort auf Radwegen in Tagesetappen nach Hause geradelt. So viele Kilometer haben sie täglich zurückgelegt:

1. Tag	2. Tag	3. Tag	4. Tag	5. Tag	6. Tag	7. Tag
322 km	47 km	55 km	64 km	58 km	63 km	48 km

Nach der Rückkehr wurden sie gefragt, wie viele Kilometer sie denn täglich so im Durchschnitt zurückgelegt haben. Was könnten wohl Viola und Valerie hierauf antworten?

2. Training der Mädchen zum 100-m-Lauf, die Trainingsbeste soll zur Meisterschaft.
Wen würdest du zur Meisterschaft schicken, die mit dem besten Mittelwert, dem besten Median oder eine andere?

Irene: 12,3 s 12,5 s 11,2 s 12,4 s 12,6 s
Ulla: 12,3 s 12,2 s 13,9 s 12,0 s 12,1 s
Walburga: 12,1 s 12,3 s 12,2 s 12,5 s 12,4 s

3. Der See ist durchschnittlich 1,20 m tief. Kann dann ein 1,80 m großer Nichtschwimmer ohne Bedenken hindurchwaten?

LVL **4.** Von fünf natürlichen Zahlen ist der Median 31 und der Mittelwert 30. Zwischen dem größten und dem kleinsten Wert beträgt die Differenz 14, und die Summe der beiden kleinsten Zahlen ist 50.
Die zweitgrößte Zahl ist nur um 1 größer als der Median.
Finde die fünf natürlichen Zahlen und erkläre deine Lösung in der Klasse.

5. Frau Wolf hat unregelmäßige Einkünfte, wie du der unteren Tabelle entnehmen kannst. Leider sind die Einnahmen von November und Dezember unleserlich. Von Frau Wolf haben wir zwei Informationen erhalten: Sie hat monatlich im Durchschnitt 694 € verdient, und im Dezember hat sie 201 € mehr verdient als im November.

Januar 540 €	Februar 724 €	März 645 €	April 563 €	Mai 824 €	Juni 715 €
Juli 774 €	August 865 €	September 623 €	Oktober 568 €	November €	Dezember €

LVL **6.** Vom 4.7. bis 9.7. wurden alle 2 Stunden die Temperaturen im Schatten gemessen:
- Rufe zusammen mit anderen am Computer ein Tabellenkalkulationsprogramm auf (z. B. Excel).
- Trage von A1 bis F1 die Tagesdaten 4.7. bis 9.7. ein.
- Trage von A2 bis A13 die Messwerte vom 4.7., von B2 bis B13 die vom 5.7. ein usw.
- Bestimme in A14 bis F14 die Summen von A2:A13, B2:B13 usw.
- Bestimme in A15 bis F15 die Durchschnittstemperaturen (=A14/12 und „✓")
- Erstelle eine Grafik über die Entwicklung der Durchschnittstemperaturen und erkläre sie.

(Hilfe findest du auf der Tabellenkalkulationsseite im Kapitel „Prozentrechnung.")

Zeit	4.7.	5.7.	6.7.	7.7.	8.7.	9.7.
0 h	8,7°	9,2°	11,4°	14,5°	15,6°	16,9°
2 h	8,2°	8,8°	10,9°	13,9°	15,4°	16,7°
4 h	7,8°	8,6°	10,8°	13,5°	15,1°	15,9°
6 h	8,3°	9,9°	13,2°	16,4°	17,8°	17,9°
8 h	11,1°	14,2°	17,6°	19,2°	19,9°	21,8°
10 h	14,7°	17,5°	21,5°	23,5°	25,6°	26,7°
12 h	19,2°	22,8°	25,3°	26,2°	28,1°	29,6°
14 h	21,4°	23,4°	24,8°	26,1°	28,2°	30,3°
16 h	21,2°	22,9°	23,5°	24,7°	26,8°	28,6°
18 h	20,4°	19,5°	21,2°	22,9°	24,7°	26,2°
20 h	16,5°	17,1°	19,8°	20,5°	22,3°	23,8°
22 h	11,7°	13,5°	16,3°	17,9°	19,8°	21,7°

LVL

Spannweite, Modus (Modalwert), Klasseneinteilung

Katharina und Gregor haben im Internet unter „Grundbegriffe der Statistik" folgendes gefunden:

Spannweite
Die Differenz zwischen dem kleinsten und dem größten Wert einer Stichprobe bezeichnet man als *Spannweite*.

Modus
Der *Modus* (Modalwert) ist der Wert, der am häufigsten vorkommt. Eine Stichprobe kann auch mehrere *Modi* (Modalwerte) haben.

Kurs 8 E_1		Kurs 8 E_2		Kurs 8 E_3	
①	21	①	21	①	10
②	28	②	14	②	30
③	8	③	16	③	12
④	21	④	9	④	15
⑤	7	⑤	19	⑤	27
⑥	4	⑥	29	⑥	11
⑦	29	⑦	14	⑦	8
⑧	7	⑧	17	⑧	4
⑨	21	⑨	18	⑨	13
⑩	5	⑩	8	⑩	12
⑪	17	⑪	15	⑪	5
⑫	27	⑫	28	⑫	11
⑬	18	⑬	3	⑬	18
⑭	8	⑭	18	⑭	2
⑮	5	⑮	13	⑮	6
⑯	28	⑯	6	⑯	25
⑰	29	⑰	17	⑰	11
⑱	11	⑱	8	⑱	17
⑲	16	⑲	23	⑲	11
⑳	27	⑳	4	⑳	26
㉑	25	㉑	17	㉑	15
㉒	20	㉒	9	㉒	3
㉓	28	㉓	14	㉓	14
㉔	12	㉔	24	㉔	9
㉕	20	㉕	19	㉕	29
㉖	27	㉖	5	㉖	16
㉗	6	㉗	15	㉗	9
㉘	11	㉘	13	㉘	3
		㉙	16	㉙	10
		㉚	25	㉚	8

1. *Partnerarbeit:* Die Kurse E_1, E_2 und E_3 haben denselben Mathematiktest geschrieben. Die Tabelle rechts enthält die Punktzahlen der einzelnen Schülerinnen und Schüler.

a) Bestimmt für jeden Kurs Spannweite und Modalwerte.

b) Bestimmt Spannweite und Modalwerte für alle Kurse zusammen.

2. Führt in eurer Klasse eine Befragung aller Mädchen über ihre Schuhgröße durch, erstellt eine Tabelle und gebt Spannweite und Modus an.

Testergebnisse werden häufig in **Klassen** eingeteilt. Für das angefangene Säulendiagramm rechts unten wurden z. B. die Ergebnisse von 0 P. bis 6 P., von 7 P. bis 12 P. usw. zusammengefasst. So entsteht eine **Klasseneinteilung**.

3. Das rechts angefangene Säulendiagramm stellt die Testergebnisse der Kurse E_1, E_2 und E_3 zusammen in fünf Punkteklassen dar. *Partnerarbeit:* Übertragt das angefangene Diagramm ins Heft und vervollständigt es. Stellt zuvor die Testergebnisse geeigneter zusammen.

4. *Gruppenarbeit:* Wählt eine andere Einteilung für die Punkte (Klasseneinteilung) und stellt so die Ergebnisse getrennt für die drei Kurse E_1, E_2 und E_3 dar. Erklärt anderen, welche Schlüsse über die Leistungen der drei Kurse ihr ziehen könnt.

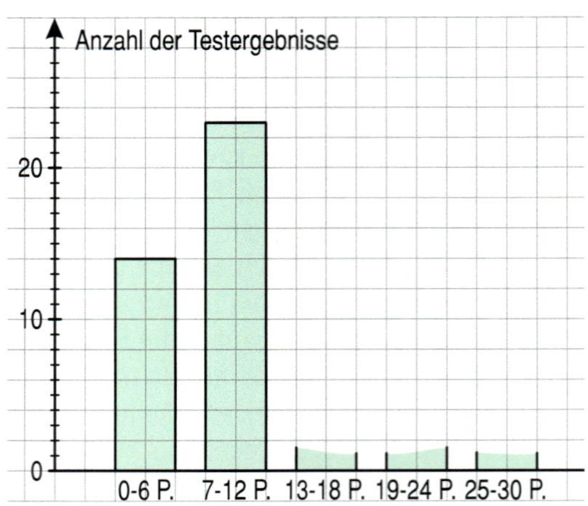

Eindimensionale Streudiagramme

LVL

Die Klasse 8a war für eine Woche in Italien. Die Grafik ist ein eindimensionales Streudiagramm und zeigt, wie viel Geld die einzelnen Schülerinnen und Schüler ausgegeben haben. Vereinbart war die Mitnahme von 40 € Taschengeld.

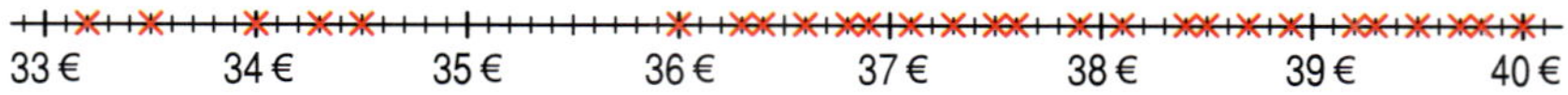

1. a) *Partnerarbeit:* Übertragt die Werte in eine Tabelle und berechnet Mittelwert und Median.

b) Besser als die Tabelle vermittelt das Streudiagramm einen Eindruck vom Ausgabeverhalten in der Klasse 8a. Überlegt, was mit dieser Aussage gemeint ist, und erklärt es euren Mitschülern.

2. *Partnerarbeit:* Die mitgereisten Lehrkräfte haben Unterkunft, Fahrten, Eintrittsgelder usw. bezahlt. Statistisch gesehen hat jedes Mitglied der Reisegruppe durchschnittlich 143 € ausgegeben. Wie viel Geld haben die beiden Lehrkräfte ausgegeben? Stellt euren Lösungsweg der Klasse vor.

3. Zu den Testergebnissen auf der Nachbarseite haben die Gruppen jeweils Streudiagramme gezeichnet.

Gruppe A:

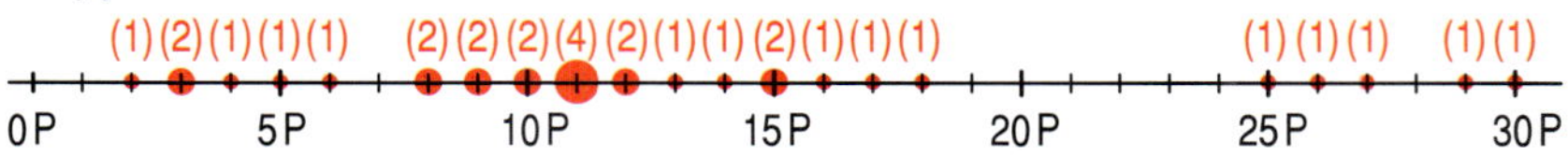

Gruppe B:

Gruppe C:

Gruppenarbeit

a) Was ist bei diesen eindimensionalen Streudiagrammen anders als beim Diagramm von der Klassenfahrt?

b) Welche Gruppe hat welches Kursergebnis dargestellt?

c) Erklärt die Symbole, die die einzelnen Gruppen gewählt haben, und diskutiert Vor- und Nachteile.

d) Wählt einen Kurs aus und erstellt auf einem Plakat ein Streudiagramm mit Symbolen, die ihr in der Gruppe beschließt. Erklärt euer Plakat der übrigen Klasse.

4. Nach dem Test wurde das Folgende über die Kurse E_1, E_2 und E_3 geschrieben. Könnt ihr mit Hilfe der Streudiagramme zuordnen, welcher Kurs jeweils gemeint ist? Erklärt eure Entscheidung.

In dem Kurs ist die Leistungsmitte am stärksten vertreten, daneben gibt es einige leistungsstärkere, aber nicht auffällig sehr gute Schülerinnen und Schüler. Kursmitglieder mit sehr schwacher Leistungsfähigkeit sind unterdurchschnittlich oft zu finden.

Zunächst fällt auf, dass der Kurs im Durchschnitt leistungsstark erscheint. Allerdings fehlt die Leistungsmitte. Es gibt viele sehr leistungsstarke Schülerinnen und Schüler, aber auch recht viele Kursmitglieder, die ausgesprochen schwache Leistungen aufweisen.

In diesem Kurs gibt es weniger leistungsstarke Schülerinnen und Schüler, aber diese zeigen sehr gute Leistungen und heben sich deutlich vom Rest des Kurses ab. Die meisten Schülerinnen und Schüler haben eine schwache, aber nicht ausgeprägt schlechte Leistungsfähigkeit.

Mittelwert bei Klasseneinteilung

12,0 bis unter 12,5	12,5 bis unter 13,0	13,0 bis unter 13,5	13,5 bis unter 14,0	14,0 bis unter 14,5
4	2	10	8	6

LVL **1.** *Partnerarbeit:* Rechts ist der Zettel mit den Einzeldaten. Berechnet den Mittelwert über die Klassenmitten und genau. Stellt eure Ergebnisse vor und vergleicht.

100-m-Lauf, Sekunden:

12,0	13,4	13,9	14,0	12,3	13,8	13,2	14,0	13,7	12,6
12,4	13,3	13,1	14,4	13,7	13,1	14,1	12,8	13,4	13,2
13,4	14,4	13,0	13,5	14,3	12,2	13,6	13,1	13,9	13,5

Sind die Daten in Klassen eingeteilt, berechnet man den Mittelwert mit den Klassenmitten.

Beispiel: Punkte im Test

Punkte	unter 6	6 bis unter 12	12 bis unter 18	18 bis unter 24	24 – 30
Anzahl	2	3	5	6	4

Mittelwert:

$$\frac{2 \cdot 3 + 3 \cdot 9 + 5 \cdot 15 + 6 \cdot 21 + 4 \cdot 27}{20}$$

$$= \frac{342}{20} = 17{,}1 \approx 17$$

Klassenmitten: 3, 9, 15, 21 und 27.

2. Berechne den Mittelwert der Testergebnisse.

a) Punkte	unter 10	10 bis unter 20	20 bis unter 30	30 bis unter 40	40 – 50
Anzahl	5	15	21	28	11

b) Punkte	unter 5	5 bis unter 10	10 bis unter 15	15 bis unter 20	20 – 25
Anzahl	13	18	33	34	22

3. Eine Imbisskette hat untersucht, wie viele Gäste sich wie lange im Restaurant aufhalten. Berechne die durchschnittliche Aufenthaltsdauer.

4. a) Eine Ladung Post-Pakete. Wie viel wiegt ein Paket durchschnittlich?

b) Wie viel würde die ganze Ladung wiegen, wenn jedes Paket das Durchschnittsgewicht hätte?

c) Wie viel wiegt die Ladung sicher mindestens, wie viel höchstens?

kg

unter 2	2 – 4	4 – 6	6 – 8	8 – 10	10 – 12	12 – 14	14 – 16	16 – 18	18 – 20
63	78	47	18	10	23	15	27	15	4

Bleib FIT!

Die Ergebnisse der Aufgaben ergeben drei Inseln im östlichen Mittelmeer.

1. Rechne aus.

a) −11 − 9　　b) 5 · (−7)　　c) −6 · 8
d) −17 + 31　　e) −40 : 8　　f) 17 − 31

2. Berechne das Volumen.

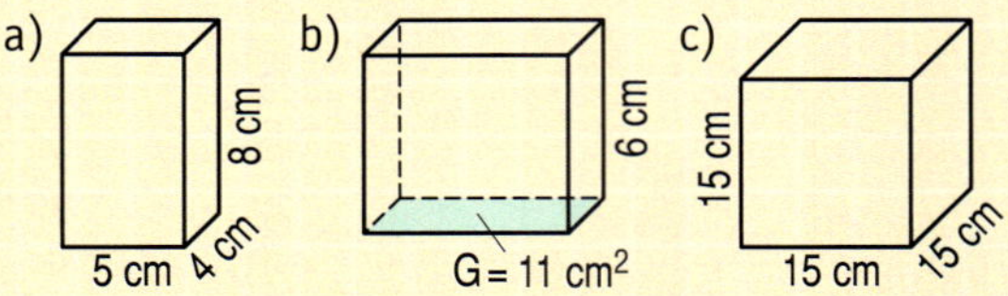

V = ■ cm³　　V = ■ cm³　　V = ■ cm³

3. Wie viel Millimeter sind A, B und C von der Geraden g entfernt?

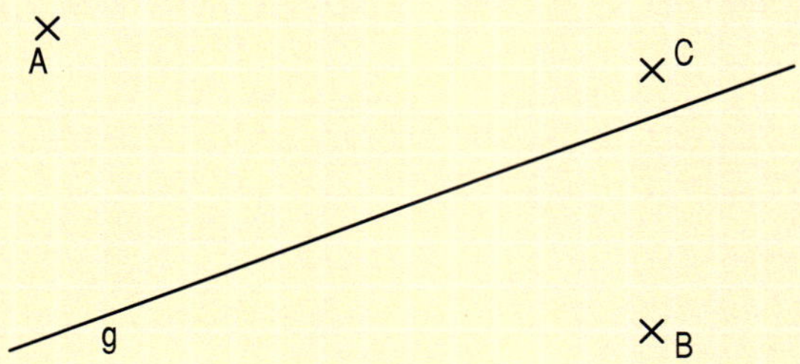

A = ■ mm　　B = ■ mm　　C = ■ mm

4. Frau Solms verdient 1560 € im Monat. Sie gibt 624 € für Miete (M) und 390 € für Ernährung und Lebensmittel (E) aus.
Welches Diagramm beschreibt dies am besten?

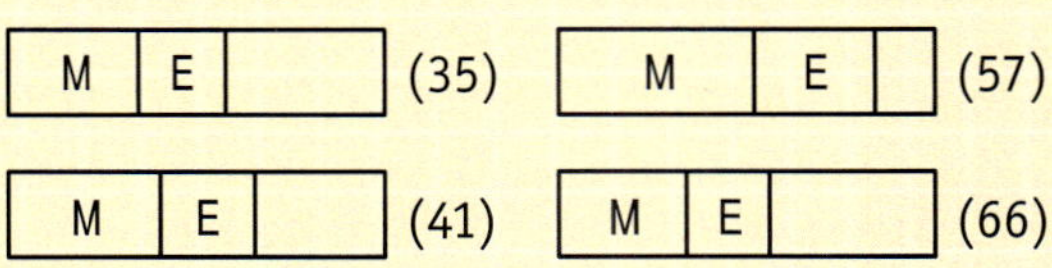

5. Rechne um.

a) 8 dm³ = ■ cm³　　b) 4,7 *l* = ■ dm³
c) 5 200 ml = ■ *l*　　d) 0,8 hl = ■ dm³

6. Wenn ich eine Zahl mit 15 multipliziere und anschließend 5 addiere, erhalte ich 50.
Wie heißt die Zahl?

−51	A
−48	P
−39	I
−35	Y
−16	K
−20	Z
−14	N
−12	E
−5	R
−4,8	U
1,25	W
3	S
3,47	Z
4	M
4,7	O
5,18	N
5,2	N
6,1	B
6,85	T
7,925	U
9,8	R
14	E
19,6	B
26	T
18	A
35	L
41	Y
57	U
66	R
80	O
160	K
225	E
800	W
8 000	K

LVL **Hausaufgaben**

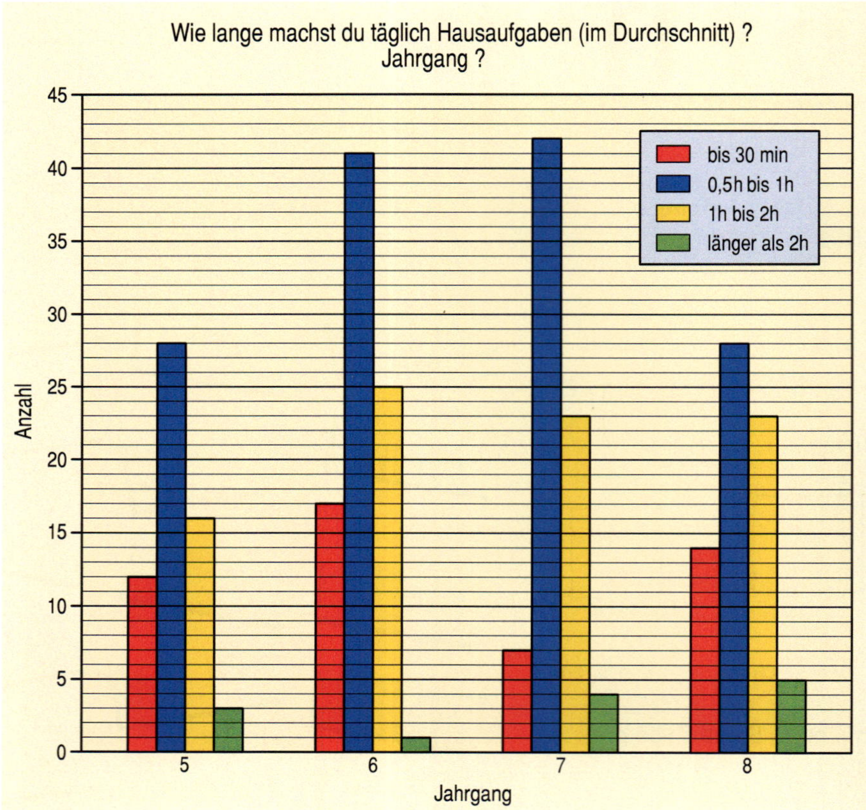

Konferenzbeschluss
Hausaufgaben sollen so bemessen sein, dass sie, bezogen auf den einzelnen Tag, in folgenden Arbeitszeiten erledigt werden können: für die Klassen 5 und 6 in 60 Minuten, für die Klassen 7 bis 10 in 120 Minuten.

1. Zeichne die nebenstehende Tabelle in dein Heft. Lies die Anzahlen am Diagramm ab und trage sie in deine Tabelle ein.

	bis 30 min	0,5 h bis 1 h	1 h bis 2 h	mehr als 2 h
Jahrgang 5				
Jahrgang 6				
Jahrgang 7				
Jahrgang 8				

2. Wie viele Schülerinnen und Schüler wurden a) in den einzelnen Jahrgängen b) insgesamt befragt?

3. Berechne für alle Jahrgänge die prozentualen Anteile der einzelnen Antworten.

4. Vergleiche mit dem Konferenzbeschluss. Welcher Prozentsatz aller befragten Schülerinnen und Schüler arbeitet länger als vorgesehen?

5. a) Zeichne zur Tabelle Säulendiagramme wie oben.
b) Zeichne ein Säulendiagramm, das die Antworten aller Schülerinnen und Schüler zeigt.

6. a) Berechne für die Gesamtheit der befragten Schülerinnen und Schüler die Prozentsätze der gegebenen Antworten.
b) Stelle die in a) berechneten Werte in einem Kreisdiagramm dar.

Hörst du Musik bei den Hausaufgaben?					
Jahrgang	5	6	7	8	
immer	3	7	19	16	45
meistens	6	19	27	23	75
selten	25	37	18	27	107
nie	28	27	15	10	80
Summe	62	90	79	76	307

7. Sprich mit deinen Mitschülerinnen und Mitschülern über das Ergebnis dieser Befragung.

Befragungen mit dem Computerprogramm GrafStat*

LVL

Freizeit und Medien

Hallo, mein Name ist ... . ich bin Schüler/in der ... (Schule) in ... (Ort). Wir führen im Rahmen des Unterrichts eine Umfrage zum Thema „Freizeit und Medien bei Jugendlichen“ durch. Ich möchte dich bitten, an dieser Umfrage teilzunehmen.

1. Wie viel Stunden Freizeit stehen dir an einem normalen Wochentag im Durchschnitt zur Verfügung; ich meine die Zeit, in der Du machen kannst, was Du willst?
   ______ Stunden
2. Verbringst Du Deine Freizeit meist allein mit dem

Es gibt Computerprogramme, die bei der Durchführung von Fragebogenaktionen hilfreich sind.

Für den Unterricht steht allen Schulen das Programm GrafStat* von Uwe Diener zur Verfügung.

Partnerarbeit: GrafStat-Rallye

① Starte das Programm, du siehst den Hauptbildschirm.

② Öffne im Ordner „Gleichberechtigung“ den Fragebogen „gleichb.DBT“ und zeige ihn mit Hilfe der Druckausgabe auf dem Monitor an.

③ Wie lautet Frage Nr. 11?

④ Zusätzlich zu den Fragen und Antwortmöglichkeiten kann man auf einem Fragebogen noch weitere Texte ergänzen. Welchen Button muss man dazu klicken?

⑤ Du möchtest die Schrift im Fragebogen auf dem Monitor vergrößern. Auf welchen Button musst du klicken?

⑥ Lege einen neuen Fragebogen mit dem Namen „Test“ an. Welche Fragetypen sind möglich?

⑦ Starte die Hilfefunktion.

⑧ Lies den Hilfetext zu „Fragen eingeben“. Wie viele Antwortvorgaben kann man bei Einfach- und Mehrfachwahl machen?

⑨ Öffne die Datei „e-spar.DBT“ im Ordner „Sonstige/Energiesparen“.

⑩ Klicke auf den Button „Grundauswertung“. Wie viel Prozent der Befragten war männlich?

⑪ Gehe zurück zu „Daten auswerten und präsentieren“. Klicke auf den Button „komplett“.

⑫ Lass dir ein Säulendiagramm zur Auswertung von Frage 1 anzeigen. Welche Farbe hat der Balken für die Antwort „Gymnasium“?

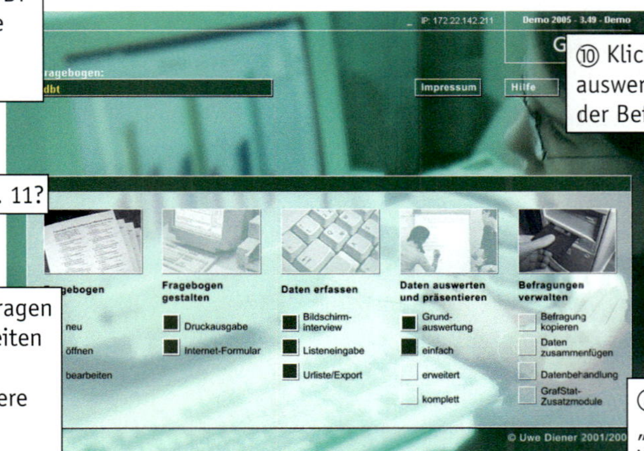

Gruppenarbeit: Fragebogenaktion in deiner Klasse

- Überlegt euch ein interessantes Thema für eure Befragung.
- Sammelt Fragen (ungefähr 10) zum Thema und legt die Antwortmöglichkeiten fest.
- Erstellt den Fragebogen mit GrafStat.
- Führt eine schriftliche Befragung durch.
- Gebt alle Daten in die Listen ein.
- Druckt Tabellen und Diagramme zur Auswertung eurer Befragung aus.
- Diskutiert das Ergebnis eurer Befragung in der Gruppe.
- Präsentiert das Ergebnis der Befragung vor der Klasse.

*Download unter www.grafstat.de

LVL **Merkwürdige Rekorde**

1. Die auffälligste Leuchtreklame strahlte von 1925 bis 1936 vom Eiffelturm in Paris. Sie war noch in 38 km Entfernung zu erkennen. Die Lichterkette bestand aus 250 000 Glühbirnen und 90 km langen elektrische Leitungen. Um welchen Betrag würde die jährliche Stromrechnung deiner Eltern steigen, wenn ihr diese Leuchtreklame im Garten hättet? Besorge dir dazu Preise für elektrischen Strom. Mit welcher mittleren Brenndauer der Glühbirnen pro Tag rechnest du?

2. Die längsten Fingernägel hat Shridhar Chillal aus Indien. Am 12. März 1996 hatten die Nägel seiner linken Hand folgende Längen: Daumen 135 cm, Zeigefinger 104 cm, Mittelfinger 112 cm, Ringfinger 119 cm, kleiner Finger 119 cm. Fingernägel wachsen etwa $\frac{1}{2}$ mm pro Woche. Herr Chillal behauptete, seine Nägel zuletzt im Jahr 1952 geschnitten zu haben.

a) Wie würdest du die durchschnittliche Geschwindigkeit bestimmen, mit der Fingernägel wachsen?

b) Stimmt die hier angegebene Geschwindigkeit?

c) Am 4. Februar 2004 wurden folgende Rekord-Nagellängen gemessen: Daumen 158 cm, Zeigefinger 131 cm, Mittelfinger 138 cm, Ringfinger 140 cm, kleiner Finger 138 cm. Stelle 3 Fragen und beantworte sie.

3.

Die erstmals 1935 herausgegebene brasilianische Wochenzeitung *Vossa Senhoria* misst 3,5 cm x 2,5 cm. Jede Ausgabe besitzt bis zu 16 Seiten. Am 14. Juni 1993 erschien in Gent (Belgien) eine Zeitung, deren Seiten 142 cm lang und 99,5 cm breit waren. Stelle 3 Fragen und beantworte sie.

4. Dieses Puzzle besteht aus 18 240 Teilen. Es zeigt vier Weltkarten aus dem 16. Jahrhundert und misst 2,76 m Breite und 1,92 m Höhe. Es ist somit das flächenmäßig größte im Handel erhältliche Puzzle auf der Welt. Auch das Gewicht des Puzzles ist rekordverdächtig: Es müssen 8,6 kg Pappteilchen aus 4 Beuteln zu einem Stück zusammen gelegt werden. Überlege dir drei Fragen und beantworte sie.

Zufall und Wahrscheinlichkeit

Das Ergebnis eines Zufallsversuchs kann man nicht voraussagen. Wie groß die Chance ist, dass das Ergebnis auftritt, erfährt man dadurch, dass man die **Wahrscheinlichkeit** dafür berechnet.

Bei jedem Wurf mit einem fairen Spielwürfel ist die Wahrscheinlichkeit für jede Augenzahl gleich groß. Da es für jeden Wurf sechs mögliche Ergebnisse gibt, berechnet sich die **Wahrscheinlichkeit p** für das Ereignis, eine Sechs oder eine Zwei zu würfeln, so:

$$p\text{ (Sechs oder Zwei)} = \frac{\text{Anzahl der günstigen Ergebnisse}}{\text{Anzahl der möglichen Ergebnisse}} = \frac{2}{6} \approx 0{,}33$$

1. Ein Skatblatt besteht aus 32 Karten, von jeder der vier „Kartenfarben" gibt es 8 unterschiedliche Einzelkarten. Mit welcher Wahrscheinlichkeit zieht man aus einem vollständigen Skatblatt

a) eine Herzkarte, b) eine Karte, auf der eine Person abgebildet ist,
c) die Kreuzdame, d) eine männliche Figur,
e) eine rote Karte, f) eine Karte mit 4 Zahlen?

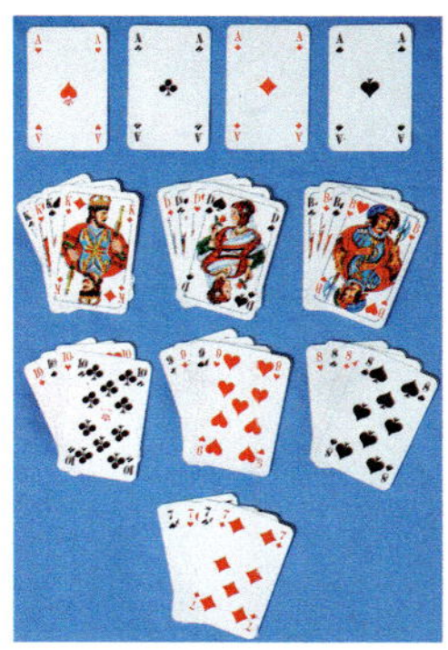

2. Wie groß ist die Wahrscheinlichkeit, mit einem fairen Spielwürfel

a) eine Eins, b) eine gerade Augenzahl,
c) eine Augenzahl kleiner als 3, d) eine Primzahl zu würfeln?

3. Jonas legt drei Hölzer mit verschieden gefärbten Köpfen in eine Streichholzschachtel. Wie groß ist die Wahrscheinlichkeit, dass Martin die richtige Reihenfolge von links nach rechts errät?

4. Bestimme für die „Lostrommel" die Wahrscheinlichkeit dafür, dass eine blaue Kugel gezogen wird. Runde auf Tausendstel.

a) 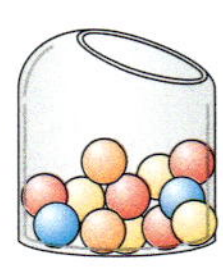

b) 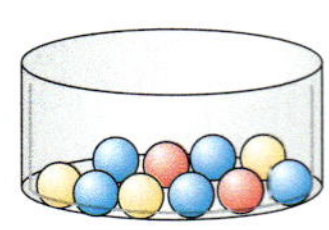

c) 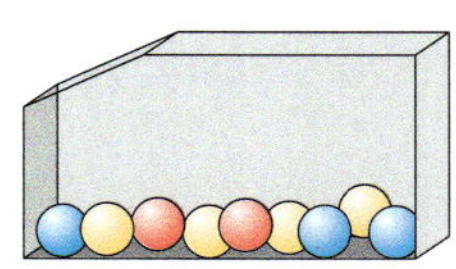

LVL **5.** In der Klasse 8b wird mit mehreren Würfeln 1 500-mal gewürfelt und jeweils in einem Protokoll festgehalten, welche Zahl oben liegt. Zuvor kann geschätzt werden, wie oft eine 1 oder 6 oben liegen wird. Und das sind Äußerungen aus der Klasse: Achmed „200", Pia „750", Doris „500", Kevin „300" und Sandra „900".
Kann man schon jetzt sagen, wer mit seiner Schätzung dem Ergebnis nach den 1 500 Würfen am nächsten sein wird?
Sprecht in der Klasse darüber und probiert es aus, wenn ihr unterschiedlicher Meinung seid. Bildet dazu mehrere Gruppen, die jeweils 100-mal würfeln, und tragt die Ergebnisse zusammen.

LVL

Datenauswertung und Wahrscheinlichkeit

1. Mira und Leo würfeln mit zwei Würfeln. Ziel ist es, die Augensumme 7 zu erreichen.

Dies sind Metallreißzwecken, deren Köpfe mit Plastik überzogen sind. Lässt man sie aus 50 cm Höhe auf einen Tisch fallen, können sie auf der Seite oder auf dem Kopf zu liegen kommen. Bestimme die Wahrscheinlichkeit für „Seite (S)" und für „Kopf (K)".

2. Kannst du eine Aussage zu den Wahrscheinlichkeiten für „Kopf" und „Seite" machen? Die Abbildung rechts kann dir ein wenig helfen, eine Versuchsreihe mit Reißzwecken in der Klasse noch erheblich mehr.

3. Oma Edelgard und die Prozentrechnung passen nicht so recht zueinander. Erstelle mit Mitschülerinnen und Mitschülern ein Plakat, auf dem deutlich wird, was passieren würde, wenn die Wahrscheinlichkeit genau 99% wäre, dass ein Flugzeug nicht abstürzt, z. B.
- Zahl der täglichen Unglücke allein in Deutschland (dazu brauchst du Daten aus dem Internet)
- Lebenserwartung von Flugkapitänen und Stewardessen, die jeden zweiten Tag fliegen.

4. Im Jahr 2004 flogen weltweit rund 1,8 Milliarden Passagiere mit einem Flugzeug. Von ihnen starben 347 durch einen Flugzeugabsturz. Mit welcher Wahrscheinlichkeit starb 2004 ein Flugzeugpassagier nicht durch einen Flugzeugabsturz? Begründe deine Antwort.

① 99,98% ② 99,998% ③ 99,9998% ④ 99,99998% ⑤ 99,999998% ⑥ 100%

Relative Häufigkeit und Wahrscheinlichkeit

LVL **1.** *Partnerarbeit:* Der abgebildete „Würfel" ist ein Quader, mit dem auch gewürfelt werden kann. Er ist aber nicht „fair"; d.h., die einzelnen Zahlen liegen nach dem Würfeln nicht mit der gleichen Wahrscheinlichkeit oben.
Astrid, Benny, Cora, Dunja, Eros und Fatima haben mit diesem Würfel ausdauernd versucht, eine bestimmte Zahl zu werfen, und ihre Ergebnisse in einer Tabelle zusammengefaßt.
Erklärt mit Hilfe dieser Tabelle den Begriff „relative Häufigkeit" und stellt eure Erklärung in der Klasse vor.

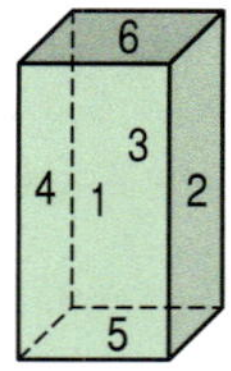

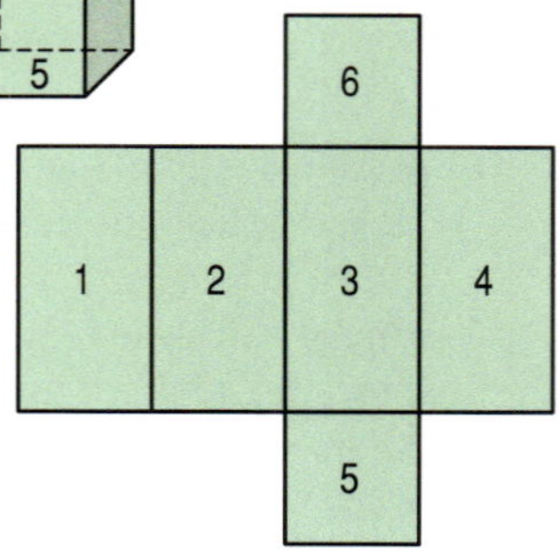

Person / Zielzahl	Astrid / 1	Benny / 2	Cora / 3	Dunja / 4	Eros / 5	Fatima / 6
Anzahl der Versuche	467	796	812	582	613	973
Häufigkeit der Zielzahl	84	141	197	106	86	135

2. Eine Person in der Tabelle hat beim Notieren ihrer Zahlen etwas falsch gemacht. Erkläre, wer das vermutlich war und wie du das erkennst.

3. Cynthia hat 1285mal versucht, mit dem oben abgebildeten „Würfel" eine bestimmte ungerade Zahl zu werfen. Sie war 181mal erfolgreich. Welche Zahl wollte sie wohl werfen?

LVL **4.** *Partnerarbeit:* Mit welchen ungefähren Wahrscheinlichkeiten erzielt man mit dem oben abgebildeten Würfel jeweils die Ergebnisse 1, 2, 3, 4, 5 bzw. 6?

5. Mit dem Würfel neben Aufgabe 1 wird 800-mal geworfen.
Wie oft ist die Zahl „4" oben zu erwarten?

LVL **6.** *Gruppenarbeit:* Jedes Gruppenmitglied nimmt eine leere Schachtel, z.B. von Puderzucker, (alle gleich groß und geschlossen) und beschriftet die beiden kleinsten Flächen mit „1", die beiden größten mit „3" und die beiden verbleibenden Flächen mit „2".
Würfelt dann jeweils 200mal und tragt die Ergebnisse in Tabellen ein, die ihr am Schluss zusammenfasst. Gebt ungefähre Wahrscheinlichkeiten für „1", „2" und „3" an [p(1); p(2); p(3)] und vergleicht mit anderen.

7. Ina und Knut würfeln unermüdlich mit zwei normalen Würfeln und notieren in der Strichliste jeweils die erreichte Augensumme. Nach 4 250 Würfen hören sie erschöpft auf. Bei den Augensummen 5, 7 und 8 hatten sie 707, 591 bzw. 477 Striche gemacht. Die Zuordnung zu den Augensummen ist aber unklar – ordne richtig zu.

TESTEN · ÜBEN · VERGLEICHEN

1. Bei einer Radrundfahrt von Profis wurden die folgenden Etappen gefahren:

1. Tag 167 km 2. Tag 185 km 3. Tag 143 km
4. Tag 128 km 5. Tag 144 km 6. Tag 158 km

Wie lang war eine Tagesetappe im Mittel?

2. a) Ermittle für die Tagesetappen aus Aufgabe 1 den Median.

b) Wie groß ist die Spannweite bei den sechs Tagesetappen aus der Aufgabe 1?

3. Bestimme Mittelwert, Median, Modus und Spannweite bei der folgenden Auflistung eines Rauchers über seinen Zigarettenkonsum.

Montag:	16 Stück	Dienstag:	22 Stück
Mittwoch:	12 Stück	Donnerstag:	16 Stück
Freitag:	28 Stück	Samstag:	33 Stück
Sonntag:	6 Stück		

4. Dies ist der tägliche Wasserverbrauch einer Familie im Monat Juni:

670 *l* – 590 *l* – 575 *l* – 714 *l* – 685 *l* – 735 *l*
894 *l* – 814 *l* – 1 231 *l* – 1 165 *l* – 1 315 *l* – 1 131 *l*
764 *l* – 805 *l* – 1 265 *l* – 772 *l* – 814 *l* – 1 351 *l*
912 *l* – 803 *l* – 768 *l* – 1 316 *l* – 905 *l* – 871 *l*
1 245 *l* – 1 198 *l* – 784 *l* – 806 *l* – 751 *l* – 1 243 *l*

a) Berechne den täglichen Durchschnittsverbrauch.

b) Teile die Werte in Klassen ein: 500 *l* – 700 *l*, 700 *l* – 900 *l*, 900 *l* – 1 100 *l*, ... und zeichne ein Säulendiagramm. Erstelle anschließend eine andere Klasseneinteilung: 500 *l* – 800 *l*, 800 *l* – 1 100 *l*, 1 100 *l* – 1 400 *l*, stelle wieder grafisch dar und vergleiche.

c) Zeichne ein eindimensionales Streudiagramm.

5. Wie groß ist die Wahrscheinlichkeit, mit einem Würfel mindestens eine 3 zu werfen?

6. Ein Glücksrad hat 20 gleich große Felder (Sektoren). Davon sind 12 rot, 6 blau und 2 gelb gefärbt. Wie groß ist die Wahrscheinlichkeit

a) nicht „rot“, b) „gelb“ zu drehen?

7. Katrin hat 1 240 mal gewürfelt und ihr „Wunschereignis“ 612 mal erzielt.
Welches könnte es gewesen sein?

① eine Sechs ② eine gerade Zahl
③ weniger als 3 ④ weniger als 5
⑤ zwei oder vier ⑥ mindestens vier

Mittelwert

Den **Mittelwert** von Daten berechnet man in zwei Schritten:

1. Man addiert alle Daten.
2. Man dividiert die Summe aller Daten durch die Anzahl der Daten.

Median (Zentralwert)

Der **Median** steht in der Mitte einer Rangliste von Daten, die der Größe nach geordnet sind. Bei gerader Anzahl der Daten ist der Median der Mittelwert der links und rechts von der Mitte stehenden Daten.

Spannweite

Die **Spannweite** einer Stichprobe ist die Differenz zwischen dem größten und dem kleinsten Ergebnis in einer Stichprobe.

Modus

Der Modus (Modularwert) ist der Wert, der am häufigsten vorkommt. Eine Stichprobe kann auch mehrere Modi (Modularwerte) haben.

Klasseneinteilung

Teilt man die Ergebnisse einer Untersuchung in Klassen ein, gelingen übersichtlichere grafische Darstellungen.

Wahrscheinlichkeit

Bei einem Zufallsversuch mit gleich wahrscheinlichen Ergebnissen berechnet sich die Wahrscheinlichkeit p für ein Ereignis E so:

$$p(E) = \frac{\text{Anzahl der günstigen Ergebnisse}}{\text{Anzahl der möglichen Ergebnisse}}$$

Relative Häufigkeit und Wahrscheinlichkeit

Wenn man einen Zufallsversuch sehr oft wiederholt, liegt die relative Häufigkeit für das Auftreten eines Ereignisses sehr nahe bei der Wahrscheinlichkeit für dieses Ereignis.

DIAGNOSETEST

1. Berechne den Mittelwert der Schlagball-Weitwurf-Ergebnisse.

2. Wie heißt der Median der Schlagball-Weitwurf-Ergebnisse?

3. Gib die Spannweite und den Modus bei den Schlagball-Weitwurf-Ergebnissen an.

24 m	28 m	19 m	25 m
24 m	31 m	28 m	25 m
25 m	27 m	22 m	29 m

Schlagball-Weitwurf-Ergebnisse

4. Wie groß ist die Wahrscheinlichkeit, mit einem Spielwürfel eine Augenzahl zu erzielen, die größer ist als 2?

5. Wie groß ist die Wahrscheinlichkeit, aus einem verdeckt liegenden Skatspiel das Bild einer Person zu ziehen?

Wähle weitere 5 Aufgaben aus.

1. Simone hat vier Weitsprünge hinter sich: 3,60 m|3,85 m|3,40 m|4,10 m. Wie weit muss sie im fünften Sprung wenigstens kommen, um einen Mittelwert von 3,77 m nicht zu unterschreiten?

2. Simone hat nach vier Weitsprüngen (siehe die vorige Aufgabe) einen fünften Sprung so abgeschlossen, dass 3,60 m der Median ihrer Weitsprung-Ergebnisse ist. Was kann über das Ergebnis des fünften Sprunges gesagt werden?

3. Beim 100 m-Lauf der Jungen aus der Klasse 8.1 wurden folgende Leistungen erzielt – hier geordnet nach der Laufzeit:
12,8 s|12,9 s|13,1 s|13,3 s|13,3 s| |14,9 s|15,0 s|15,0 s|15,7 s|16,3 s|17,1 s|17,8 s
Die 6. Laufzeit ist unleserlich; bekannt ist aber der Mittelwert 14,77 (gerundet).
Bestimme die unleserliche Laufzeit.

4. Teile die rechts abgebildeten Befragungsergebnisse in Klassen zu jeweils 10 Minuten ein und erstelle eine Grafik dazu.

5. Zeichne zu den rechts abgebildeten Befragungsergebnissen ein eindimensionales Streudiagramm auf Millimeterpapier.

6. Nenne Spannweite und Modalwerte der Befragungsergebnisse.

„Wie lange dauert dein Schulweg?“
Befragungsergebnisse Klasse 8.2:
28 min, 11 min, 45 min, 6 min, 52 min,
17 min, 23 min, 48 min, 5 min, 19 min,
4 min, 55 min, 28 min, 16 min, 32 min,
8 min, 22 min, 46 min, 15 min, 34 min,
14 min, 52 min, 40 min, 14 min, 9 min,
44 min, 7 min, 24 min, 35 min.

7. In einer Lostrommel sind 25 Kugeln, die sich nur durch die Farbe unterscheiden. 6 von ihnen sind rot, 11 blau, 4 gelb und 4 grün. Wie groß ist die Wahrscheinlichkeit, bei verbundenen Augen mit einem Griff in die Lostrommel
a) keine blaue Kugel zu ziehen, b) eine Kugel zu ziehen, deren Farbe mit „g“ anfängt?

8. In einer Lostrommel sind 10 Kugeln mit den Ziffern von 0 bis 9. Mechanisch wird eine Kugel gezogen, die Ziffer notiert und die Kugel wieder zurückgelegt. Der Vorgang wird 1 200-mal wiederholt. Eine der folgenden Zahlen gibt an, wie oft eine größere Zahl als 5 gezogen wurde. Welche ist es? 341, 483, 296, 579, 318, 612.

Bearbeite alle 10 Aufgaben

1. a) Fünf Flaschen Olivenöl kosten 37,50 €. Wie viel kosten drei Flaschen derselben Sorte?

b) Wenn sich 30 Personen den Preis für einen Bus teilen, zahlt jede Person 12 €. Wie viel Euro zahlt jede, wenn es nur 24 Personen sind?

2. Berechne den Flächeninhalt der gefärbten Figur (Gittereinheit: 1 cm).

a)

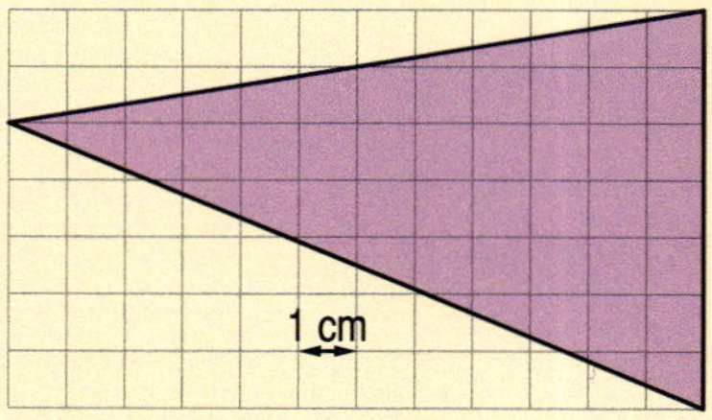

b)

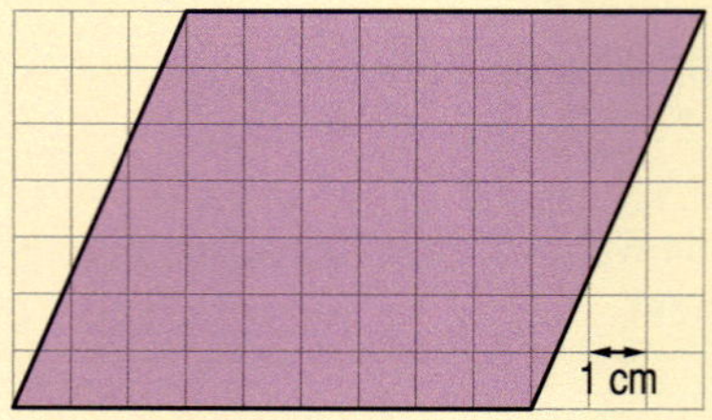

3. Ein Sportgeschäft senkt zum Sommerende die Preise für Bademoden um 35%. Berechne den neuen Preis für einen Badeanzug, der vorher 50,00 € gekostet hat.

4. Uli hat auf seinem USB-Stick mit insgesamt 128 MB Speicherplatz Fotos gespeichert, die 96 MB Speicherplatz belegen. Wie viel Prozent des Speichers sind damit belegt?

5. Die Grundfläche des Prismas ist ein rechtwinkliges Dreieck.

a) Zeichne ein Netz des Prismas und berechne seine Oberfläche.

b) Berechne das Volumen des Prismas.

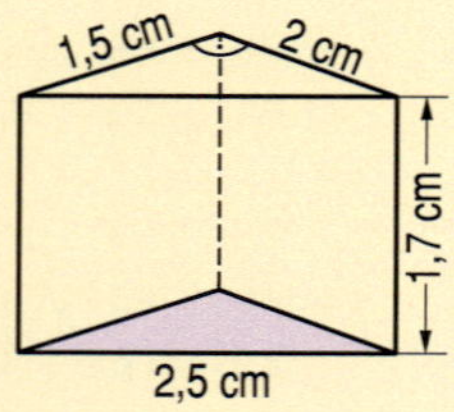

6. Ein Quader hat ein Volumen von 480 cm^3, seine Grundfläche ist 120 cm^2. Wie hoch ist der Quader?

7. Berechne Umfang und Flächeninhalt des abgebildeten kreisförmigen Beetes.

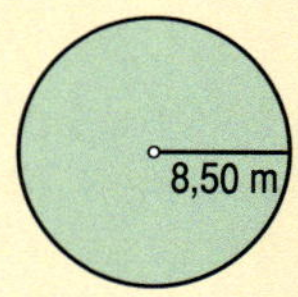

8. Der Zylinder ist 12 cm hoch und ebenso breit. Berechne seine Oberfläche und sein Volumen.

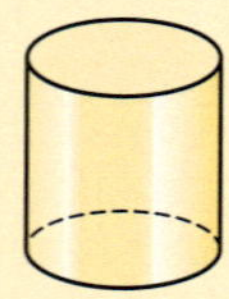

9. In der Figur gibt es nur rechte Winkel.

a) Wie groß ist der Umfang der Figur für x = 15 cm?

b) Der Umfang der Figur ist 2,40 m. Wie groß ist dann x?

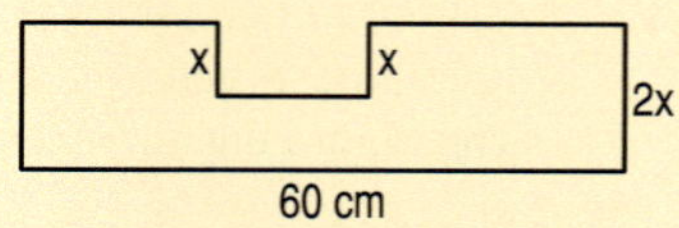

10.

Wähle weitere 10 Aufgaben dieser und der nächsten Seite aus.

1. Petra und Paul tragen am Wochenende in einem Vorort Zeitungen aus, Petra den „Heimatanzeiger“ und Paul den „Stadtboten“. Petra braucht 5 Stunden und bekommt dafür 31 €. Paul braucht 4 Stunden und bekommt dafür 26 €. Wer von beiden hat den höheren Stundenlohn?

2. a) 1 Million Quadratzentimeter, passen die auf den Fußboden deines Klassenraums?
b) 1 Million Kubikzentimeter, passen die in deinen Klassenraum?

3. Im Bild siehst du drei quaderförmige Kartons (Maße in cm).
Beachte, wie die Maße der Kartons sich ändern.
a) Berechne die Oberfläche der drei Kartons und vergleiche sie miteinander. Was fällt dir auf?
b) Wie oft passt der kleine Karton in den mittleren, wie oft dieser in den größten?

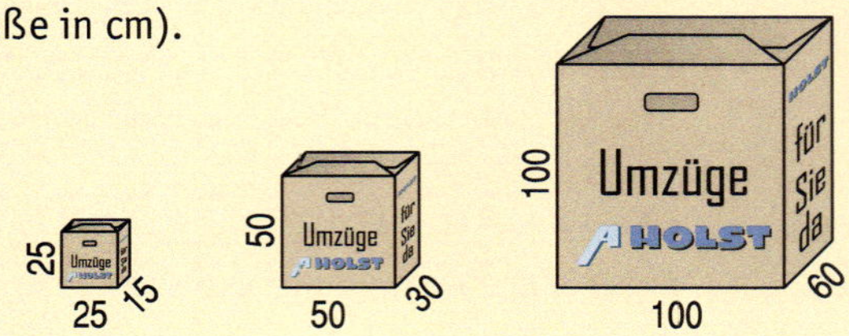

4. a) Bestimme die fehlenden Werte für die Geschwindigkeiten.
1 km in jeder Minute = ■ $\frac{km}{h}$ In 1 Minute ■ km = 30 $\frac{km}{h}$ In ■ Minuten 100 km = 600 $\frac{km}{h}$
b) Welche Geschwindigkeit passt zu einem Wanderer, Radfahrer, Auto oder einem Flugzeug?
① 1 km in 30 Sek. ② 175 km in $\frac{1}{4}$-Stunde ③ In 15 Min. 4,5 km ④ In 100 Min. 9 km

5. Wie weit ist P von Q entfernt?

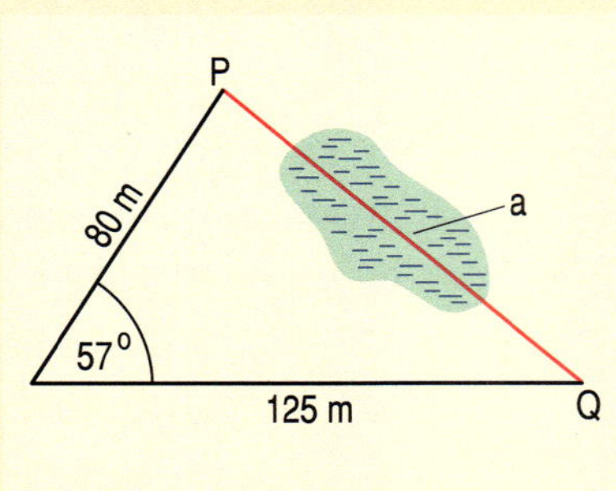

6. Bestimme die Entfernungen x und y.

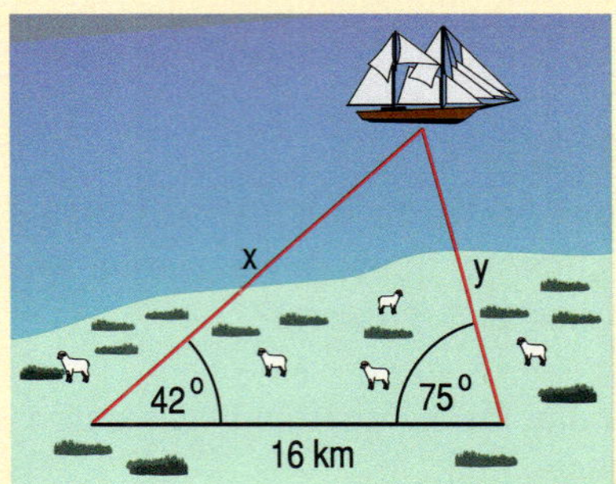

7. In der Mitte eines rechteckigen Platzes mit 25 m und 30 m als Seitenlängen wird ein kreisförmiges Blumenbeet mit 15 m Durchmesser angelegt. Auf dem Blumenbeet muss eine 40 cm dicke Schicht Muttererde aufgetragen werden. Außerdem sollen sowohl der Platz als auch das Blumenbeet mit 24 cm langen Kantensteinen eingefasst werden.
a) Wie viele Steine werden benötigt? b) Wie viel Kubikmeter Muttererde sind zu bestellen?

8. Das Ausmaß der Waldschäden ist unterschiedlich für verschiedene Baumarten.
a) Welche Baumart ist am stärksten geschädigt?
b) Zeichne für Eichen ein Diagramm (Streifen- oder Kreisdiagramm) und beschrifte es.

geschädigt	Eiche	Buche	Fichte	Kiefer
nicht	17%	14%	26%	34%
schwach	38%	31%	39%	49%
stark	45%	55%	35%	17%

9. Stell dir vor, der Zigarettenpreis würde um 25% erhöht, und Herr Raucher würde daraufhin 25% weniger Zigaretten rauchen. Würde er dann gleich viel Geld wie vorher für Zigaretten ausgeben, oder weniger oder mehr? Begründe deine Antwort.

10. Die ersten beiden Zahlen auf einem Autoreifen, z. B. **215/55** bedeuten: der Reifen ist **215** mm breit, und die Höhe des Reifens ist **55**% seiner Breite. Welchen Umfang hat ein solcher Reifen, wenn er auf einer Felge mit einem Durchmesser von 39 cm montiert ist?

11. Wie viel Prozent des Grundwertes ist

a) das Doppelte, b) das $1\frac{1}{2}$-fache, c) das Dreifache, d) die Hälfte?

12. a) Zum Nettopreis von 289,00 € kommen noch 19% Steuer hinzu. Wie hoch ist der Bruttopreis einschließlich Steuer? Wie viel Prozent des Nettopreises ist das?

b) Einschließlich 19% Steuer kostet ein Computer 1 428,00 €. Im Katalog war der Preis ohne Steuer angegeben. Welcher Preis stand im Katalog?

13. a) Wie lang ist der Außenrand der gefärbten Figur? Zeichne und miss benötigte Längen.

b) Berechne den Flächeninhalt der gefärbten Figur, durch zerlegen in Teilfiguren oder durch Flächenergänzung.

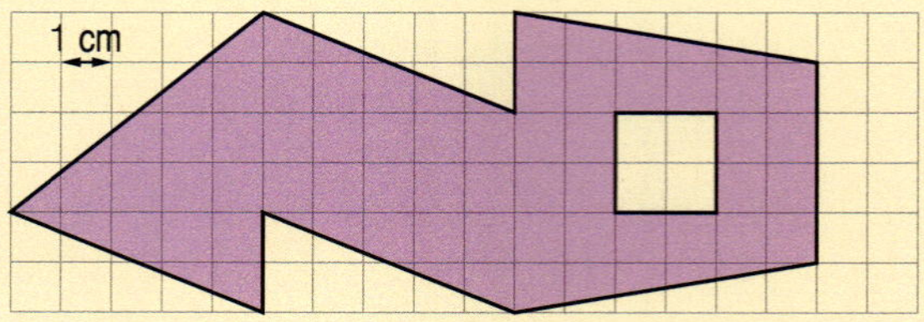

14. Ein Quader soll das gleiche Volumen haben wie das abgebildete Prisma. Welche Maße (Länge x Breite x Höhe) kann der Quader haben? Suche aus den folgenden Vorschlägen die passenden heraus (Angaben in cm):

① 10 x 6 x 2 ② 4 x 5 x 6 ③ 12 x 5 x 4 ④ 20 x 3 x 2 ⑤ 5 x 5 x 5

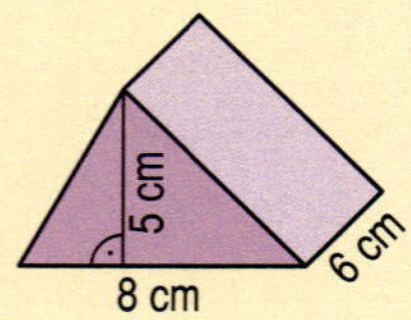

15. Aus einem Würfel mit der Kantenlänge 40 cm ist in der Mitte ein kreisförmiges Loch mit 12 cm Durchmesser ausgebohrt worden. Wie schwer ist der Restkörper aus Holz, bei dem jeder Kubikzentimeter 0,8 g wiegt?

16. Bea und Marek erhalten einen festen Stundenlohn.

a) Wer verdient besser, Bea oder Marek?

b) Welcher Graph zeigt Beas Lohn, welcher den von Marek?

c) Wie viel bekommt Bea mehr oder weniger als Marek, wenn sie beide 5 h bzw. 15 h arbeiten?

d) Wie lange muss Bea für 100 € arbeiten?

Bea:
56 € für
7 Stunden

Marek:
47,50 € für
5 Stunden

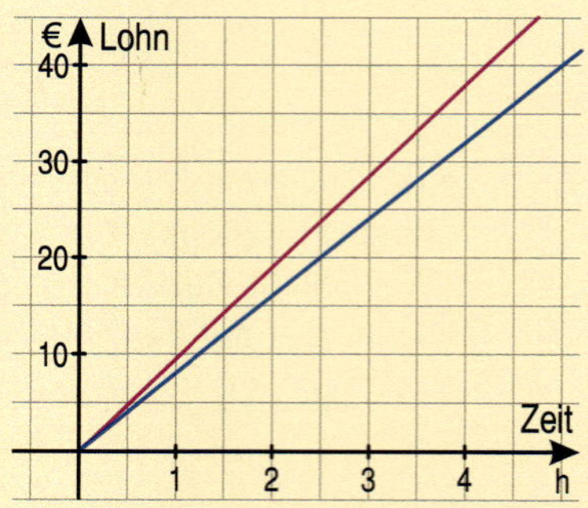

17. Löse die Gleichung.

a) $8x + 34 = 98$ b) $3{,}5x + 3{,}9 = 0{,}8x + 3{,}3$

18. a) Das Zwölffache einer Zahl ist so groß wie die um 11 vergrößerte Zahl.

b) Addiert man zu einer Zahl 11, so erhält man das Elffache der Zahl.

19. Schreibe ein Zahlenrätsel auf zu der Gleichung.

a) $4x - 60 = 140$ b) $x + 1{,}5 = 2x - 0{,}5$

Lösungen der TÜV-Seiten

Seite 41

1. 1,62 € **2.** 84 € **3.** 608 sfr **4.** Fachgeschäft: 1,30 €; im Supermarkt billiger: 1,27 € pro Stück. **5.** Breite 17,50 m

6. 24 € zahlt jeder. **7.** a) 50 m b) 0,8 cm **8.** 24 $\frac{km}{h}$ **9.** 105 km **10.** V = 8 cm³; m = 5,6 g **11.** 7,8 $\frac{g}{cm^3}$

12.

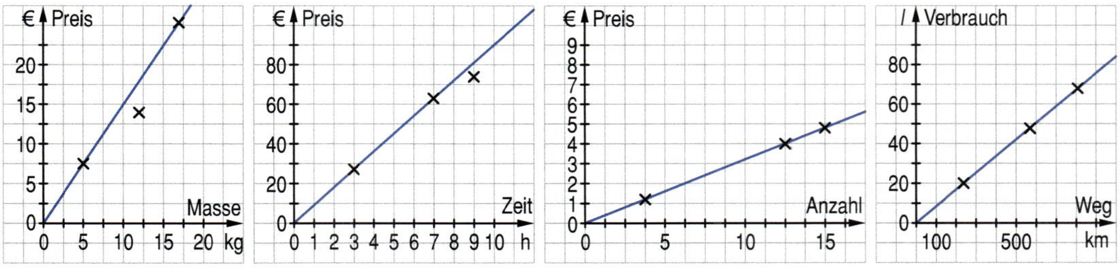

c) und d) sind proportionale Zuordnungen; alle Größenpaare liegen auf einer Geraden durch den Nullpunkt.

13. a) 3,6 kg b) 208 m³ c) 7,2 g

Seite 59

1. a) $\alpha = 55°$ $\beta = \gamma = 125°$ b) $\alpha = 60°$ $\beta = 120°$ **2.** a) $\gamma = 67°$ b) $\gamma = 75°$ **3.** 60°

4.

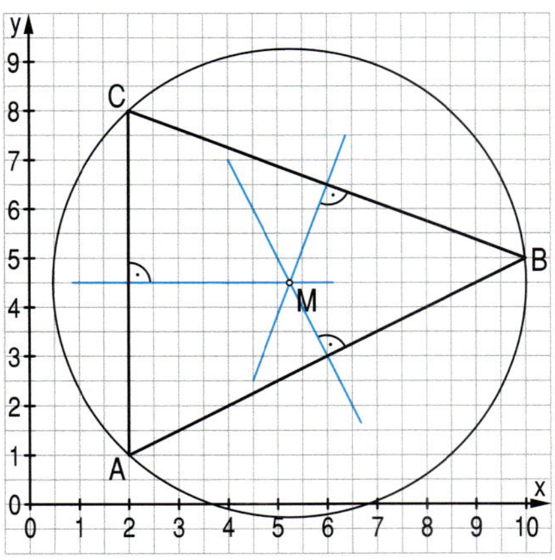

5.

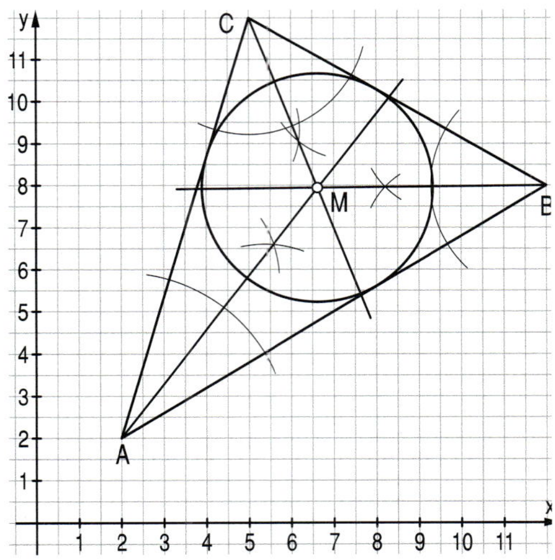

6.

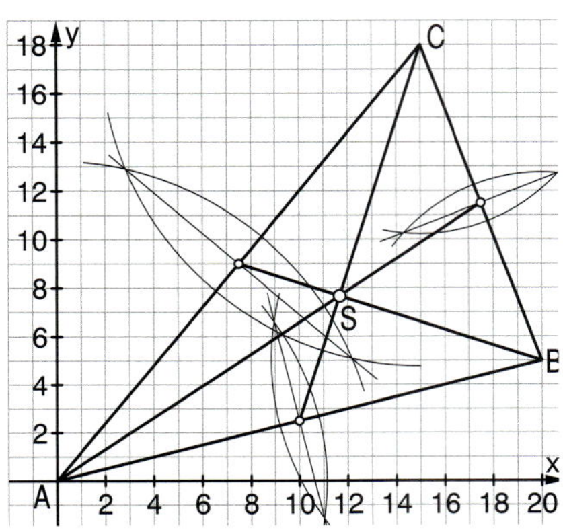

7. Inkreismittelpunkt und Schwerpunkt liegen immer im Inneren eines Dreiecks; der Umkreismittelpunkt kann auch außerhalb liegen.

8. a) Quadrat, Raute b) Quadrat, Rechteck

9. 145° (2-mal); 35° (2-mal)

10. a) b) c) d)

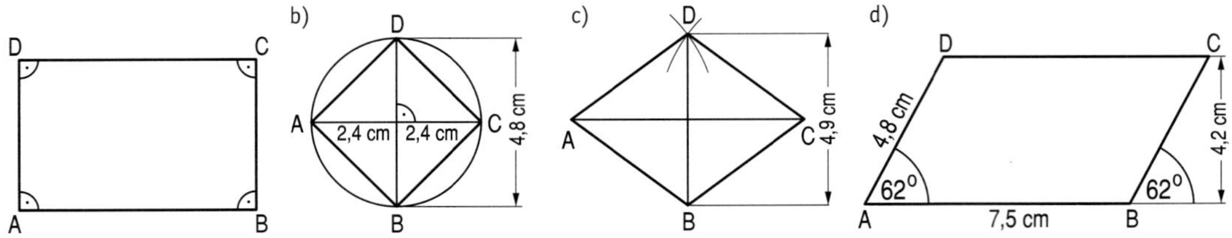

Zur Kontrolle: a) $\overline{AC} = 7{,}96$ cm   b) a = 3,4 cm   c) $\overline{BD} = 4{,}9$ cm   d) $\overline{BD} = 6{,}7$ cm; h = 4,2 cm; $\overline{AC} = 10{,}6$ cm

Seite 79

1. a) 1600 cm^2 b) 32,2 cm^2 c) 178,5 cm^2 d) 99 cm^2 e) 21 cm^2

2. 1280 m^2 = 12,8 a   **3.** u = 103 cm   **4.** 245 cm   **5.** h = 6 cm

6. a) Sauna: 9,52 m^2; Dusche: 8100 cm^2 = 0,81 m^2; Kältebecken: 3,75 m^2
b) Raum: 25,42 m^2

7. A ≈ 176,71 cm^2

8. a) u ≈ 40,84 m, A ≈ 132,73 m^2 b) u ≈ 44,61 cm, A ≈ 158,37 cm^2

9. a) u ≈ 13,19 cm b) A ≈ 13,85 cm^2

10. A ≈ 3,6 m^2

11. a) A ≈ 2,61 m^2 b) Rückseite: 1050 cm^2; Vorderseite: 1050 cm^2 – 28,27 cm^2 = 1021,73 cm^2;
Seite/Boden (3x) je 900 cm^2; Dach (2x) je 540 cm^2; zusammen 5851,73 cm^2

Seite 99

1. a) 31,20 € b) 570,40 € c) 113,4 m d) 76 m

2. Bus: 287; zu Fuß: 137

3. a) 5% b) 12,5% c) ≈ 38,9% d) 7,8%

4. 69,3%

5. a) 900 € b) 900 € c) 300 kg d) 32 m

6. 476 Zuschauer

7. a) 274,56 € b) 128,80 € c) 38,08 € d) 15,28 €

8. a) 79,90 € b) 43,05 € c) 117,03 € d) 12,13 €

9. Z = a) 48 € b) 105,25 €   **10.** Z = 275 €   **11.** a) 130% b) 117 m^2

12. a) 2,10 (21) € b) 0,55 (5,5) kg c) 0,2182 (2,182) € d) 0,0745 (0,745) kg   **13.** 1180,80 €   **14.** 23,6%

Seite 121

1. a) O = 294 cm^2; V = 343 cm^3 b) O = 77,76 cm^2; V = 46,656 cm^3

2. a) O = 208 cm^2; V = 192 cm^3 b) O = 11100 cm^2; V = 75600 cm^3

3. Höhe: 40 cm

4. a) O = 340,2 cm^2 b) O = 330 cm^2

5. a) V = 455 cm^3 b) V = 960 cm^3

6. a) O = 66 cm^2; V = 27 cm^3 b) O = 827,2 cm^2; V = 1286,4 cm^3

7. a) M = 622 cm^2; O = 1382,3 cm^2 b) M = 226,2 mm^2; O = 353,4 mm^2
c) M = 48,8 cm^2; O = 76,5 cm^2 d) M = 2,20 m^2; O = 3,77 m^2

8. a) V ≈ 62,83 cm^3 b) V ≈ 338,04 cm^3 c) V ≈ 351,85 cm^3 d) V ≈ 508,92 mm^3

9. a) V ≈ 1005,28 cm^3; O ≈ 653,43 cm^2 b) V ≈ 3279,73 mm^3; O ≈ 1319,43 mm^2

Seite 137

1. a) 18; −28 b) −40; −54 c) −35; −48 d) 20; 15 e) −24; −45 f) 12; −18

2. a) 13; −5 b) −6; −4 c) 3; −3

3. a) $x + x - 5 = 2x - 5$ b) $x + 3 \cdot y$

4. a) $4 \cdot x + 2 \cdot y$ b) $a + 2 \cdot b + c$

5.

x =	4	10	2	−3	−7	20
zusammengefasst: 9x + 8	44	98	26	−19	−55	188

6. a) $y = 8$ b) $x = 10$ c) $z = 5$
d) $y = -10$ e) $x = -6$ f) $z = -5$

7. a) $2x + 5 = x + 4$; $x = -1$
b) $4y + 8 = 13 - 6y$; $10y = 5$; $y = \frac{1}{2}$
c) $16z - 49 = 10z + 11$; $6z = 60$; $z = 10$

8. $A = \frac{g \cdot h}{2}$ a) $h = \frac{2A}{g}$ b) $g = \frac{2A}{h}$

9. a) $A = 31{,}5\ \text{cm}^2$ b) $h = 7{,}8$ cm c) $g = 7{,}2$ m

Seite 152

1. 154,17 km

2. a) Median 151 km b) Spannweite 57 km

3. Mittelwert: 19 Stück; Median: 16 Stück; Modus: 16 Stück; Spannweite 27 Stück

4. a) ca. 929,7 *l*

b)

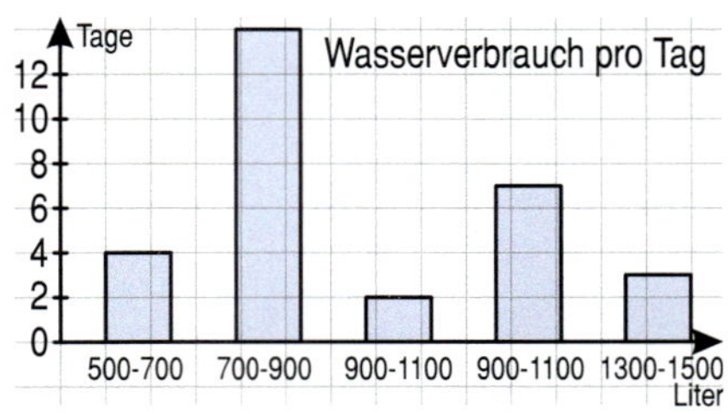

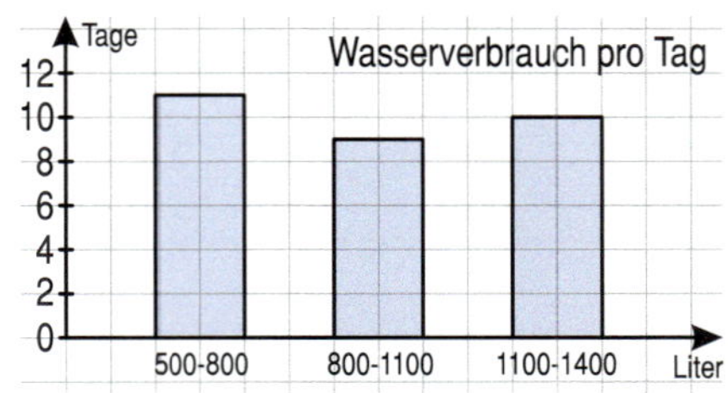

c)

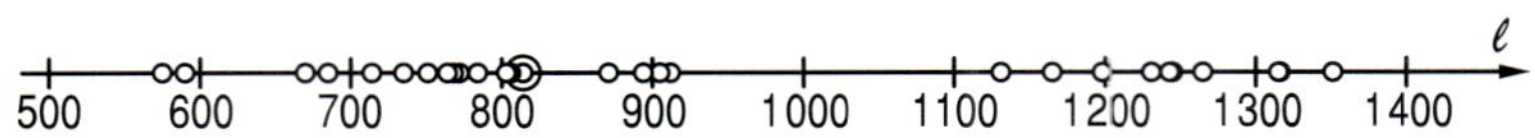

5. p(3 oder 4 oder 5 oder 6) = $\frac{4}{6} = \frac{2}{3} = 0{,}67$

6. a) p (nicht rot) = $\frac{8}{20} = 0{,}4$ b) p (gelb) = $\frac{2}{20} = 0{,}1$

7. relative Häufigkeit: $\frac{612}{1240} = 0{,}493... \approx \frac{1}{2}$

Wahrscheinlichkeiten:

① p (6) = $\frac{1}{6} = 0{,}166...$

② p (2 oder 4 oder 6) = $\frac{3}{6} = 0{,}5$

③ p (1 oder 2) = $\frac{2}{6} = 0{,}333...$

④ p (1 oder 2 oder 3 oder 4) = $\frac{4}{6} = 0{,}666...$

⑤ p (2 oder 4) = $\frac{2}{6} = 0{,}333...$

⑥ p (4 oder 5 oder 6) = $\frac{3}{6} = 0{,}5$

Katrins Wunschergebnis könnte ② (gerade Zahl) oder ⑥ (mindestens 4) gewesen sein.

Lösungen der Diagnosetests

Seite 42

Grundaufgaben

1.

Ware (m²)	24	17	25,5	30
Preis (€)	192	136	204	240

2.

Maßstab	1:5	6:1	1:50 000	1:200 000
Länge im Bild	3 cm	3 cm	4 cm	5 cm
Länge im Original	15 cm	0,5 cm	2 km	10 km

3. Batterien reichen für 12 Tage.

4. a)

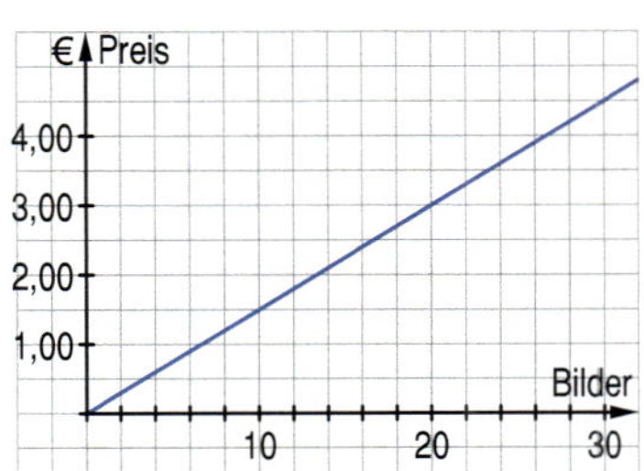

0,15 € pro Abzug

b) 8 Stück – 1,20 €;
15 Stück – 2,25 €

5. 337,50 €

Wahlaufgaben

1. Weipert 126 € (statt 136 €)

2. ca. 33,33 €

3. 3 Maurer zusätzlich, insgesamt 8 Maurer.

4. a) 632 g b) 10 cm Kantenlänge (1 000 cm³)

5.

Weg (km)	15	22,5	30	45	37,5
Zeit (h)	1	1,5	2	3	2,5

6. 2 800 Flaschen

7. a) 1 875 dm³ = 1,875 m³ b) 1 200 kg

Seite 60

Grundaufgaben

1. a) $\gamma = 85°$ b) $\gamma = 110°$

2. $\alpha = \gamma = 20°$; $\beta = \delta = 160°$

3. 11,3 m (hier ohne Zeichnung)

4.

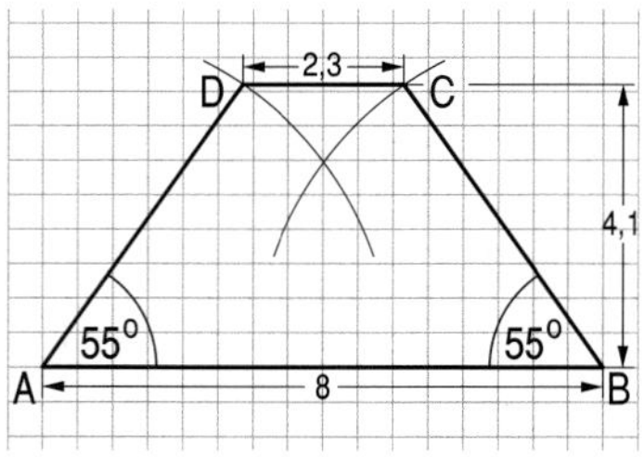

$\overline{CD}$ = 2,3 cm; h = 4,1 cm

5. a) Quadrat, Raute, Drachen
b) Quadrat, Rechteck, Parallelogramm, Raute

Wahlaufgaben

1.

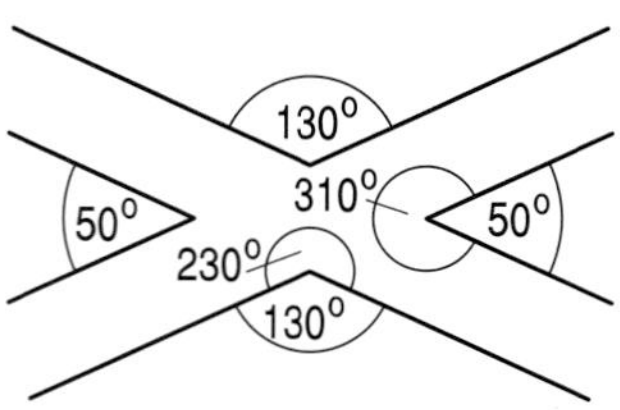

2. $\alpha = \beta = 45°$; $\gamma = 90°$

3. a) Quadrat, Rechteck, Raute, Drachen, gleichschenkliges Trapez
b) Quadrat, Rechteck, Raute, Parallelogramm

4.

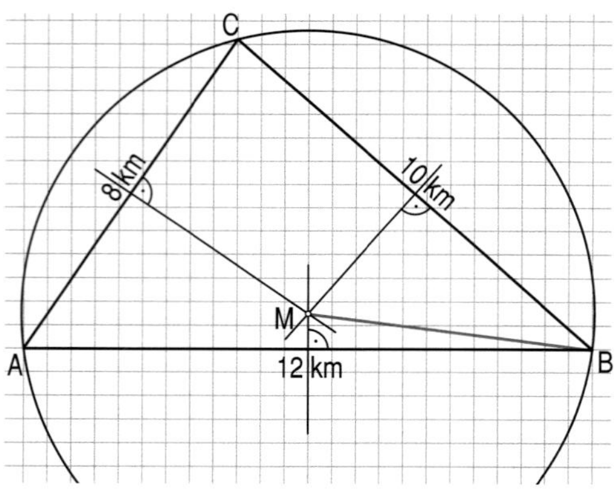

Entfernung: ca. 6 km

5.

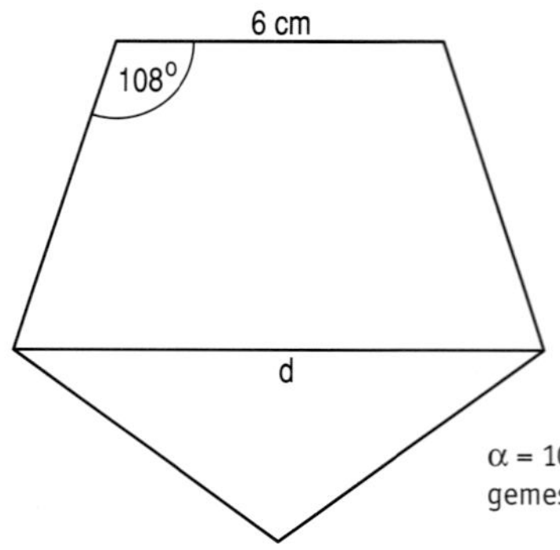

$\alpha = 108°$
gemessen: d = 9,6 cm

6.

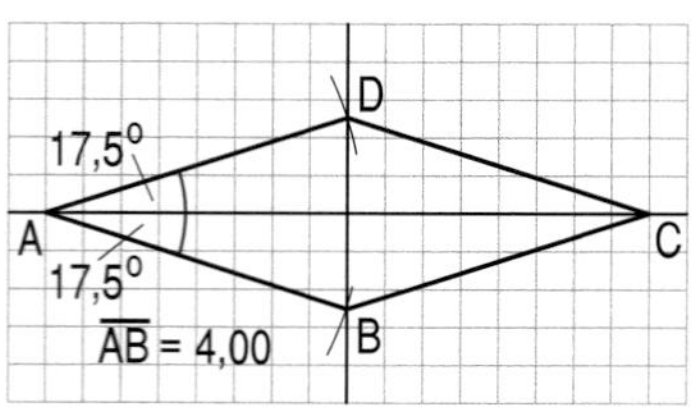

Zur Kontrolle: Länge der Diagonalen: 2,4 cm und 7,6 cm

7.

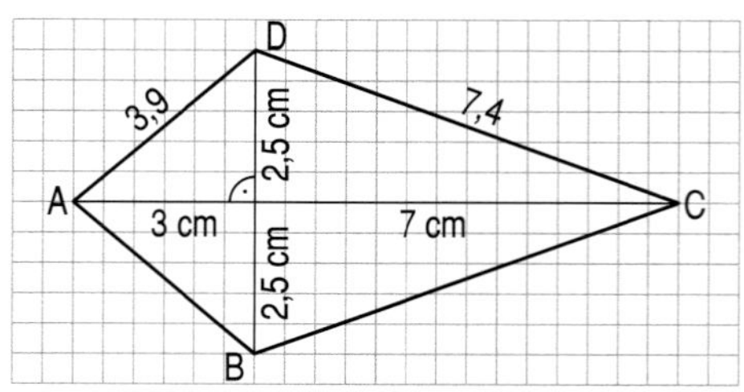

Seitenlängen: 7,4 cm und 3,9 cm

8. Neigungswinkel: ca. 28°, Dachbalkenlänge: 8,30 m b) Breite: 4,30 m

Seite 80

Grundaufgaben

1. a)

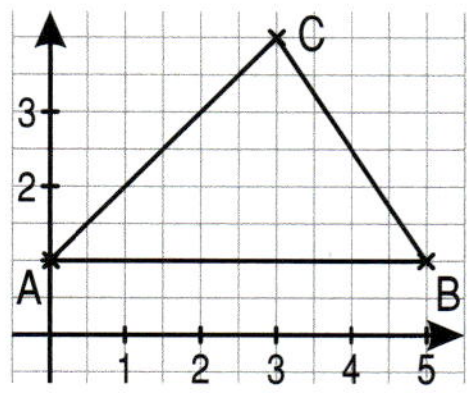

b) Grundseite $\overline{AB} = 5$ cm
Höhe $h_c = 3$ cm
Flächeninhalt $A = \frac{3 \cdot 5}{2}$ cm² $= 7{,}5$ cm²

2. $u \approx 25{,}13$ cm, $A \approx 50{,}27$ cm²

3.

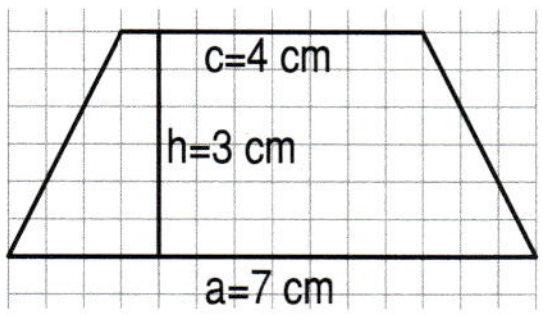

$A = \frac{7+4}{2} \cdot 3$ cm² $= 16{,}5$ cm²

4. Die Spitze des großen Zeigers (= Minutenzeiger) beschreibt in einer Stunde einen vollen Kreis.
$u = 2 \cdot 1{,}25\text{ m} \cdot \pi \approx 7{,}85$ m

5.

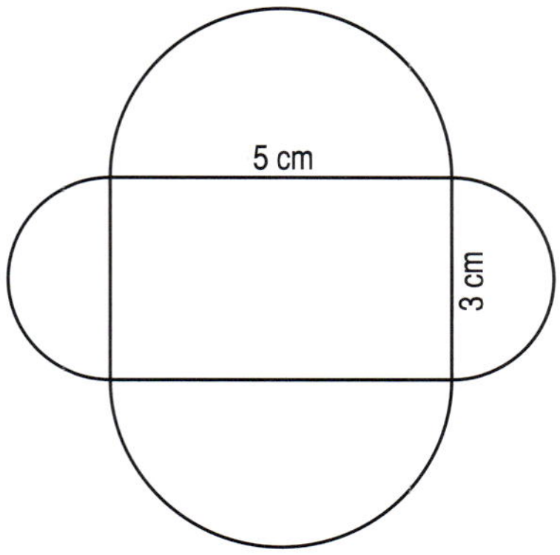

$A = 3 \cdot 5\text{ cm}^2 + \pi \cdot 2{,}5^2\text{ cm}^2 + \pi \cdot 1{,}5^2\text{ cm}^2$
$\approx 41{,}70\text{ cm}^2$

Wahlaufgaben

1. Umfang des Rads: $u \approx 150{,}80$ cm (1 P.)
Anzahl der Umdrehungen auf 2 km: $n = 200\,000 : 150{,}80 \approx 1\,326{,}26$ Es sind ungefähr $1\,326\frac{1}{4}$ Umdrehungen.

2. a) $A = \frac{140+70}{2} \cdot 60\text{ cm}^2 = 6\,300\text{ cm}^2$ b) $u = 140\text{ cm} + 70\text{ cm} + 70\text{ cm} + 70\text{ cm} = 350\text{ cm}$

3. a) $h = \frac{17{,}1 \cdot 2}{7{,}6}\text{ cm} = 4{,}5\text{ cm}$ b) $\overline{AB} = 7{,}6$ cm (wie in Aufgabe a))
Wenn die Höhe h_c auch 4,5 cm ist, hat ein Dreieck denselben Flächeninhalt 17,1 cm² wie in a).
⇒ y-Koordinate von C ist 5,5 (oder −3,5);
x-Koordinate ist beliebig

4. a) $r^2 = \frac{200}{\pi}\text{ m}^2 = 63{,}66\text{ m}^2 \approx 64\text{ m}^2$ b) $u \approx 50{,}27$ m
$r \approx 8$ m, $d \approx 16$ m

5. $A = 12 \cdot 4\text{ cm}^2 = 48\text{ cm}^2$
$(A = 12 \cdot 4\text{ cm}^2 + \pi \cdot 2 \cdot 2\text{ cm}^2 - \pi \cdot 2 \cdot 2\text{ cm}^2)$

6. $A = \frac{6+3}{2} \cdot 2{,}5\text{ cm}^2 + \frac{1}{2}\pi \cdot 3 \cdot 3\text{ cm}^2 \approx 25{,}39\text{ cm}^2$

7. $A = 81$ m²; Quadrat mit diesem Flächeninhalt hat Seitenlänge 9 m.

8. Quadrat: $A_Q = 8\,100$ cm²; Kreis: $A_K = 6\,361{,}72$ cm²; Der kreisförmige Tisch ist um 1 738,28 cm² kleiner.

Seite 100

Grundaufgaben

1. 2 000 kg **2.** 12,5% **3.** 500 kg **4.** 13,50 € **5.** 3 195 €

Wahlaufgaben

1. a) 3 773 € b) Angestellter 4,5%; Arbeiter 2,7%

2. Sachbücher: 52,8% (Kreissektor: 190°); Jugendromane: 22,4% (81°); Krimis: 12,8% (46°); Klassiker: 12% (43°)

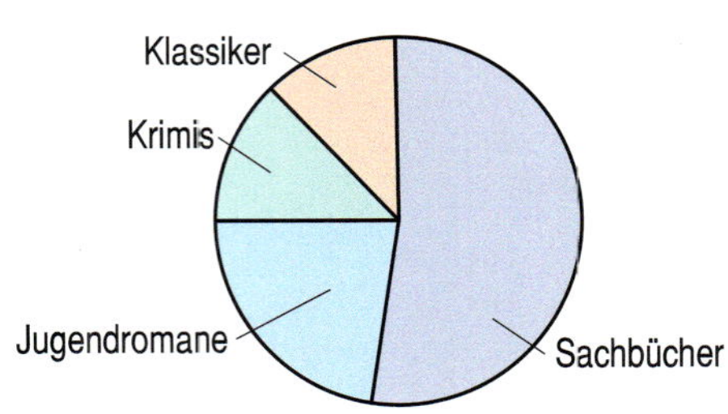

3. 705 639 (2003) → 0,88%

4. mindestens 135 m², höchstens 165 m²

5. 1,2 Mio. €

6. Nach 1 Jahr: Kredit A: $8\,000\ € \cdot 1{,}13 + 400\ € = 9\,440\ €$
Kredit B: $10\,000\ € \cdot 1{,}14 + 5\,000\ € \cdot 1{,}16 = 17\,200\ €$
Kredit C: $20\,000\ € \cdot 1{,}13 + 10\,000\ € \cdot 1{,}15 + 450\ € = 34\,550\ €$

7. $K = 6\,500\ €$

Seite 122

Grundaufgaben

1. $O = 280\ cm^2$ **2.** $V = 300\ cm^3$

3.

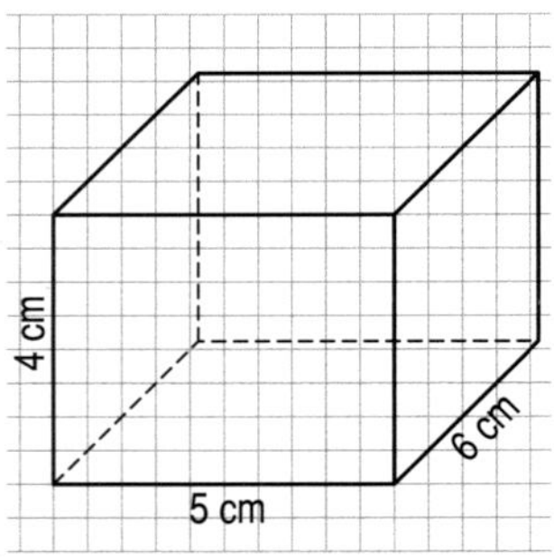

4. $V = 7\,500\ cm^3$; $m = 59{,}250\ kg$

5. $O = 640{,}87\ cm^2$;
$V = 1\,244\ cm^3$

Wahlaufgaben

1. Zeichnung hier im Maßstab 1:4

A

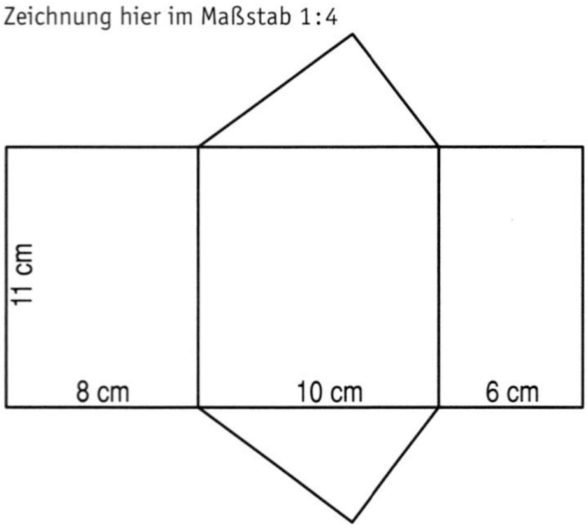

2. $O = 312\ cm^2$

3. $V = 264\ cm^3$

4. a) $17{,}55\ m^2$ Teppichboden
b) Wände: $37\ m^2$; Decke: $17{,}55\ m^2$; insgesamt $54{,}55 m^2$
$\approx 55 m^2$ Tapete

5. a) 6 Ecken, 9 Kanten, 5 Flächen
b) 12 Ecken, 18 Kanten, 8 Flächen

6.

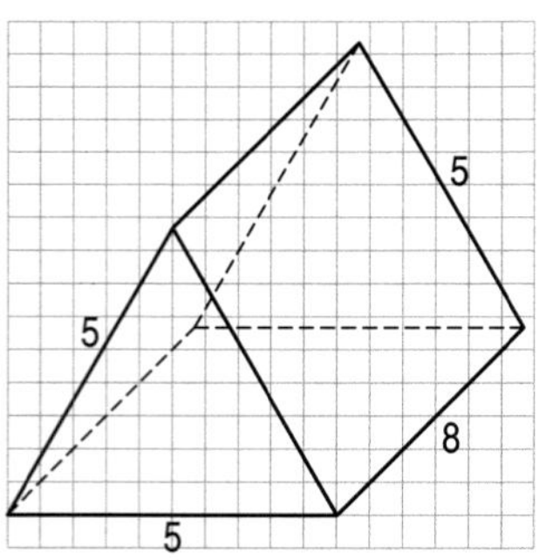

7. $M = 11{,}2\ m^2$

8. $V = 131{,}7\ cm^3$

9. a) Glasfläche: $40{,}8\ m^2$
b) $V = 18\ m^3$

10. $a = 2$ cm; $b = 4$ cm; $c = 6$ cm

11. $V = 1447{,}6\ mm^3 = 1{,}4476\ cm^3$; $m = 27{,}9\ g$

Seite 138

Grundaufgaben

1. a) 91 b) −9
c) −108 d) −21

2. a) $x + x - 3 = 2x - 3$
b) $x + y + 2$

3. a) $2a + b + 18$
b) $u = 39$ cm

4. a) $x = 8$
b) $x = -6$

5. Gleichung: $3x + 2{,}49 = 6{,}84$ Eine Briefmarke kostet 1,45 €.

Wahlaufgaben

1. Term: $-12x - 9$; Wert für $x = -3 \mapsto 27$

2. a) $2x + 6 = 2$; $x = -2$ b) $5x - 15 = 24 - 8x$; $x = 3$

3. a) 60 b) 2

4. a) $4x + 26 = 6x$; die Zahl ist 13.
b) $2x + 15 = 21 - 3x$; die Zahl ist 1,2.

5. Gleichung: $6x + 250 = 7\,750$; $SA = x = 1\,250$ m

6. Gleichung: $x + 3x + x + 6 + x + 11 = 131 \rightarrow 6x + 17 = 131$
Jüngste: 19; Skipperin: 57; Dame 1: 25; Dame 2: 30 Jahre alt

7. Füllhöhe 1,20 m

8. $h = 3{,}2$ cm

9. $x + 7 = 2 \cdot (x - 4)$; $x = 15$. Judith ist 15 Jahre alt.

Seite 153

Grundaufgaben

1. Mittelwert: ca. 25,58 m

2. Median: 26 m

3. Spannweite: 12 m, Modus: 25 m

4. $\frac{2}{3}$

5. $\frac{12}{32} = \frac{3}{8}$

Wahlaufgaben

1. mindestens 3,90 m weit

2. Der Sprung muss 3,60 m oder weniger weit gewesen sein.

3. 6. Laufzeit: 14,8 s

4.
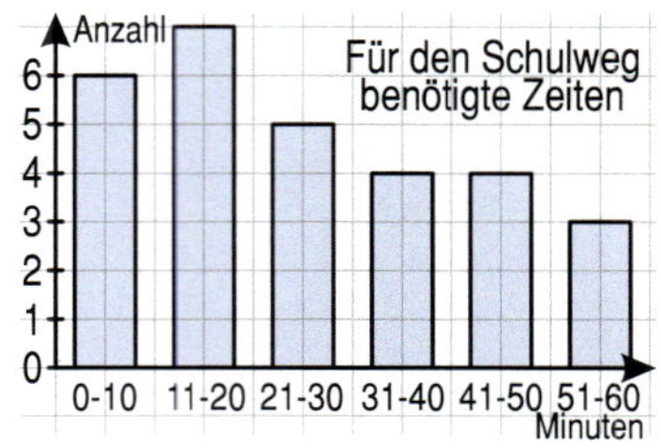

5.
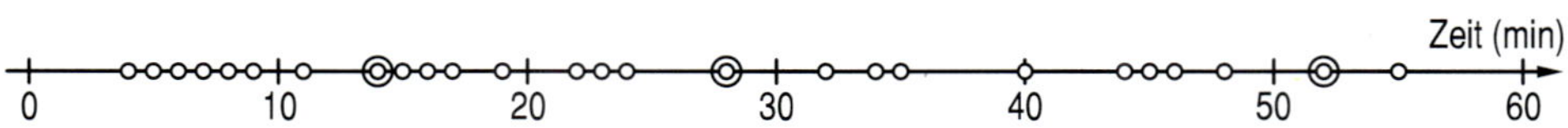

6. Spannweite: 51 min; Modalwerte: 14 min, 28 min, 52 min

7. a) $p = \frac{14}{25} = 0{,}56$ b) $p = \frac{8}{25} = 0{,}32$

8. 483 (p(6 od. 7 od. 8 od. 9) $= \frac{4}{10}$; bei 1200 Ziehungen wären etwa 480 mal eine Zahl größer als 5 zu erwarten.)

Lösungen der Diagnosearbeit

Seite 154

Grundaufgaben

1. 22,50 € b) 15 €

2. a) $A = 42\ cm^2$ b) $A = 63\ cm^2$

3. 32,50 €

4. 75%

5. a)
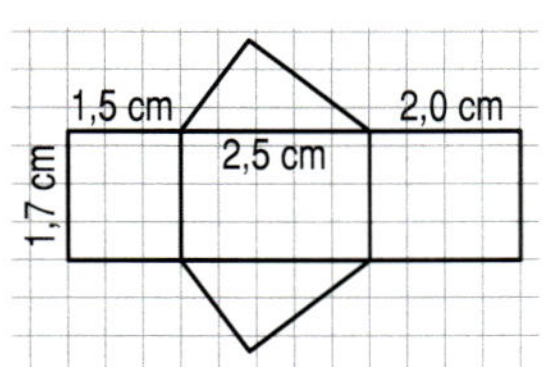

$O = 13{,}2$ cm b) $V = 2{,}55\ cm^3$

6. $h = 4$ cm

7. $u = 53{,}4$ m; $A = 226{,}97\ m^2$

8. $O = 678{,}6\ cm^2$; $V = 1357{,}1\ cm^3$

9. a) $u = 2{,}10$ m b) $6x + 1{,}20 = 2{,}40$ ($x = 20$ cm)

10. Bei 9 Personen: Arbeitsdauer 30 Tage

Wahlaufgaben

Seite 155

1. Petra: 6,20 €; Paul: 6,50 € Stundenlohn. Pauls Stundenlohn ist höher.

2. a) 100 m^2, so groß sind Klassenräume i. a. nicht. b) 1 m^3 (passt in jedem Fall)

3. a) 2 750 cm^2 → 11 000 cm^2 → 44 000 cm^2 (immer das Vierfache) b) 9 375 cm^3 → 75 000 cm^3 → 600 000 cm^3
Ein Karton passt also 8-mal in den nächstgrößeren.

4. a) 60 $\frac{km}{h}$; in 1 Minute 0,5 km; in 10 Minuten 100 km b) ① 120 $\frac{km}{h}$: Auto; ② 700 $\frac{km}{h}$: Flugzeug
③ 18 $\frac{km}{h}$: Radfahrer; ④ 5,4 $\frac{km}{h}$: Wanderer

5. $\overline{PQ}$ = 106 m (ca. 110 m) **6.** x = 17 km; y = 12 km

7. a) Umfang Platz 110 m, Beet 47,12 m; benötigt werden 655 Steine.
b) Fläche Beet: A = 176,71 m^2; benötigt werden 70,68 m^3 Muttererde.

8. a) Buche b) Eiche: Ausmaß der Schädigung

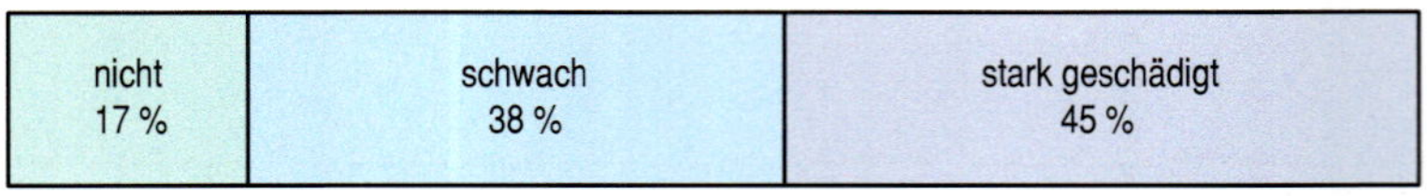

9. Er würde 6,25% weniger ausgeben (1,25 · 0,75 = 0,09375)

Seite 156

10. Höhe des Reifens: 118 mm; Radius Reifen + Felge: 31,3 cm; Umfang: u = 196,7 cm

11. a) 200% b) 150% c) 300% d) 50% **12.** a) Bruttopreis 343,91 € → 119% des Nettopreises b) 1 200 €

13. a) u = 42,8 cm (6,4 + 5,4 + 2 + 6,1 + 4 + 6,1 + 5,4 + 2 + 5,4)
b) A = 61 cm^2 (15 + 20 + 30 – 4)

14. V = 120 cm^3 → ①, ② und ④

15. Grundfläche: A = 1 600 cm^2 – 113,1 cm^2 = 1486,9 cm^2; Volumen V = 59 476 cm^3; m = 47,581 kg

16. a) Bea 8 €, Mark 9,50 € Stundenlohn b) Bea untere Gerade, Mark obere
c) 5 h → 7,50 € weniger, 15 h → 22,50 € weniger für Bea d) 12,5 Stunden

17. a) x = 8 b) $x = -\frac{2}{9}$ **18.** a) 12x = x + 11; x = 1 b) x + 11 = 11x; x = 1,1

19. a) z. B. Wenn man vom Vierfachen einer Zahl 60 subtrahiert, erhält man 140.
b) z. B. Eine um 1,5 vermehrte Zahl ist so groß wie ihr um 0,5 vermindertes Doppeltes.

Bildquellenverzeichnis

Titel: Mauritius – Torino, Mittenwald;
Dieter Rixe, Braunschweig: Seiten 9 (2), 15 (2), 16 (2), 21 (5), 22, 29 (2), 35, 36, 40, 46, 56 (3), 61, 65 (5, Lampe, Spiegel, Tür, Tisch, Sandkasten), 70 (3), 72 (4), 75, 81, 86, 104 (3), 106 (6), 108, 115 (2, Litfaßsäule, Walze), 116, 117 (5), 118 (4), 119, 122, 127, 128, 133 (2), 150 (2);
Ifa Bilderteam GmbH, Düsseldorf: Seiten 6 (Passau), 7 (Fahrradfahrer); Mauritius images GmbH, Mittenwald: Seite 6 (Linz); Picture alliance/KPA, Frankfurt/M.: Seite 6 (Grein); Bildagentur Waldhaeusl, Rosenau: Seite 7 (Krems); picture alliance/dpa, Frankfurt/M.: Seite 7 (Wien); Mauritius – Mitterer, Mittenwald: Seite 20 (Hintergrund); Gebr. Märklin Cie. GmbH, Göppingen: Seite 27 (2); Klaus Frankenberg, Königswinter: Seite 31; M. C. Escher, © 1999 London. Art. B.V. Baarn, Holland: Seite 47 (2); Helga von Graefe, Helmstedt: Seiten 65 (Hauseingang), 78 (4), 149, 156; Astrofoto/Van Ravenswaay, Sörth: Seite 73; Konrad Dahlmann: Seite 76; Stadt Emmerich: Seite 84; Picture alliance/Picture Press/Solus Images/John Churchman, Frankfurt/M.: Seite 94; Alamy Limited-Kurihara, UK-Oxfordshire: Seite 115 (Windmühle); Michael Fabian, Hannover: Seite 120; Fotosearch, Goodstock, USA: Seite 124; Mauritius – Sylvie, Mittenwald: Seite 134; Zeller Bergbahnen Zillertal GmbH&Co. KG, A-Zell im Zillertal: Seite 139 (Internetseite); Interfoto Pressebild Agentur, München: Seite 139 (W. Churchill); Sven Simon, Essen: Seite 148; grafstat.de, Ratingen: Seite 147; Ravensburger Spieleverlag GmbH, Ravensburg: Seite 148 (Puzzle); The Guinness Book of Records 1991 oder 1992: Seiten 148 (2, längste Fingernägel, Eiffelturm); © Guinness World Records Ltd. All rights reserved: Seite 148 (Zeitung)

Formeln

Algebra

Klammern auflösen:

$a + (b - c) = a + b - c$ $\qquad$ $a - (b - c) = a - b + c$

Prozentrechnung: $W = G \cdot \frac{p}{100}$ $\qquad$ Zinsrechnung: $Z = K \cdot \frac{p}{100} \cdot \frac{t}{360}$

Geometrie

In jedem Dreieck ist die Winkelsumme 180°.
In jedem Viereck ist die Winkelsumme 360°.

Rechteck	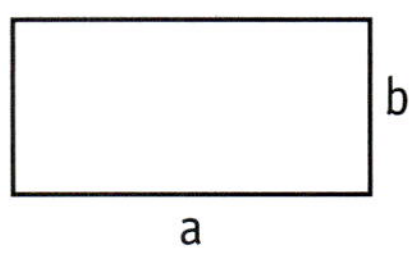	Flächeninhalt: $A = a \cdot b$ Umfang: $u = 2a + 2b$
Dreieck	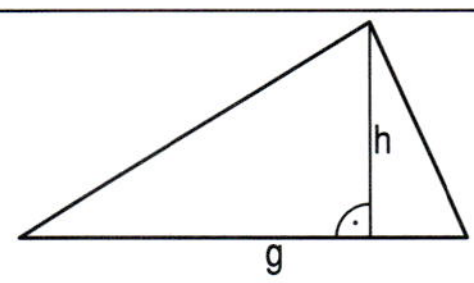	Flächeninhalt: $A = \frac{g \cdot h}{2}$
Parallelogramm	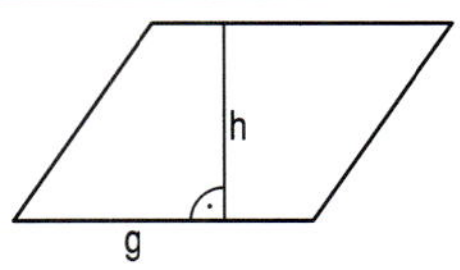	Flächeninhalt: $A = g \cdot h$
Trapez	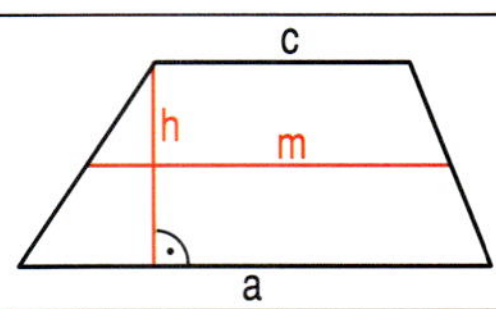	Flächeninhalt: $A = \frac{a + c}{2} \cdot h$ oder $A = m \cdot h$

Quader	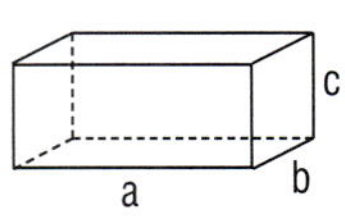	Volumen: $V = a \cdot b \cdot c$ Oberfläche: $O = 2ab + 2ac + 2bc$
Prisma	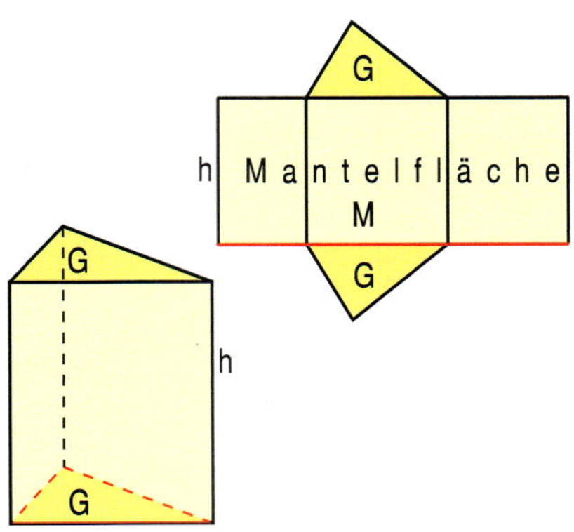	Oberfläche: $O = 2G + M$ Mantelfläche: $M = u \cdot h$ (u: Umfang der Grundfläche) Volumen: $V = G \cdot h$

Schrägbilder zeichnen

Vorderfläche zeichnen.

Senkrecht nach hinten laufende Kanten in halber Länge unter 45° zeichnen.

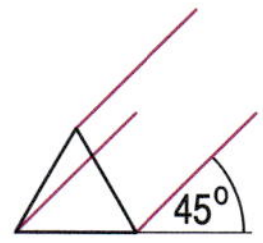

Fehlende Kanten zeichnen, unsichtbare Kanten gestrichelt

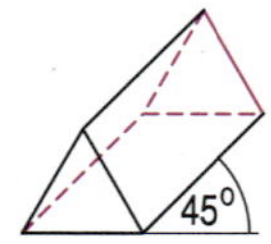

Stochastik

Mittelwert (arithmetisches Mittel)	Man addiert alle Werte und dividiert anschließend durch die Anzahl der Werte.	14° + 17° + 19° + 17° + 16° = 83° Mittelwert: 83° : 5 = 16,6°
Median (Zentralwert)	Man ordnet die Werte nach aufsteigender Größe. Der Median (Zentralwert) ist der Wert in der Mitte der Reihe. Bei einer geraden Anzahl von Werten ist der Median der Mittelwert der beiden Werte in der Mitte der Reihe.	14° 16° 17° 17° 19° Median: 17° 19 g 19 g 21 g 22 g 24 g 26 g Median: $\frac{21\,g + 22\,g}{2} = 21{,}5\,g$

Bei einem Zufallsversuch mit gleichwahrscheinlichen Ausfällen gilt für die Wahrscheinlichkeit p eines Ereignisses

$$p\,(\text{Ereignis}) = \frac{\text{Anzahl der günstigen Ergebnisse}}{\text{Anzahl aller möglichen Ergebnisse}}$$

Beispiel:
Die Wahrscheinlichkeit, mit einem fairen 6er-Würfel eine 1 oder eine 6 zu würfeln, ist:

$$p\,(1 \text{ oder } 6) = \frac{2}{6} = \frac{1}{3} \approx 33\%$$

Dichte

So viel Gramm wiegt 1 cm³ von diesem Material:

Aluminium	2,7	Granit	2,8	Silber	10,5
Beton	2,4	Holz (Buche)	0,7	Spiritus	0,83
Blei	11,3	Kork	0,5	Stahl/Eisen	7,9
Eis (bei 0 °C)	0,92	Kupfer	8,9	Styropor	0,02
Eisen	7,9	Marmor	2,6	Titan	4,3
Glas	2,5	Platin	21,5	Wasser	1
Gold	19,3	Sand	1,7	Zinn	7,3

Maßeinheiten

Kilometer	Meter	Dezimeter	Zentimeter	Millimeter
1 km =	1000 m			
	1 m =	10 dm =	100 cm =	1000 mm
		1 dm =	10 cm =	100 mm
			1 cm =	10 mm

Quadratkilometer	Hektar	Ar	Quadratmeter
1 km^2 =	100 ha =	10 000 a	
	1 ha =	100 a =	10 000 m^2
		1 a =	100 m^2

Quadratmeter	Quadratdezimeter	Quadratzentimeter	Quadratmillimeter
1 m^2 =	100 dm^2 =	10 000 cm^2	
	1 dm^2 =	100 cm^2 =	10 000 mm^2
		1 cm^2 =	100 mm^2

Kubikmeter	Kubikdezimeter	Kubikzentimeter	Kubikmillimeter
1 m^3 =	1000 dm^3		
	1 dm^3 =	1000 cm^3	
		1 cm^3 =	1000 mm^3

1 dm^3 = 1 *l*

Hektoliter	Liter	Zentiliter	Milliliter
1 hl =	100 *l*		
	1 *l* =	100 cl =	1000 ml
		1 cl =	10 ml

Tonne	Kilogramm	Gramm	Milligramm
1 t =	1000 kg		
	1 kg =	1000 g	
		1 g =	1000 mg

Tag	Stunde	Minute	Sekunde
1 d =	24 h		
	1 h =	60 min	
		1 min =	60 s

Vorsilben für Maßeinheiten

Vorsilbe	Zeichen	Vielfaches der Maßeinheit	Vorsilbe	Zeichen	Vielfaches der Maßeinheit
Deka	da	10	Dezi	d	0,1
Hekto	h	100	Zenti	c	0,01
Kilo	k	1000	Milli	m	0,001
Mega	M	1 000 000	Mikro	µ	0,000 001
Giga	G	1 000 000 000	Nano	n	0,000 000 001
Tera	T	1 000 000 000 000	Pico	p	0,000 000 000 001

Stichwortverzeichnis